高职高专机电工程类规划教材

数控编程与加工技术

主　编　张晓东　王小玲
参　编　王执忠　聂小春　田先亮
主　审　姜莉莉

机　械　工　业　出　版　社

本书以数控加工工艺和数控编程为主线，介绍数控机床的基本概念、原理及结构知识。其中，第一章为数控机床的基本知识，第二章为数控编程基础，第三章为数控加工工艺规程，第四、五、六章为数控车床、铣床和加工中心的程序编制，第七章为数控技术的发展趋势。其中第三章的主要对象是非机制专业的读者，机制专业的读者可以只学习此章后两节。教材每章中都有大量的实例和习题，以方便读者自学。

本书主要作为高等职业技术学院“数控技术应用”、“机电一体化”、“模具设计与制造”等专业的教材，也可作为职工大学、中专、技工学校的教材，并可供有关技术人员、数控机床操作人员学习、参考和培训使用。

本书配有电子课件，可登录机械工业出版社教材服务网 www.cmpedu.com 下载，或发送电子邮件至 cmpgaozhi@sina.com 索取。咨询电话：010-88379375。

图书在版编目（CIP）数据

数控编程与加工技术/张晓东，王小玲主编．—北京：机械工业出版社，2008.1（2014.1 重印）
高职高专机电工程类规划教材
ISBN 978-7-111-22915-5

Ⅰ.数… Ⅱ.①张…②王… Ⅲ.①数控机床－程序设计－高等学校：技术学校－教材②数控机床－加工－高等学校：技术学校－教材 Ⅳ.TG659

中国版本图书馆 CIP 数据核字（2007）第 182412 号

机械工业出版社（北京市百万庄大街 22 号 邮政编码 100037）
策划编辑：王海峰 责任编辑：李欣欣 责任校对：李秋荣
封面设计：马精明 责任印制：乔 宇
北京机工印刷厂印刷（三河市南杨庄国丰装订厂装订）
2014 年 1 月第 1 版第 4 次印刷
184mm×260mm · 15.25 印张 · 378 千字
12 001—14 000 册
标准书号：ISBN 978-7-111-22915-5
定价：29.00 元

凡购本书，如有缺页、倒页、脱页，由本社发行部调换

电话服务	网络服务
社服务中心：（010）88361066	教材网：http://www.cmpedu.com
销售一部：（010）68326294	机工官网：http://www.cmpbook.com
销售二部：（010）88379649	机工官博：http://weibo.com/cmp1952
读者购书热线：（010）88379203	**封面无防伪标均为盗版**

前　言

“数控编程与加工技术”是一门集理论性、实践性、灵活性、综合性于一体的专业课程。学习前要求具备切削原理、加工工艺、工艺处理、数值计算、刀具等基础知识，本课程还涉及毛坯、金属材料、热处理、公差与配合及加工设备等多方面的知识。

本书试图将传统的“金属切削原理与刀具”和“数控加工工艺”等先行课程的主要内容进行必要的整合，以形成新的课程体系，从而适应现在高职高专推行的“2+1”人才培养模式的教学要求。

本书的主要特点：一是根据高等职业教育的培养目标和教育特点，将数控加工必备的数控加工工艺规程的制定与数控编程有机地联系在一起，培养学生正确、合理编制零件数控加工程序的能力；二是选材注意实用性和代表性，尤其典型零件的编程实例是从相应工种的中、高级操作工考证试题库中选出，全面介绍中等复杂零件从分析零件图到编制数控加工程序的整个过程，突出了数控加工工艺的分析。

全书以数控加工工艺和数控编程为主线，介绍数控机床的基本概念、原理及其结构知识。其中，第一章为数控机床的基本知识，第二章为数控编程基础，第三章为数控加工工艺规程，第四、五、六章为数控车床、铣床和加工中心的程序编制，第七章为数控技术的发展趋势。其中第三章的主要对象是非机制专业的读者，机制专业的读者可以只学习此章后两节。教材每章中都有大量的实例和习题，旨在方便读者自学。

本书在体系上力求新颖，文字力求准确，选图力求简练；在内容的取舍与深度的把握上，注重重点突出，理论联系实际，并注重学生在编程技术应用能力与工程素养两方面的培养。

本书由广东白云学院张晓东、广州市技师学院王小玲任主编。全书共七章，其中第一章的第一节、第三章由张晓东编写；第二章、第五章、第六章的前四节由王小玲编写；第一章的第二节和第三节、第六章的第五节由广东白云学院王执忠编写；第四章由广东白云学院聂小春编写；第七章由广东白云学院田先亮编写。

本书由广东工业大学姜莉莉副教授主审，她对全书进行了仔细审阅，并提出了许多宝贵的修改意见。

本书在编写过程中得到了广东白云学院李龙根、黄春曼和李彦霞等老师以及北京精雕科技有限公司魏海兵工程师的大力帮助，在此对所有帮助过本书编写的人及本书参考文献的作者表示衷心的感谢。

由于编者水平和经验有限，本书虽经反复修改、审校，但仍可能有欠妥或疏漏之处，恳请广大读者和同仁批评、指正，以使本书更加完善。

编　者

目　录

第一章 数控机床的基本知识

第一节 概 述

制造业是所有从事制造的企业机构的总体，它是一个国家国民经济的支柱产业，也是一个国家综合国力的重要体现。制造业是我国入世后有竞争优势的行业之一，它一方面为全社会生产日用消费品创造价值，另一方面为国民经济各个部门提供生产资料和设备。据估计，工业化国家约70% ~80%的物质财富来自制造业，约有1/4的人口从事各种形式的制造活动。可见，制造业对一个国家的经济地位和政治地位具有至关重要的影响，在21世纪的工业生产中具有决定性的地位与作用。

社会经济的发展对制造业的要求不断提高，随着科学技术特别是计算机技术的高速发展，传统的制造业已发生了根本性的变革，表现为产品的更新换代越来越快，生产批量越来越小、生产周期也越来越来短，但产品的精度却越来越高。为适应这些变化，以数控技术为主的现代制造技术发挥了重要作用。因此，学好数控方面专业技术已成为当代机械工业从业人员的必备条件。

一、基本概念

1. 数控技术

数字控制技术就是用数字指令对一台或多台机械设备进行自动控制的技术，简称数控（Numerical Control，简称 NC）。

2. 数控机床

采用数控技术进行控制的机床称为数控机床（Numerical Control Machine Tools）。

3. 数控加工

数控加工是指在数控机床上进行零件加工的一种工艺方法，数控加工的实质就是数控机床按照事先编制好的加工程序，自动地对工件进行加工。

4. 数控编程

数控编程（NC Programming）是指编制数控机床进行零件加工所用程序的过程。

数控机床是数控加工的硬件基础，其性能对加工效率、精度等方面具有决定性的影响。零件加工程序的编制（数控编程）是实现数控加工的重要环节，特别是对于复杂零件的加工。数控编程技术涉及制造工艺、计算机技术、数学、计算机几何、微分几何、人工智能等众多学科领域知识，它所追求的目标是更有效地获得满足各种零件加工要求的高质量数控加工程序，以便充分地发挥数控机床的性能，获得更高的加工效率与加工质量。

二、数控机床的组成

如图1-1所示，数控机床主要由输入/输出装置、计算机数控（CNC）系统、伺服系统和机床本体四部分组成。

1. 输入/输出装置

输入/输出装置主要用于实现编制程序、输入程序、输入数据，以及显示、存储和打印

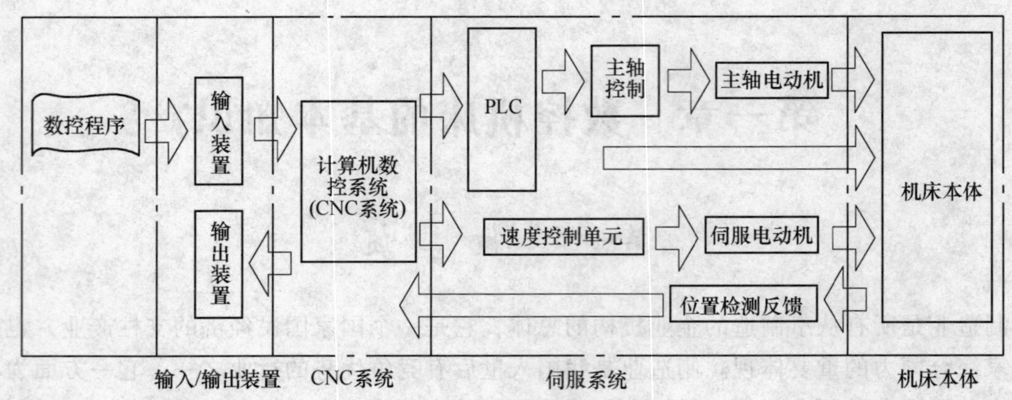

图 1-1　数控机床的基本结构框图

等功能，常用的输入/输出装置有键盘、软盘、显示器等，高级的数控机床还配有一套自动编程机或 CAD/CAM 系统。

2. 计算机数控系统

数控系统是数控机床的“大脑”和“核心”，它的功能是根据输入的程序和数据，经数控系统中的系统软件或逻辑电路进行译码、运算和逻辑处理后，发出相应的各种信号和指令给伺服系统。数控系统通常由一台通用或专用计算机、输入/输出接口，以及辅助控制装置等部分组成。

辅助控制装置主要完成与逻辑运算有关的动作，包括完成程序中的 M、S、T 指令等辅助功能所规定的动作（如主轴电动机的起停、冷却泵的开关等），对机床的状态进行监视（如监测是否超行程、电动机是否过热等），以及对操作面板的开关、按键和按钮的状态进行扫描。辅助控制装置的这些工作通常与机床的强电部分有关，控制对象是继电器、交流接触器、电磁阀等执行元件，控制的往往是开关量信号。

由于可编程序控制器（PLC）具有响应快、性能可靠、易于编程和修改等优点，并可直接驱动机床电器，目前已普遍用作辅助控制装置。CNC 和 PLC 协调配合，共同完成对数控机床的控制。用于数控机床的 PLC 一般分为两类：一类是 CNC 的生产厂家为实现数控机床的顺序控制，而将 CNC 和 PLC 综合起来设计，称为内装型（或集成型）PLC，内装型 PLC 是 CNC 装置的一部分；另一类是以独立专业化的 PLC 生产厂家的产品来实现顺序控制功能，称为独立型（或外装型）PLC。

3. 伺服系统

伺服系统是机床工作的动力装置，包括伺服单元和驱动装置两大部分。伺服系统接收来自数控系统的指令信息，并按照指令信息的要求驱动机床的运动部件或执行部分，以加工出符合要求的零件。指令信息是以脉冲信息体现的，每一脉冲使机床运动部件产生的位移量叫脉冲当量。

伺服系统有开环、半闭环和闭环之分。在半闭环和闭环伺服系统中，还需配有位置检测装置，直接或间接测量执行部件的实际位移量，并将其转变成电信号反馈给 CNC 装置，供 CNC 装置与指令值比较产生信号，以控制机床向消除该误差的方向运动。

4. 机床本体

机床本体是数控机床完成加工运动的实际机械部件，它是在原普通机床的基础上改进而得到的，具有以下特点：

1）采用了高性能的主轴及伺服传动系统，机械传动结构简化，传动链较短。

2）机械结构具有较高的刚度、阻尼精度及耐磨性，热变形小。

3）更多地采用高效传动部件，如滚珠丝杠、直线滚动导轨等。

此外还有一些辅助装置，如冷却、润滑、转位和夹紧装置等。对加工中心类数控机床，还有存放刀具的刀库、交换刀具的机械手等部件。与传统机床相比，数控机床的外部造型、整体布局、传动系统、刀具系统的部件结构以及操作机构等都发生了很大的变化，这种变化的目的是为了满足数控技术的要求和充分发挥数控机床的特点。

三、数控机床的分类

1. 按工艺用途分类

（1）金属切削类数控机床　这类数控机床包括数控车床、数控铣床、数控镗床、数控磨床、数控钻床、数控切断机床以及加工中心等。据调查，在金属切削机床中除插床外，国内外都已开发了相应的数控机床，而且品种越来越多。

（2）金属成形类数控机床　这类数控机床包括数控板料折弯机、数控直角剪板机、数控冲床、数控弯管机、数控压力机等。这类机床起步较晚，但目前发展很快。

（3）特种加工类数控机床　这类数控机床包括数控线（电极）切割机床、数控电火花切割机床、数控电火花成形机床、带有自动换电极的电加工中心、数控激光切割机床、数控激光板材成形机床、数控等离子切割机床、数控火焰切割机等。

（4）其他类型的数控机床　其他类型的数控机床包括数控三坐标测量机等。

2. 按控制运动的轨迹分类

（1）点位控制数控机床　这类数控机床只控制运动部件从一点移动到另一点的准确定位，即只保证行程终点的坐标值。而对点到点之间的移动速度和运动轨迹没有严格要求，可以沿多个坐标同时移动，也可以沿各个坐标先后移动。在移动过程中，刀具不进行切削加工，如数控钻床、数控冲床、数控坐标镗床和数控测量机等。

（2）直线控制数控机床　这类数控机床不仅要控制点到点的准确定位，而且要控制两点之间移动的轨迹，使其为一条直线，且要求在运动过程中刀具按规定的进给速度进行切削，如简易数控车床、数控镗铣床和数控磨床等。

（3）轮廓控制数控机床　这类机床又叫连续控制或多坐标联动数控机床，其特点是能够对两个或两个以上运动坐标轴的位移及速度进行连续相关的控制，使刀具和工件按规定的平面或空间轮廓轨迹进行相对运动，从而加工出合格的产品。这类机床的数控装置一般要求有直线和圆弧插补功能，有较高速度的数字运算和信息处理功能，以便加工出形状复杂的零件。目前，大多数数控机床，如数控车床、铣床、磨床、加工中心，以及其他数控设备（如数控绘图机、测量机等）均具有轮廓控制功能。

3. 按控制轴数和联动轴数分类

控制轴数和与工件成形有关的运动数相联系，如某数控铣床有工作台沿 X、Y 向的直线运动和主轴箱沿 Z 向的运动，机床上的运动越多，控制轴数就越多，功能就越强，机床的复杂程度和技术含量也就越高。实现了对机床运动的控制并不意味着就可以加工任何零件，在许多情况下，需要对机床的多个运动同时、协调地进行控制，才能达到加工要求，即同时控制多个轴。这就是所谓的联动轴。联动轴数越多，机床控制和编程难度就越大，控制轴数和联动轴数是表达机床加工能力的重要参数。

按照控制轴数，数控机床可分为两轴数控机床、三轴数控机床以及多轴数控机床。控制轴数有时也称为坐标数，因此也称两坐标数控机床、三坐标数控机床以及多坐标数控机床。

按照联动轴数，数控机床可分为两轴联动、两轴半联动、三轴联动以及多轴联动等。两轴半联动是指三个主要控制轴（X、Y、Z轴）中，任意两个轴联动，另一个是点位或直线控制。一般数控机床的联动轴数少于控制轴数。

4. 按数控机床的功能水平分类

按功能水平分类，可以把数控机床分为高、中、低档三类。该种分法没有一个确切的定义，但可以给人们一个清晰的概念。

(1) 低档型数控机床　低档型数控机床又称为经济型数控机床或简易型数控机床。经济型数控机床的一般含义指的是用单片机进行控制，机械部分是在普通机床的基础上改进设计的机床。它结构简单，成本较低，但自动化程度较低，功能都较差，仅能满足一般精度要求的加工，能加工形状较简单的零件。不同时期、不同国家对经济型数控的定义是不一样的。经济型数控机床是根据实际机床的使用要求，合理地简化系统功能、降低成本的产物。

(2) 中档型数控机床　区别于经济型数控机床，通常把功能较齐全、价格适中的数控机床称为中档型数控机床，也称为普及型数控机床，或称为全功能型数控机床或标准型数控机床。

(3) 高档型数控机床　高档型数控机床是指能加工复杂形状工件的多轴控制或工序集中、自动化程度高、高度柔性化的数控机床。

四、数控机床加工零件的过程

普通金属切削机床加工零件，是操作者根据图样要求手动控制机床操作系统，不断改变刀具与工件相对运动参数（位置、速度等）、使刀具从工件上切除多余材料，最终获得符合质量要求的合格零件。在数控机床上加工零件过程，如图1-2所示。

1. 准备阶段

根据加工零件的图样，确定有关加工数据（刀具轨迹坐标点、加工的切削用量、刀具尺寸信息等），根据工艺方案，选用夹具、选择刀具类型等，以及确定有关其他辅助信息。

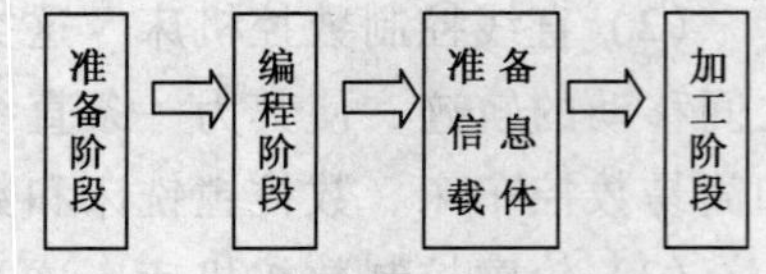

图1-2　数控机床加工零件的过程

2. 编程阶段

根据加工工艺信息，用机床数控系统能识别的语言编写数控加工程序，并填写程序单。程序就是对加工工艺过程的描述。

3. 准备信息载体

根据已编好的程序单，将程序存放在信息载体（如磁盘等）上，信息载体上存储着零件加工所需要的全部信息。目前，随着计算机网络技术的发展，可由计算机通过网络直接与机床数控系统通信。

4. 加工阶段

当执行程序时，机床NC系统将程序译码、寄存和运算，向机床伺服机构发出运动指令，以驱动机床的各运动部件，自动完成对工件的加工。

五、数控机床的特点和应用范围

1. 数控机床的特点

从宏观上看，同工艺类型的数控机床加工与普通机床加工并没有本质的区别，但数控机床本身具有高精度、高速度、高性能、自动化、柔性化、智能化等一系列特征，因此必然在加工使用中表现出一些新的特点。

(1) 具有复杂形状加工的能力　复杂形状零件常用于飞机、汽车、船舶、模具、动力设备和国防军工等制造部门，其加工质量直接影响整机产品的性能。数控加工运动的任意可控性使其能完成普通加工方法难以完成或者无法进行的复杂型面加工。

(2) 高质量　数控加工是用数字程序控制来实现自动加工，排除了人为误差因素，且加工误差还可以由数控系统通过软件技术进行补偿校正，因此，采用数控加工可以提高零件加工精度和产品质量。

(3) 高效率　数控机床可有效地减少零件的加工时间和辅助时间，数控机床的主轴转速和进给量的范围大，允许机床进行大切削量的强力切削。数控机床目前正进入高速加工时代，数控机床移动部件的快速移动和定位及高速切削加工，减少了半成品的工序间周转时间，提高了生产效率。与采用普通机床加工相比，采用数控加工一般可提高生产率 2 ~ 3 倍，在加工复杂零件时生产率可提高十几倍甚至几十倍，特别是五面体加工中心和柔性制造单元等设备，零件一次装夹后能完成几乎所有表面的加工，不仅可消除多次装夹引起的定位误差，还可大大减少加工辅助操作，使加工效率进一步提高。

(4) 高柔性　只需改变零件程序即可适应不同品种零件的加工，且几乎不需要制造专用工装夹具，因而加工柔性好，有利于缩短产品的研制与生产周期，适应多品种、中小批量的现代生产需要。

(5) 改善劳动条件　数控机床加工前经调整后，输入程序并启动，机床就能自动连续地进行加工，直至加工结束。操作者主要进行程序输入、编辑、装卸零件、刀具准备、观测加工状态、零件检验等操作，不需要进行繁重的重复性手工操作，劳动强度和紧张程度大为改善，劳动条件也相应得到改善，机床操作者的劳动趋于智力型工作。另外，机床一般是封闭式加工，清洁且安全。

(6) 有利于生产管理现代化　数控机床的加工，可预先精确估计加工时间，所使用的刀具、夹具可进行规范化、现代化管理。数控机床使用数字信号与标准代码为控制信息，易于实现加工信息的标准化。数控加工技术的应用，使机械加工的大量前期准备工作与机械加工过程联为一体，使零件的计算机辅助设计（Computer Aided Design，简称 CAD）、计算机辅助工艺规划（Computer Aided Process Planning，简称 CAPP）和计算机辅助制造（Computer Aided Manufacturing，简称 CAM）的一体化成为现实，有利于实现现代化的生产管理。

2. 数控机床的应用范围

数控机床是一种高度自动化的机床，有一般机床所不具备的许多优点，所以数控机床的应用范围在不断扩大，但数控机床是一种高度机电一体化产品，技术含量高，成本高，使用和维修都有一定难度。若从最经济的角度考虑，数控机床适用于加工多品种小批量零件、形状复杂（如用数学方法定义的复杂曲线、曲面轮廓）或加工精度要求高的零件、需频繁换型的零件、价值高的零件、需最小生产周期的急需零件。

第二节　数控机床的数控系统

一、数控系统的组成

数控系统是数控机床的控制核心。现在的数控系统通常是计算机数控（Computer Numerical Control，简称 CNC）系统，即用计算机控制加工功能，实现数值控制。数控系统由专用软件与硬件两大部分组成，软件在硬件支持下运行。

（一）数控系统的软件

CNC 系统软件可分为管理软件与控制软件两部分。管理软件包括零件程序的输入/输出、状态显示、故障诊断和通信等功能软件；控制软件包括译码、刀具补偿、速度处理、插补运算和位置控制等功能软件，如图 1-3 所示。

CNC 系统软件具有多任务并行、多重实时中断处理的特点。

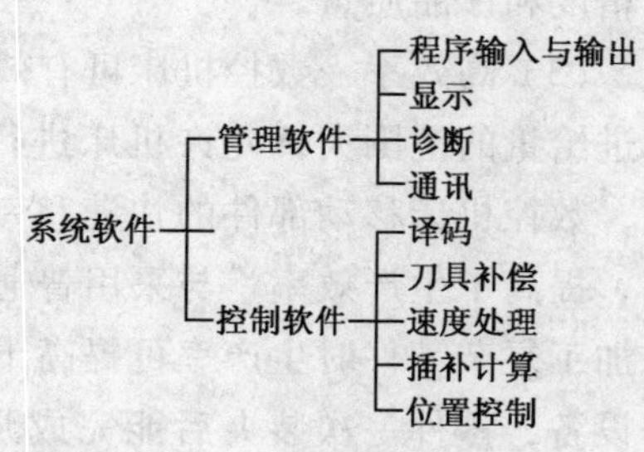

图 1-3　CNC 系统软件的组成

（二）数控系统的硬件

大多数 CNC 系统现在都由微处理器构成，故也可称为微处理器数控系统（MNC），一般由中央处理单元（CPU）和总线、存储器（ROM、RAM）、输入/输出（I/O）接口电路及相应的外部设备、PLC、主轴控制单元、速度进给控制单元等组成。

按组成 CNC 装置的电路板结构特点专用计算机数控系统可分为大板式结构和模块化结构两类；按 CNC 装置内微处理器（CPU）数量，可分为单微处理机结构和多微处理机结构。

（1）单微处理机结构　这种结构只有一个微处理机，采用集中控制、分时方法处理数控的各个任务。在这种单微机结构中，所有的数控功能和管理功能都由一个微处理机来完成，因此 CNC 装置的功能将受到微处理器的字长、数据宽度、寻址能力和运算速度等因素的影响和限制。

（2）多微处理机结构　在多微处理机结构中，有两个或两个以上的微处理机构成处理部件，处理部件之间采用紧耦合，有集中的操作系统，并共享资源。有些多微处理机结构则有两个或两个以上的微处理机构成的功能模块，功能模块之间采用松耦合，有多重操作系统，能有效地实现并行处理。这种结构中的各处理机分别承担一定的任务，通过公共存储器或公用总线进行协调，实现各微处理机间的互联和通信。

（3）大板式结构　大板式结构 CNC 系统的 CNC 装置由主电路板、位置控制板、PLC 板、图形控制板和电源单元等组成。主电路板是大印制电路板，其他电路是小印制电路板，它们插在大印制电路板上的插槽内，共同构成 CNC 装置。

（4）功能模块式结构　在采用功能模块式结构的 CNC 装置中，整个 CNC 装置按功能划分为各模块。硬件和软件的设计都采用模块化设计方法，即每个功能模块被做成尺寸相同的印制电路板（称功能模块），而相应功能模块的控制软件也模块化。这样形成一个“交钥匙”CNC 系统产品系列，用户只要按需要选用各种控制单元母板及所需功能模板，再将各功能模板插入控制单元母板的槽内，就搭成了自己需要的 CNC 系统控制装置。另外，机床操作面板的按钮箱（台）也是标准化的，上面有由用户定义的按键。用户只要按产品的型号、功能把各功能模块、外设、相应的电缆（带插头）及按钮箱（机床操作面板及 MDI、CRT）购买回来，经组装连接便可，从而大大方便了用户使用。

二、插补

在数控机床中，刀具是一步一步移动的，刀具移动一步的距离称为脉冲当量，脉冲当量是刀具所能移动的最小单位。刀具的运动轨迹是折线，而不是光滑的曲线。刀具沿什么样的折线进给，由机床的数控系统确定。数控系统按一定方法确定刀具运动轨迹的过程叫做插补，所依据的方法叫做插补方法。

根据输出信号方式，插补方法可分为脉冲插补法和增量插补法，脉冲插补法输出的是脉冲序列，如逐点比较法和数字积分法；增量插补法输出的是增量，如数据采样法。

早期数控机床广泛采用的是逐点比较插补法，通过了解其插补原理与方法有助于理解数控系统的控制思想和发展历程，因此这里以逐点比较插补法说明插补的原理。

顾名思义，逐点比较法就是每走一步，都要将加工点的坐标与图形轨迹相比较，判断偏差，然后决定下一步的走向，从而缩小偏差。它能实现直线插补、圆弧插补及其他曲线插补，运算直观，插补误差不大于一个脉冲当量，脉冲输出均匀，调节方便。

每个插补循环由偏差判别、进给、偏差函数计算和终点判别四个步骤组成。

1. 逐点比较法直线插补

(1) 偏差函数的构造　如图 1-4 所示，以第一象限的直线段为例。编程时给出要加工直线的起点和终点，若以直线的起点为坐标原点，则终点坐标为 (X_e，Y_e)，点 P (X，Y) 表示刀具的位置。

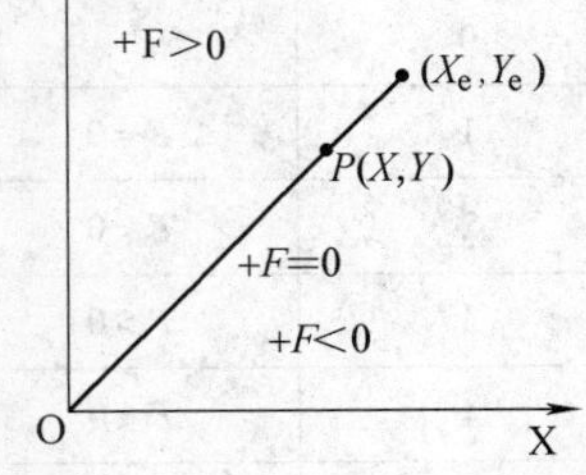

图 1-4　偏差函数构造

若点 P 恰好在直线上，则下式成立

$Y/X = Y_e/X_e$，即 $XY_e - YX_e = 0$

若点 P 在直线上方，则

$Y/X > Y_e/X_e$，即 $XY_e - YX_e > 0$

若点 P 在直线下方，则

$Y/X < Y_e/X_e$，即 $XY_e - YX_e < 0$

由上所述，可以取函数 $F = XY_e - YX_e$ 作为偏差判别的一个函数，此函数称为偏差函数。由偏差函数 F (X，Y) 的数值就可以判别当前点与直线的相对位置，即

当 F (X，Y) $=0$ 时，刀具在直线上；

当 F (X，Y) >0 时，刀具在直线上方；

当 F (X，Y) <0 时，刀具在直线下方。

(2) 偏差函数的递推计算　采用偏差函数的递推式（迭代式），即由前一点计算后一点。设点 (X_m，Y_m) 为当前所在位置，其 F 值为 $F_m = X_eY_m - X_mY_e$。

若 $F_m \geqslant 0$，沿 $+X$ 方向走一步，则新的坐标和偏差为

$$X_{m+1} = X_m + 1, Y_{m+1} = Y_m$$

$$F_{m+1} = X_eY_m - (X_m + 1)Y_e = X_eY_m - X_mY_e - Y_e = F_m - Y_e$$

若 $F_m < 0$，沿 $+Y$ 方向走一步，则新的坐标和偏差为

$$X_{m+1} = X_m, Y_{m+1} = Y_m + 1$$

$$F_{m+1} = X_e(Y_m + 1) - X_mY_e = X_e + X_eY_m - X_mY_e = F_m + X_e$$

（3）终点判别　刀具每进给一步，都要进行一次终点判别，若已经到达终点，插补运算停止，并发出停机或转换新程序段的信号，否则继续进行插补循环。终点判别通常采用以下两种方法。

1）总步长法。将被插补直线在两个坐标轴方向上应走的总步数求出，即 $\Sigma = |X_e| + |Y_e|$，刀具每进给一步，就执行 $\Sigma - 1 \rightarrow \Sigma$，即从总步数中减去 1，这样当总步数减到零时即表示已到达终点。

2）终点坐标法。刀具每进给一步，就将动点坐标与终点坐标进行比较，即判别 $X_m - X_e = 0$ 和 $Y_m - Y_e = 0$ 是否成立，若等式成立，插补结束，否则继续。

例 1-1　现欲加工第一象限直线段 OA，设起点位于坐标原点 O（0，0），终点坐标为 $X_e = 6$，$Y_e = 4$，试用逐点比较法对该直线进行插补，并画出刀具运行轨迹。

解：插补从直线起点 O 开始，故 $F_0 = 0$。终点判别是判断进给总步数 $N = 6 + 4 = 10$。插补运算过程见表 1-1，插补轨迹如图 1-5 所示。

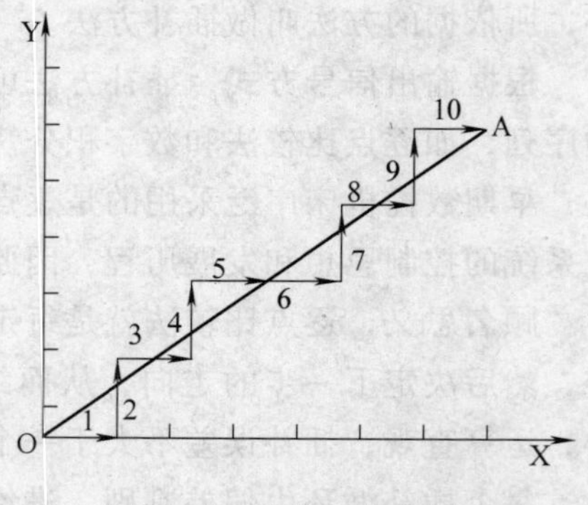

图 1-5　直线插补实例

表 1-1　直线插补运算过程

步数	偏差判别	坐标进给	偏差计算	终点判别
0			$F_0 = 0$	$\Sigma = 10$
1	$F = 0$	$+X$	$F_1 = F_0 - Y_e = 0 - 4 = -4$	$\Sigma = 10 - 1 = 9$
2	$F < 0$	$+Y$	$F_2 = F_1 + X_e = -4 + 6 = 2$	$\Sigma = 9 - 1 = 8$
3	$F > 0$	$+X$	$F_3 = F_2 - Y_e = 2 - 4 = -2$	$\Sigma = 8 - 1 = 7$
4	$F < 0$	$+Y$	$F_4 = F_3 + X_e = -2 + 6 = 4$	$\Sigma = 7 - 1 = 6$
5	$F > 0$	$+X$	$F_5 = F_4 - Y_e = 4 - 4 = 0$	$\Sigma = 6 - 1 = 5$
6	$F = 0$	$+X$	$F_6 = F_5 - Y_e = 0 - 4 = -4$	$\Sigma = 5 - 1 = 4$
7	$F < 0$	$+Y$	$F_7 = F_6 + X_e = -4 + 6 = 2$	$\Sigma = 4 - 1 = 3$
8	$F > 0$	$+X$	$F_8 = F_7 - Y_e = 2 - 4 = -2$	$\Sigma = 3 - 1 = 2$
9	$F < 0$	$+Y$	$F_9 = F_8 + X_e = -2 + 6 = 4$	$\Sigma = 2 - 1 = 1$
10	$F > 0$	$+X$	$F_{10} = F_9 - Y_e = 4 - 4 = 0$	$\Sigma = 1 - 1 = 0$

2. 逐点比较法圆弧插补

（1）偏差函数　加工一个圆弧，很容易联想到把加工点到圆心的距离和该圆的名义半径相比较来反映加工偏差。圆弧分顺时针圆弧和逆时针圆弧两种，这里，仅以第一象限逆圆弧为例，导出其偏差计算公式。设要加工图 1-6 所示圆弧 $\widehat{AE}$，以原点为圆心，半径为 R，起点为 A，任意加工点 P_i（X_i，Y_i）与圆心距离为 R_p，现讨论这一加工点的偏差。

若点 P_i 在圆弧上，则 $R_p = R$；

若点 P_i 在圆弧外，则 $R_p > R$；

若点 P_i 在圆弧内，则 $R_p < R$。

取偏差函数为 $F_i = X_i^2 + Y_i^2 - R^2$

（2）偏差函数的递推计算　若 $F_i \geqslant 0$，规定向 -X 方向走一步，有

$$\begin{cases} X_{i+1} = X_i - 1 \\ F_{i+1} = (X_i - 1)^2 + Y_i^2 - R^2 = F_i - 2X_i + 1 \end{cases}$$

若 $F_i < 0$，规定向 $+Y$ 方向走一步，有

$$\begin{cases} Y_{i+1} = Y_i + 1 \\ F_{i+1} = X_i^2 + (Y_i + 1)^2 - R^2 = F_i + 2Y_i + 1 \end{cases}$$

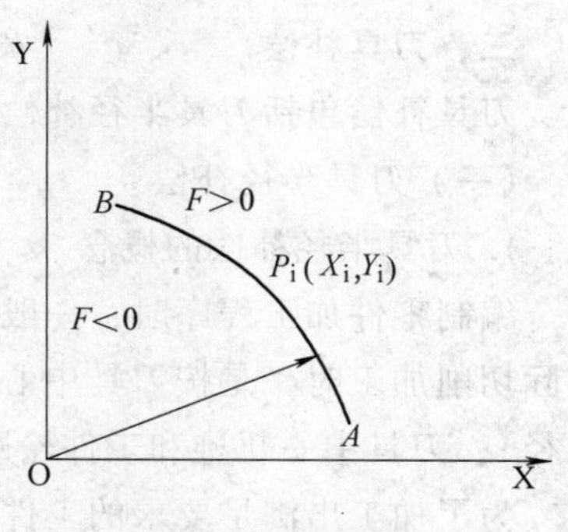

图 1-6　圆弧偏差函数

（3）终点判别　与直线插补相同，总的循环次数应与终点两坐标的总步数相等。即

$$i = N = X_e^2 - X_a^2 + Y_e^2 - Y_a^2$$

3. 逐点比较法的象限处理

以上所讨论的用逐点比较法进行直线和圆弧插补的原理和计算公式，只适用于第一象限直线和第一象限逆时针圆弧。对于不同象限和不同走向的圆弧来说，其插补计算公式和脉冲进给方向都是不同的。为了将各象限直线的插补公式统一成第一象限的公式，和将各象限不同走向的圆弧的插补公式统一成第一象限逆时针圆弧的计算公式，需要将坐标和进给方向根据象限等进行转换，转换以后不管哪个象限的圆弧和直线都按第一象限圆弧和直线进行插补计算，而进给脉冲的方向则按实际象限和线型决定。

图 1-7 分别为给出了不同象限内 8 种圆弧和 4 种直线的插补运动方式，据此可以得到表 1-2 的进给脉冲分配表。

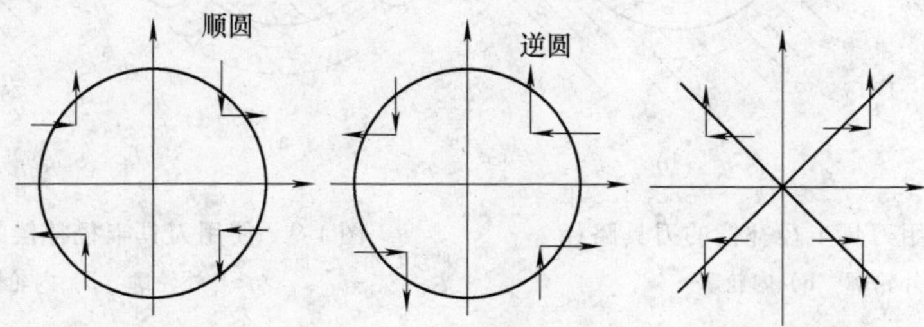

图 1-7　四个象限圆弧、直线进给方向

表 1-2　象限与进给脉冲分配表

线型	脉冲	象限和坐标			
		Ⅰ	Ⅱ	Ⅲ	Ⅳ
直线	ΔX	+X	+Y	X	-Y
	ΔY	+Y	-X	-Y	+X
顺时针圆弧	ΔX	-Y	+X	+Y	-X
	ΔY	+X	+Y	-X	-Y
逆时针圆弧	ΔX	-X	-Y	+X	+Y
	ΔY	+Y	-X	-Y	+X

三、刀具补偿

刀具补偿包括刀具半径补偿和刀具长度补偿。

（一）刀具半径补偿

1. 刀具半径补偿的概念

编制零件加工程序时，一般按零件图样中的轮廓尺寸决定零件程序段的运动轨迹。但在实际切削加工时，是按刀具中心运动轨迹进行控制的，由于刀具总有一定的半径（如铣刀半径），刀具中心轨迹和工件轮廓线若是重合的，将会使工件过切，如图 1-8 所示。

为了加工出满足要求的工件轮廓，其加工程序要么偏离一个刀具半径值来编程，要么直接按工件轮廓编程，由系统自动偏离轮廓一个刀具半径，后者就是所谓刀具半径补偿功能。刀具半径补偿功能就是使系统能够根据零件轮廓信息和刀具半径值自动计算出刀具中心的运动轨迹，使其自动偏离零件轮廓一定距离。如图 1-9 所示，在加工外轮廓时，刀具中心向工件轮廓的外部偏移一个距离；而加工内轮廓时，刀具中心向工件的内侧偏移一个距离，这个偏移就是所谓的刀具补偿半径。图中粗实线为所需加工的零件轮廓（编程轨迹），点画线是使用了刀具半径补偿后的刀具中心轨迹（机床实际走刀路线）。

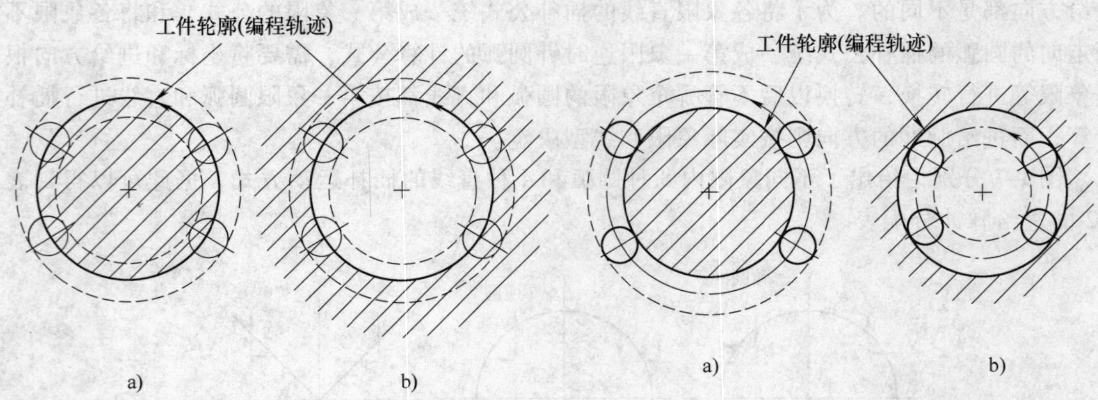

图 1-8　未使用刀具半径补偿的刀具路径
a）外轮廓　b）内轮廓

图 1-9　使用刀具半径补偿的刀具路径
a）外轮廓　b）内轮廓

2. 刀具半径补偿的执行过程

刀具半径补偿的执行过程分为刀补的建立、刀补的进行和刀补的取消三步，如图 1-10 所示。

（1）刀补的建立　刀具从起刀点接近工件，刀具中心轨迹的终点不在下一个程序段指定的轮廓起点，而是在法线方向上偏移一个刀具补偿半径的距离。

（2）刀补的进行　在刀具补偿进行期间，刀具中心轨迹始终偏离编程轨迹一个刀具补偿半径的偏移值。

（3）刀补的取消　在刀具撤离工件返回原点的过程中取消这一个刀具补偿半径的偏移值。

3. 刀具半径补偿的形式

刀具半径补偿有 B 功能（Basic）和 C 功能（Complete）两种补偿形式。B 功能刀具半径补偿只能在本段程序内进行刀补计算，不能解决程序段之间的过渡问题，因此要求将工件轮廓处理成圆角过渡，如图 1-11 所示，即圆弧的加工程序$\overset{\frown}{A'B'}$要手工用指令写出，否则会发生过切。要求编程人员事先估计出刀补可能出现的间断点和交叉点，并进行人为处理，这显然增加了编程的难度。采用 C 功能刀具半径补偿方法时，计算机能自动能够根据相邻轮廓段的信息，处理两个程序段刀具中心轨迹的转换，并在转接点处插入过渡圆弧或过渡直线，从而避免了刀具干涉现象的发生。另外，如果采用圆弧过渡，则当刀具加工到这些圆弧段时，虽然刀具中心在运动，但其切削边缘相对零件来讲是没有运动的，而这种停顿现象会造成工艺性变差，特别在加工尖角轮廓零件时显得尤其突出，所以更理想的应是直线过渡形式，现代 CNC 数控机床几乎都采用 C 功能刀具半径补偿法。

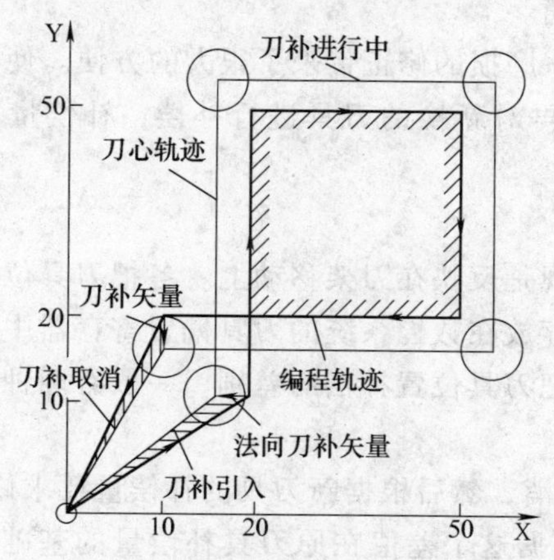

图 1-10　刀具半径补偿的执行过程

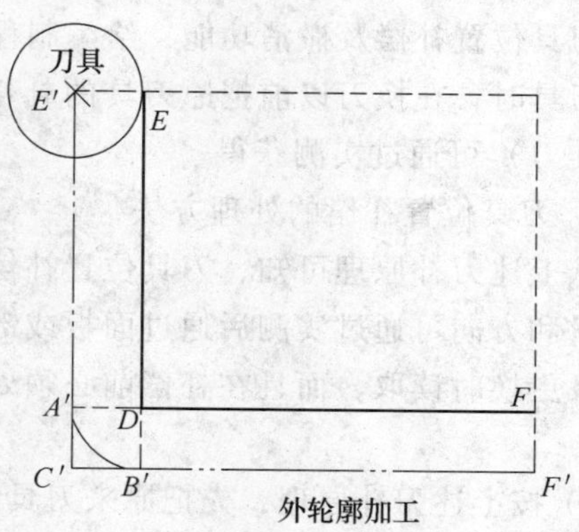

图 1-11　B 功能补偿的交叉和间断点

（二）刀县长度补偿

1. 刀具长度补偿的概念

刀具长度补偿的基本思想与刀具半径补偿相似，并且刀具长度补偿功能对于带有自动换刀装置的数控机床（如加工中心、数控车床等）有特别重要的意义。该功能可补偿刀具长度方向上的磨损和解决多刀加工时刀具长度不一致引起的问题，使得编制加工程序时可按零件图样中的轮廓尺寸决定零件程序段的运动轨迹，方便了编程。

2. 刀具长度补偿的实现

刀具长度补偿有时是以位置补偿体现的。以图 1-12 所示的数控车床刀架为例，四方刀架装有不同尺寸的刀具。设图示刀架中心位置为各刀具的换刀点，并以 1 号刀具刀尖 B 点为所有刀具的编程起点。当 1 号刀从 B 点移动到 A 点时，增量值（编程值）为

$$U_{BA} = X_A - X_B, W_{BA} = Z_A - Z_B$$

当换 2 号刀加工时，2 号刀刀尖处在 C 点位置，要想运用 A、B 两点的坐标值计算 C 点到 A 点的移动量，必须知道 B 点与 C 点坐标位置的差值，用这个差值对 B 点到 A 点的位移量进行修正补偿，就能实现 C 点向 A 点的移动。为此，把 B 点（基准刀尖位置）对 C 点的位置差值用以 C 点为坐标原点的 I、

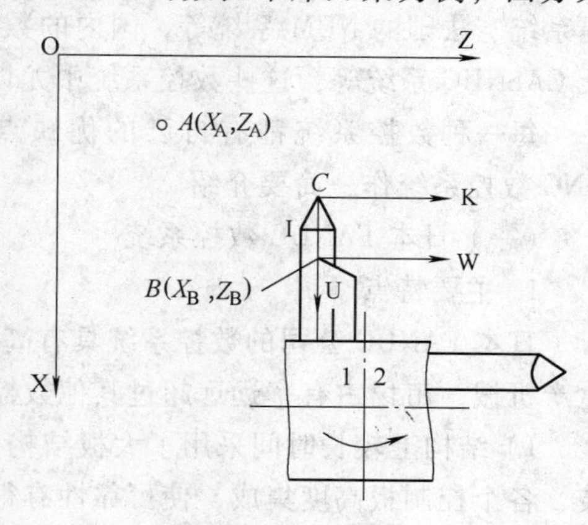

图 1-12　换刀后的刀补

K 直角坐标系表示。当 C 点向 A 点移动时，有

$$U_{CA} = (X_A - X_B) + I_{补}, W_{CA} = Z_A - Z_B + K_{补}$$

式中，$I_{补}$，$K_{补}$ 分别为刀补量。

当需要刀具复位，如上述 2 号刀从 A 点返回 C 点时，其过程正好与加工过程相反，与 1 号刀尖从 A 点回到 B 点反方向相差一个刀补值，因此这时需要一个绝对值相等符号相反的补偿量，即

$$U_{AC} = (X_B - X_A) - I_{补} = -[(X_A - X_B) + I_{补}] = -U_{CA}$$
$$W_{AC} = (Z_B - Z_A) - K_{补} = -[(Z_A - Z_B) + K_{补}] = -W_{CA}$$

这种补偿一个反量的过程称为刀具位置补偿撤消。

刀具位置补偿及撤消功能，给编制程序、换刀、磨损的修正带来了很大的方便。使用不同的刀具时，在换刀以前把原刀具的补偿量撤消，再对新换的刀具进行补偿，补偿量（相对基准刀）可通过实测获得。

3. 刀具位置补偿的处理方法

从上述刀补原理可知，刀具位置补偿的最终实现是反映在刀架移动上。各把刀具位置的补偿量和方向可通过实测后通过面板或键盘输入，存放在数控系统的刀具偏置寄存器中，并在刀具更换时读取，而且在补偿前必须处理前后两把刀具位置补偿的差别，一般有两种处理方法。

1）按上述刀补原理，先把原来刀具的补偿量撤消，然后根据新刀具的补偿量要求修正。

2）先进行更换刀具补偿量的差值计算，然后根据这个差值在原刀具补偿量的基础上进行刀具补偿，这种方法称差值补偿法。

四、典型数控系统介绍

由于现代化生产发展的需要，数控机床的功能和精度也在不断地发展，这其中主要反映在数控系统的发展上。数控系统的发展由两个方面来促进，一是生产发展本身的要求，二是现代电子技术和软件技术的推动，前者对系统功能提出要求，后者为数控系统实现这些功能提供技术基础。

从数控技术诞生到现在已经有数十年的时间，在这几十年间已经发展出很多种数控系统，例如国外的数控系统有日本富士通公司的 FANUC 系统、日本三菱公司的 MELDAS 系统、德国西门子公司的 SINUMERIK 系统、西班牙的 FAGOR 系统、美国的 AB 系统和辛辛那提系统、法国的 NUM 系统等，国内的数控系统有华中 HNC 系统、广州 GSK 系统、北京航天 CASNUC 系统等，这些数控系统中尤以 FANUC 系统、SINUMERIK 系统市场占有率最高。

每一种数控系统都有自己的优缺点，下面对 FANUC 系统、SINUMERIK 系统和华中 HNC 数控系统作一简要介绍。

（一）日本 FANUC 数控系统

1. 主要特点

日本 FANUC 公司的数控系统具有高质量、高性能、全功能的特点，适用于各种机床和生产机械，市场占有率远远超过其他数控系统，主要体现在以下几个方面：

1）结构上较长时间采用了大板结构，但新产品已采用模块化结构。模块化结构易于拆装，各个控制板高度集成，使可靠性有很大提高，而且便于维修更换。

2）具有很强的抵抗恶劣环境影响的能力，其工作环境温度为 0°～45°，相对湿度为

75%。

3）有较完善的保护措施，FANUC 对自身的系统采用比较完善的保护电路。

4）性价比高。

5）FANUC 系统所配置的系统软件具有较齐全的基本功能和选项功能。对于一般机床来说，基本功能完全能满足使用要求。

6）CNC 装置的体积越来越小，采用面板式装配，内装式 PLC。

7）推进 CNC 装置面向用户开放的功能。

8）多种语言显示。

9）有适应于多种用途的外部设备。

2. 主要系列

FANUC 公司目前生产的数控装置有 F0、F10/F11/F12、F15、F16、F18 等系列。目前 F00/F100/F110/F120 /F150 系统在 F0/F10/F11/F12 的基础上加了 MMC（Man Machine Control）功能，即 CNC、PMC（Programmable Machine Control）、MMC 三位一体。

（1）高可靠性的 PowerMate 0 系列　用于控制 2 轴的小型车床，取代步进电动机的伺服系统。

（2）普及型 0-D 系列　0-TD 用于车床，0-MD 用于铣床及小型加工中心，0-GCD 用于外圆磨床，0-GSD 用于平面磨床，0-PD 用于冲床。

（3）全功能型的 0-C 系列　0-TC 用于通用车床、自动车床，0-MC 用于铣床、钻床、加工中心，0-GCC 用于内、外圆磨床，0-GSC 用于平面磨床，0-TTC 用于双刀架 4 轴车床。

（4）高性价比的 0i 系列　有整体软件功能包，高速度、高精度加工，并具有网络功能。0i-MB/MA 用于加工中心和铣床，4 轴 4 联动；0i-TB/TA 用于车床，4 轴 2 联动；0i-mate MA 用于铣床，3 轴 3 联动；0i-mate TA 用于车床，2 轴 2 联动。

（二）西门子 SINUMERIK 数控系统

1. 主要特点

SIEMENS 公司有许多产品，其中 SINUMERIK 系列 CNC 装置是该公司面向机械制造行业研制开发的数控系统。SINUMERIK CNC 装置采用模块化结构设计，经济性好，在一种标准硬件上配置多种软件，使它具有多种工艺类型，满足各种机床的需要，并成为系列产品。随着微电子技术的发展，越来越多地采用大规模集成电路（LSI），表面安装器件（SMC）及应用先进加工工艺，所以新的系统结构更为紧凑，性能更强，价格更低。

2. 主要系列

SINUMERIK 系统发展了很多代，目前在广泛使用的主要有 SINUMERIK802、810、840 等几种系列。用一个简要的图表对西门子各系列的性价比作一比较，如图 1-13 所示。

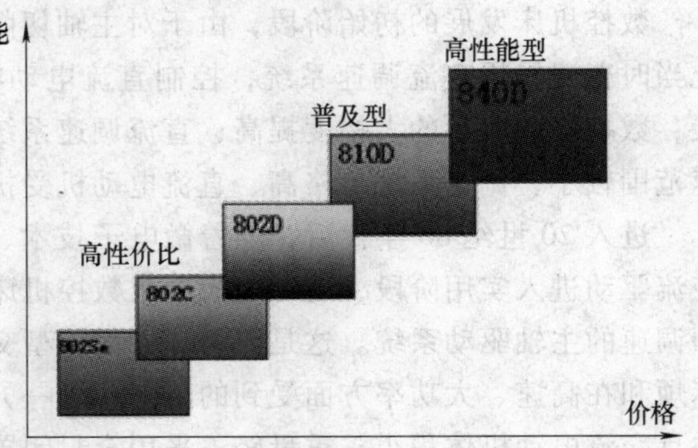

图 1-13　西门子各系列的性价比比较

（三）华中 HNC 数控系统

华中 HNC 数控系统是基于通用 PC 的数控装置，由武汉华中数控股份有限公司研发，是国家 863 计划、95 国家科技攻关计划和国家自然科学基金的重大科技成果。华中数控系统有三大系列：世纪星（HNC-21）系列、小博士系列、华中Ⅰ型（HNC-1）系列。

华中Ⅰ型系列为高档高性能数控装置，世纪星系列、小博士系列为高性能经济型数控装置。其中，世纪星系列采用通用原装进口嵌入式工业 PC 机，彩色 LCD 液晶显示器，内置式 PLC，可与多种伺服驱动单元配套使用。小博士系列为外配通用 PC 机的经济型数控装置，具有开放性好、结构紧凑、集成度高、可靠性好、性价比高、操作维护方便的特点。

第三节　数控机床的伺服系统

伺服系统是数控机床的重要组成部分，一般伺服系统应具有调速范围宽、精度高、稳定性好、动态响应快、反向死区小、能频繁起停和正反运动、低速大扭矩等特性。

数控机床的伺服系统主要有两种，即主轴伺服系统和进给伺服系统。主轴伺服系统控制机床的主轴旋转运动，随着高速加工技术的发展，对主轴伺服系统的要求也越来越高。进给伺服系统是一种高精度的位置跟踪和定位系统，它的性能决定了数控机床的最大进给速度和定位精度等。

一、数控机床的主轴伺服系统

数控机床主轴驱动系统是指产生主切削运动的传动系统。它是机床的重要部件之一，其输出性能影响数控机床的整体水平。

1. 主轴伺服系统的基本要求

主轴伺服系统除了要求有较高的速度精度、动态刚度和连续输出的高转矩能力外，一般还要满足下述要求：

1）功率要求，主传动电动机应有 2.2～250kW 的功率范围。

2）较大的调速范围，要有大的无级调速范围，如能在 1:100～1:1000 范围内进行恒转矩调速和 1:10 的恒功率调速。

3）要求主传动有四象限的驱动能力。

4）同步控制要求，为了满足螺纹车削，要求主轴能与进给实行同步控制。

5）高精度定向定位控制的要求，如加工中心的自动换刀，有些甚至要求主轴具有角度分度控制功能等。

2. 主轴电动机简介

数控机床发展的初始阶段，由于对主轴切削功率、恒速转动及无级调整上要求较高，因此当时普遍采用直流调速系统，控制直流电动机构成主轴调速部分。随着计算机的飞速发展，数控机床产量的大幅度提高，直流调速系统的不适应性日益突出，如体积大、恒功率调速范围较小、调速系统价格高、直流电动机受机械换向的影响、使用和维护都较麻烦等。

进入 20 世纪 80 年代后，随着微电子技术、交流调速理论和大功率半导体技术的发展，交流驱动进入实用阶段，现在绝大多数数控机床均采用笼型异步交流电动机配置矢量变换变频调速的主轴驱动系统。这是因为一方面笼型交流电动机不像直流电动机有机械换向带来的麻烦和在高速、大功率方面受到的限制，另一方面交流驱动的性能已达到直流驱动的水平，并且交流电动机体积小、重量轻，采用全封闭罩壳，对灰尘和油污有较好的防护。

内装式主轴电动机是近 10 年出现的新技术，已广泛应用于数控机床中。内装式主轴电动机简称电主轴，它替代了传统的带传动及齿轮传动，采用内装式 VAC 交流变频宽速电动机和主轴联为一体的直接驱动，即所谓的“零传动”，可以获得更高的速度、精度和效率，其结构紧凑、重量轻、惯性小、振动小、噪声低、响应快，易于实现主轴定位，是高速主轴的理想结构。但仍有很多技术问题需解决，首先是主轴电动机要功率大、体积小，既要有很宽的恒功率区，又要保持一定的输出转矩；其次，电动机也是一个很大的热源，必须研究减少电动机发热和减少主轴单元热变形的技术。内装式主轴电动机适用于对加工质量、精度和稳定的运转提出很高要求，并要求最短起动时间的场合。电主轴是实现数控机床高速、超高速加工的必需结构。

3. 交流主轴控制单元

交流伺服主轴控制单元一般有模拟式和数字式两种，现在所见到的交流主轴控制单元大多都是数字式的。

二、数控机床的进给伺服系统

进给伺服系统由伺服驱动电路、伺服驱动装置（电动机）、位置检测装置、机械传动机构以及执行部件等部分组成。它的作用是：接受数控系统发出的进给位移和速度指令信号，由伺服驱动电路作一定的转换和放大后，经伺服驱动装置（直流或交流伺服电动机、直线电动机、功率步进电动机、电液伺服阀—液压马达等）和机械传动机构，驱动机床的工作台、主轴头架等执行部件进行工件进给和快速进给。

数控机床的进给伺服系统与一般机床的进给系统有本质上的差异，它能根据指令信号自动精确地控制执行部件运动的位移、方向和速度，以及数个执行部件按一定的规律运动以合成一定的运动轨迹。

1. 数控机床对进给伺服系统的要求

进给伺服系统的高性能在很大程度上决定了数控机床的高效率、高精度和高柔性，因此数控机床对进给伺服系统的位置控制、速度控制、伺服电动机等方面都有很高的要求。数控机床的伺服驱动系统应该满足以下几个方面的要求。

（1）高精度　进给伺服驱动系统应该定位准确，即定位误差特别是重复定位误差要小而且其跟随精度要高。一般定位精度达到 μm 级，高的达到 ±0.01 ~ ±0.005μm。

（2）快速响应，无超调　加工过程中，为了提高生产率和保证加工质量，要求加（减）速度足够大，以便缩短伺服驱动系统过渡过程时间。一般电动机从零速变到最高速，或从最高速降至零速，时间在 200 ms 以下，甚至小于几十毫秒。这就要求进给伺服驱动系统快速响应好，又不超调，否则将影响加工质量。另外，当载荷突变时，要求速度恢复的时间短，且无振荡，这样才能得到光滑的加工表面。

（3）调速范围宽　在各种数控机床中，由于加工用刀具、被加工材料以及零件加工要求的不同，为保证在任何情况下都能得到最佳切削条件，要求进给驱动必须具有足够宽的调速范围（至少达到 1:1000，有些高性能系统已能达到 1:100000），而且通常是无级调速。

（4）低速转矩大　根据机床的加工特点为多在低速下进行重切削，这就要求进给伺服驱动系统在低速段要有大的转矩输出，且无爬行现象。此外还应具有较强的过载能力。

（5）可靠性高　对环境（如温度、湿度、粉尘、油污、振动、电磁干扰等）的适应性强，性能稳定，使用寿命长，平均故障间隔时间（MBT）长。

2. 伺服系统的分类

伺服系统按控制方式可分为开环系统、闭环系统和半闭环系统。

（1）开环控制系统　开环控制系统没有位置检测元件，其驱动元件通常是功率步进电动机或混合式步进电动机，如图 1-14 所示。数控系统每发出一个指令脉冲，经步进电动路放大后，步进电动机旋转一个角度，再经传动机构带动工作台移动。这类机床控制的信息流是单向的，脉冲信号发出后，实际位移值不反馈回来，所以称开环控制，其精度主要取决于驱动元器件和步进电动机的性能。

开环控制系统的优点是结构简单、调试和维修方便，成本较低，缺点是精度较低，进给速度也受步进电动机工作频率的限制，一般适用于中、小型经济型数控机床，以及普通机床的数控化改造。

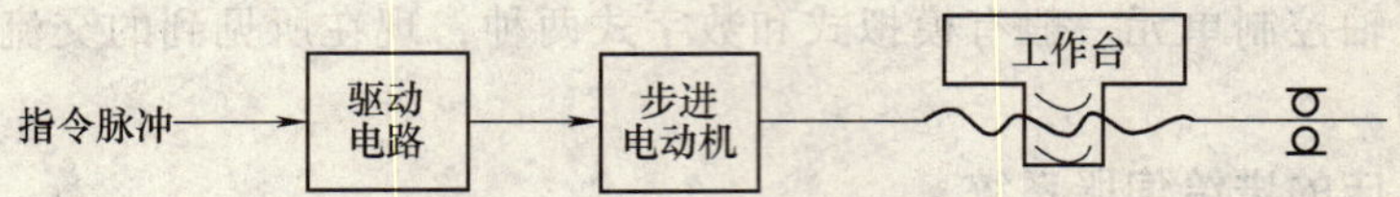

图 1-14　开环控制系统框图

（2）闭环控制系统　这类系统带有直线位置检测装置，可直接对工作台的实际位移量进行检测，如图 1-15 所示。加工过程中，将测量到的实际值反馈到数控装置中（即速度反馈信号送到速度控制电路，工作台实际位移量反馈到位置比较电路），与数控装置发出的指令值进行比较，用比较后的差值去控制工作台的运动，直到差值为零，即实现移动部件的最终精确定位。从理论上讲，闭环控制系统的控制精度主要取决于检测装置的精度，它可以消除包括工作台传动链在内的传动误差给工件加工带来的影响，因而定位精度高、调节速度快。但由于机床工作台惯量大，对系统的稳定性会带来不利影响，使调试、维修困难，且控制系统复杂成本高，故一般对精度要求很高的数控机床才采用这种控制方式，如数控精密镗铣床、超精车床等。在闭环进给系统中，早期多用电液伺服阀—液压马达与小惯量电动机，20 世纪 70 年代中期以后多用宽调速直流伺服电动机。之后交流伺服电动机的研究不断取得显著进展，使交流伺服电动机取得广泛应用，占据了绝对的优势。

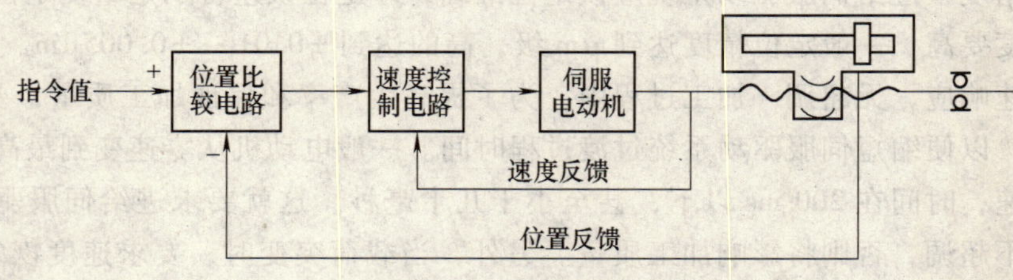

图 1-15　闭环控制系统框图

（3）半闭环控制系统　这类系统与闭环控制系统的区别在于检测反馈信号不是来自安装在工作台上的直线位移测量元件，而是来自安装在电机轴或丝杠轴上的角位移测量元件，如图 1-16 所示。通过测量电动机转角或丝杆转角推算出工作台的位移量，并将此值与指令值进行比较，用差值来进行控制。如图 1-16 所示，由于工作台未包括在控制回路中，因而称为半闭环控制。这种控制方式由于排除了惯量很大的机床工作台部分，使整个系统的稳定性得以保证。目前已普遍将角位移检测元件与伺服电动机做成一个部件，使系统结构简单、调试和维护也方便。半闭环控制系统数控机床的性能介于开环和闭环控制数控机床之间，其精度虽比闭环控制系统机床低，但调试和维护维修却比闭环控制系统机床方便得多，因而得到了广泛的应用。

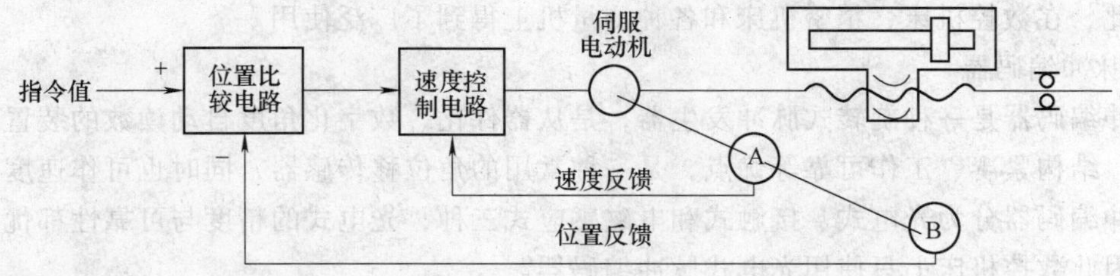

图 1-16　半闭环控制系统框图

三、位置检测装置

位置检测装置是数控机床伺服系统的重要组成部分，它的作用是检测位移和速度，发送反馈信号，构成闭环或半闭环控制。数控机床的加工精度主要由检测系统的精度决定，不同类型的数控机床，对位置检测元件、检测系统的精度要求和被测部件的最高移动速度各不相同。现在检测元件与系统的最高水平是：被测部件的最高移动速度达 240m/min 时，其检测位移的分辨率（能检测的最小位移量）可达 1μm，当速度为 24m/min 时，分辨率可达 0.1μm，最高分辨率可达到 0.01μm。

数控机床中采用的检测元件有数字式的也有模拟式的，有增量式的也有绝对式的，表 1-3 中是常见的位置检测元件。

表 1-3　常见的位置检测元件

类　型	数字式		模拟式	
	增量式	绝对式	增量式	绝对式
回转型	圆光栅	编码盘	旋转变压器，圆磁栅	多级旋转变压器
直线型	长光栅，激光干涉仪	编码尺	直线感应同步器，磁栅	磁尺

1. 旋转变压器

旋转变压器是一种控制用的微电动机，它是将机械转角变换成与该转角呈某一函数关系的电信号的一种间接测量装置，常用于数控机床角位移的检测。它具有结构简单、动作灵敏、对环境无特殊要求、维护方便，输出信号幅度大、抗干扰性强、工作可靠等优点。

2. 感应同步器

感应同步器与旋转变压器一样，是利用电磁耦合原理，将位移或转角转化成电信号的位置检测装置，实质上，感应同步器是多极旋转变压器的展开形式。感应同步器按其运动形式和结构形式的不同，可分为旋转式（或称圆盘式）和直线式两种。前者用来检测转角位移，用于精密转台、各种回转伺服系统；后者用来检测直线位移，用于大型和精密机床的自动定位、位移数字显示和数控系统中，两者工作原理和工作方式相同。

3. 光栅传感器

光栅传感器是用于数控机床的精密检测元件，是闭环系统中另一种用得较多的测量装置，用于位移或转角的测量。它具有精度高（测量精度可达几微米）、响应速度比较快等优点，是一种非接触式测量器件。

4. 磁尺

磁尺又称为磁栅，是一种计算磁波数目的位置检测元件，可用于直线和转角的测量。其优点是精度高、复制简单及安装方便等，且具有较好的稳定性，常用在油污、粉尘较多的场合。因此，在数控机床、精密机床和各种测量机上得到了广泛使用。

5. 脉冲编码器

脉冲编码器是一种旋转式脉冲发生器，是从器件化、数字化角度自动读数的装置，具有精度高、结构紧凑、工作可靠等优点，是一种常用的角位移传感器，同时也可作速度检测装置。脉冲编码器分为光电式、接触式和电磁感应式三种，光电式的精度与可靠性都优于其他两种，因此数控机床上只使用光电式脉冲编码器。

思考题与习题

1-1　简述数控技术、数控加工、数控机床和数控编程的含义。

1-2　数控机床是由哪几部分组成？各部分的作用是什么？

1-3　数控机床有哪几种分类方法？各有什么特点？

1-4　何谓点位控制、直线控制、轮廓控制？三者有何区别？

1-5　数控加工的特点是什么？数控加工的主要应用范围有哪些？

1-6　典型的数控系统有哪些？

1-7　怎样区分数控系统的类型？

第二章 数控编程基础

第一节 数控编程概述

数控机床是由计算机控制的，而计算机又必须通过程序来控制，从而实现对工件的自动加工。良好的加工程序不仅能保证加工出符合技术要求的工件，还应能充分发挥数控机床的作用，使其安全、可靠、高效地运行。

一、数控编程的方法

数控编程技术经历了三个发展阶段，即手工编程、语言输入式编程、交互式图形编程，其中语言输入式编程和交互式图形编程均属于计算机自动编程。

1. 手工编程

手工编程是指在编程的过程中，全部或主要由人工编写零件加工程序。

对于加工形状简单、计算量小、程序段不多的零件，采用手工编程较简单、经济，且效率高。但对轮廓形状复杂的零件，特别是空间复杂曲面零件，以及零件轮廓较简单但程序量很大的零件，采用手工编程难度较大，工作量大，容易出错，且很难校对。

2. 语言输入式编程

由于手工编程的一些功能有很多局限性，难以承担复杂曲面的编程工作，因此自第一台数控机床问世后不久，美国麻省理工学院就开始研究自动编程语言系统，即 APT（Automatically Programmed Tools）系统。APT 系统是世界上发展最早、功能齐全，也是当时应用较为广泛的数控语言编程系统。其他如日本富士通研发的 FAPT、法国研发的 IFAPT、德国研发的 EXAPT、意大利研发的 MODAPT 等软件都是源于 APT 系统。APT 系统的特点是可靠性高，通用性好，但 APT 系统大而全，一般用户使用不便。

语言输入式编程经过不断发展，功能逐渐完善，已经能承担复杂曲面的加工编程工作。但是，由于当时计算机处理图形的能力不强，原本十分直观的几何图形和加工过程必须在 APT 源程序中用语言的形式去描述，再由计算机生成加工程序，编程过程十分复杂且不易掌握。随着微型计算机技术和数控编程技术的发展，出现了可以直接将零件的几何图形转化为加工程序的交互式图形编程系统，目前语言输入式编程已逐渐被交互式图形编程所替代。

3. 交互式图形编程

交互式图形编程也称为 CAD/CAM 编程，是以待加工零件的 CAD 模型为基础的一种集加工工艺规划和数控编程为一体的自动编程方法。它通过专门的计算机软件来实现自动编程，具有高效、直观、精度高、使用简便、便于检查修改等优点，是目前普遍采用的数控编程方法。这部分内容详见本书第七章第二节。

二、手工编程的重要性及其前景

计算机自动编程可以大大减轻编程员的劳动强度，将编程效率提高几十倍甚至上百倍，还解决了手工编程无法解决的复杂零件的编程问题。因此，除少数情况下采用手工编程外，原则上都应采用自动编程。但作为一名数控编程人员，基本的手工编程知识必不可少。这是

因为:

1）手工编程是计算机自动编程的基础，并推动了计算机自动编程的发展。表面看起来手工编程的应用较少，然而任何计算机自动化的技术，都是基于已经很完善的手工编程基础之上。通过手工编程可以对程序开发人员进行严格的训练和组织，它迫使程序员对编程技术进行详细学习。在程序开发中，对每一个细节的深入了解是非常重要的。尽管在自动编程的过程中，数控编程人员无需运用手工编程指令，但是交互式图形自动编程所形成的源程序指令都是以手工编程指令为基础的，通过学习手工编程所掌握的技能可以直接应用到CAD/CAM编程中。只有彻底地掌握手工编程的方法，才能正确使用CAD/CAM编程系统。

2）掌握手工编程有助于提高程序的可靠性。尽管现在的CAD/CAM软件都具备对数控程序进行仿真的功能，但是往往还是会需要程序员对编制好的程序进行检查，确认其准确性。

3）在某些情况下，由于工件毛坯的不确定因素等无法进行自动编程时，必须由操作人员按照实际的情况进行手工编制。

因此，即使在自动编程已较普及的今天，手工编程的重要地位仍不可取代。本书重点讲述手工编程的知识和方法。

三、手工编程的内容和步骤

1. 分析工件图样

分析工件的材料、形状、尺寸、精度及毛坯形状和热处理要求等，以确定该零件是否适合在数控机床上加工，或适合在哪种类型的数控机床上加工。

2. 确定加工工艺过程

在对零件图样作了全面分析的基础上，确定零件的加工方法、加工路线、刀具及切削用量等工艺参数。

3. 数值计算

根据工件图样及确定的加工路线和切削用量，计算出数控机床所需的输入数据，数值计算主要包括计算工件轮廓的基点和节点坐标等。

4. 编写零件的加工程序

根据加工路线、计算出的刀具运动轨迹的坐标值和已确定的切削用量以及辅助动作，按照数控系统规定使用的指令代码及程序段格式，逐段编写零件加工程序。

5. 将程序输入数控装置

程序编好之后，需要通过一定的方式将其输入到数控装置中。程序的输入方式有：

（1）手动数据输入MDI　手动数据输入（Manual Data Input，简称MDI）是利用机床控制器面板上的键盘，通过数控机床提供的MDI方式，直接将程序手工输入到控制器中。一般键盘会设置在控制器显示屏的右方，输入的指令可直接在显示器中观察到模拟的结果，非常直观、方便。这种方式适用于较短的程序，或者用于机床没有配备其他传输媒介时。

（2）用控制介质输入　控制介质（记载加工程序的信息载体）有穿孔纸带、磁带、磁盘、光盘等。穿孔纸带上的程序代码是通过光电阅读机输入给数控系统的；磁带、磁盘是通过磁带收录机、磁盘驱动器将程序输入数控系统的，但这些输入方式目前已较少应用。

（3）通过机床的通信接口输入　即是先把程序录入计算机，再由专用的CNC传输软件，通过数控机床的RS-232C通信接口把程序输入到数控装置中。通过数据线传送程序可以有两种方式：一种是 DNC（Direct Numerical Control）传输，即 CNC 系统可实现一边接收程序一边进行切削加工，也就是通常所说的联机加工；另一种是块（BLOCK）传输，即 CNC 系统只是先将接收的加工程序存储在系统内存里，而不能同时进行切削加工，执行时再调用程序即可。限于 CNC 系统的内存容量，块传输适用于传输较短的加工程序。一旦所用程序容量超出存储器容量，块传输便无法实现，而 DNC 传输方式使得程序容量的大小不会受任何限制，所以是目前最有效和最常用的传输方式。

（4）文件传输协议（File Transfer Protocol，简称 FTP）输入　文件传输协议是为了能够在互联网上互相传送文件而制定的文件传送标准，规定了互联网上文件如何传送。也就是说，通过 FTP 协议，我们就可以跟互联网上的 FTP 服务器进行文件的上传（Upload）或下载（Download）等操作。FTP 输入即是通过互联网将加工程序直接送入控制器中。这种方式是数控程序传输的发展方向，适用于控制器配备有较大存储器的情况。

对于一些较先进的数控机床，由于本身就配置了 Windows 操作系统，使用这种方式进行传输就更加方便了，只需通过软驱将程序读入系统内部的硬盘，执行时调用程序即可。

6. 校对加工程序

通常数控加工程序输入完成后，需要校对其是否有错误。在有 CRT 图形显示屏的数控机床上，可以用模拟工件切削过程的方法进行校验，也可以利用计算机仿真软件进行校对。

7. 首件试加工

上述方法只能检验刀具的运动轨迹是否正确，不能确定由于编程计算不准确或刀具调整不当等原因造成的加工误差的大小，因而还必须经过首件试切的方法进行实际检查，进一步考查程序的正确性并检查工件是否达到加工精度。根据试切情况返回来对程序进行修改，并采取尺寸补偿措施等，直到加工出满足要求的零件为止。

第二节　数控加工程序的结构与格式

根据系统本身的特点与编程的需要，每一种数控系统都有一定的程序格式。对于不同的机床，其程序格式也不同，但程序的常规格式却是相同的。因此，编程人员必须严格按照机床说明书的格式进行编程。

一、程序的组成

数控指令的有序集合称为程序。一个完整的数控加工程序由程序开始符、程序号、程序主体、程序结束指令、程序结束符组成。

下面是一个完整的数控加工程序示例：

```
%                                      //程序开始符
O1000                                  //程序号
N10 G00 G54 X50.0 Y30.0 S1000 M03 ┐
N20 G01 X88.1 Y30.2 F500 M08      │    //程序主体
N30 X90.0                         │
……                                ┘
N300 M30                               //程序结束指令
%                                      //程序结束符
```

1. 程序开始符、结束符

程序开始符、结束符是同一个字符，ISO 代码中是“%”，EIA 代码中是“EP”，书写时要单列一行。

2. 程序号

程序号是一个程序必需的标识符，用于把 CNC 控制器内存中存储的多个程序相互区别开来。它通常由地址符和数字（即程序的编号）组成，如：

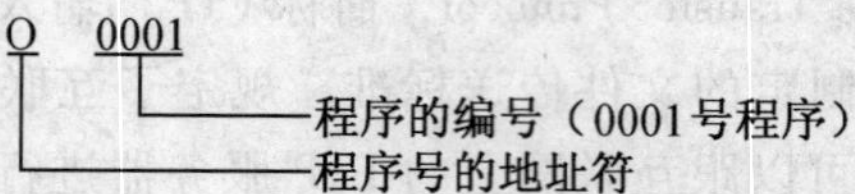

在 FANUC 系统中，程序号用字母 O 后接四位数字（1~9999）来表示。此外，程序号中不允许带小数点和负号，程序编号中的前导零可省，例如，O1、O01 以及 O0001 都是合法输入，它们都表示程序号 1。程序号一般要求单列一行。

注意：不同的数控系统，程序号的地址符是有所差别的，例如：FANUC 系统中地址符是“O”，SINUMERIC 系统中地址符是“%”，AB8400 系统中地址符是“P”等。编程时一定要根据说明书的规定使用，否则系统无法执行程序。

程序在存储器中的位置决定了该程序的编辑权限，根据程序的重要程度和使用频率用户可选择合适的程序号，具体可参见表 2-1。

表 2-1　程序的存储区间

程序号区间	程序的编辑权限
0001~7999	程序能自由存储、删除和编辑
8000~8999	不经设定该程序就不能进行存储、删除和编辑
9000~9019	用于特殊调用的宏程序
9020~9899	如果不设定参数就不能进行存储、删除和编辑
9900~9999	用于机器人操作程序

3. 程序主体

程序主体是整个程序的核心，由遵循一定结构、句法和格式规则的若干行程序段组成。一个程序段一般占一行。

4. 程序结束指令

程序结束指令 M02 或 M30 用来表示程序的结束，一般要求单列一行。

二、程序段的基本格式

程序段是程序的基本组成部分，每个程序段由若干个数据字构成，而数据字又由表示地址的英文字母、特殊符号和数字构成，如 X50、G90 等。

程序段格式是指在一个程序段中的字母、数字和符号等各信息代码的排列顺序和书写含义。数控系统使用的程序段格式有固定程序段格式、带分隔符的固定程序段格式和使用地址符的可变程序段格式三种。其中，前两种格式除在线切割机床中的 3B 或 4B 代码中还能见到外，已很少使用了；现代数控系统广泛使用第三种格式，即使用地址符的可变程序段格式。

使用可变程序段格式表示的程序段，每个指令字前都带有指令字符，用以指令其功能，不需要的字或与上一程序段相同的续效字均可省略不写。程序段内各指令字也可不按顺序排列，编程直观、灵活，如：

…

N30 G01 X88. 1 Y30. 2 F500 S3000 T02 M08

N40 X90

…

上例中，N40 程序段省略了续效字“G01、Y30. 2、F500、S3000、T02、M08”，但它们的功能仍然有效。

三、程序段的组成

程序段由若干个字和程序段结束符等组成。

（一）字

1. 字的组成

一个字的组成如下所示：

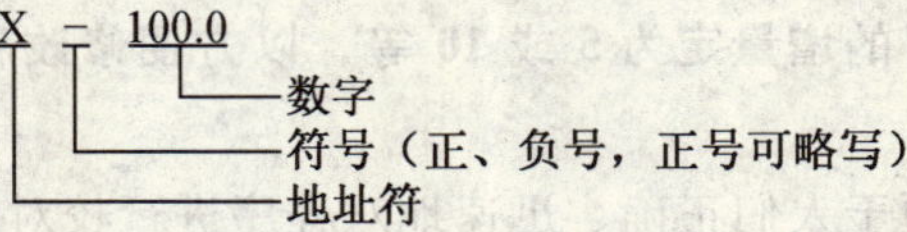

地址符用英文字母表示，由它确定其后的数字及含义。理论上 26 个英文字母都可用来编程，但大多数的控制系统只接受特定的字母，而抵制其他的字母，例如，数控车床可能会抵制字母“Y”，因为“Y”是铣削操作所独有的（铣床和加工中心）。大写字母是 CNC 编程中的正规用法，但是一些控制器也接受小写字母，并与其对应的大写字母具有相同的意义。如果有疑问，可以只使用大写字母！

2. 字的种类

字可分为尺寸字地址和非尺寸字地址两种，表示尺寸字地址的英文字母有 X、Y、Z、U、V、W、P、Q、I、J、K、A、B、C、D、E、R、H 共 18 个字母，表示非尺寸字地址有 N、G、F、S、T、M、L、O 共 8 个字母。其字母的含义见表 2-2。

表 2-2　表示地址符的英文字母含义

功　能	地址字母	含　义
程序号	O、P	程序编号，子程序号的指定
顺序号	N	程序段编号
准备功能	G	指令动作方式（直线、圆弧等）
尺寸字	X、Y、Z	坐标轴移动的指令
	A、B、C	
	U、V、W	
	I、J、K	圆弧圆心参数
	R	圆弧半径
进给速度	F	进给速度的指定

（续）

功　能	地址字母	含　义
主轴功能	S	主轴转速的指定
刀具功能	T	刀具编号的指定
辅助功能	M	机床开/关控制的指定
补偿功能	H、D	刀具补偿号的指定
暂停功能	P、X	暂停时间的指定
重复次数	L	子程序及固定循环的重复次数

3. 字的含义说明

（1）顺序号 N　CNC 程序中的每一行程序段均对应于一个编号，称为顺序号，又称为程序段号或行号。顺序号的地址符为字母 N，后面一般跟 4 位数字 1～9999，它必须位于程序段首。

注意：数控程序是按程序段的排列顺序来执行的，与顺序段号的大小次序无关。顺序号只是程序段的代号，故可任意编号，但最好由小到大按顺序编号，这样较符合人们的思维习惯。而且最好将程序段序号的增量定为 5 或 10 等，以方便修改程序时可以在序号间隔范围内插入程序段。

顺序号的主要功能是便于人们正确、迅速地对程序进行校对、检索和修改。号的使用会占用 CNC 中的计算机内存，这意味着内存中可存储的程序数量将减少，并且从整体看来顺序号不适合大型程序使用。因此，可视具体情况采用全部程序段都带顺序号或只有重要的程序段带顺序号。

（2）功能字　在数控加工程序中，主要有准备功能字 G、辅助功能字 M、进给功能字 F、主轴转速功能字 S 和刀具功能字 T。

（3）尺寸字　在 CNC 程序中，给定时刻跟刀具位置相关的地址称为尺寸字，也称为坐标字，它们是 CNC 程序中所有尺寸的基础。

尺寸字的表示方式有两种，即用小数点表示和不用小数点表示。用小数点表示的数值以小数点“.”明确地标示出个位的位置，如“X38.56”，其中“8”为个位；不用小数点表示的数值中没有小数点。

一般以下地址均可选择使用小数点表示或不使用小数点表示：X、Y、Z、R、I、J、K、F 等，但有一些地址是不允许使用小数点表示的，如 P、Q、D 等。

注意：由于部分机床设置的默认单位为最小移动量（米制为 0.001mm），因而对于不带小数点的数值，数控装置会将其乘以最小移动量作为输入数值（如“X35”，则输入的数值应是 35×0.001mm＝0.035mm）；若带上小数点后，输入数值的单位则是 mm，故要表示 35mm 时，可用“35.0”、“35.”或“35000”表示。

程序中用小数点表示的数值与不用小数点表示的数值，可以混合使用。例如：G01 X35. Y2000 Z5.0。

（二）程序段结束符

在数控系统中，必须通过一个特殊字符将每一个程序段分离开，即程序段结束符。FANUC 系统的程序段结束符是分号“;”。如果将程序写在纸上，则各程序段必须单列一行。

通过手动数据输入（Manual Data Input，简称 MDI）方式将程序输入到数控装置中时，是通过控制面板上的 EOB 键来终止程序段的；在计算机上编写程序时，键盘上的回车键可以结束程序段。

（三）程序注释

程序中可包含各种注释和信息。程序注释有两个作用：一是使操作员注意程序处理的每一阶段所需执行的特定任务，二是有助于对程序的理解，如 N300 M30；程序结束。

程序注释可以是单独的程序段，也可以是程序段中的一部分。它的缺点是占用控制器的内存空间。

第三节　数控机床的坐标系统

以数字量描述坐标，需要建立坐标系统。数控机床的坐标系统，包括坐标系、坐标原点和运动方向，对于数控加工及编程，这是一个十分重要的概念。每一个数控编程员和数控机床操作者，都必须对数控机床的坐标系有一个完整、正确的理解。否则，程序编制将发生混乱，操作时更容易发生事故。为了规范数控系统及简化数控编程，国际标准化组织（ISO）对数控机床的坐标系统作了若干规定。

一、标准坐标系

1. 机床坐标轴的命名及运动方向的规定

标准坐标系采用右手直角笛卡儿坐标系。它规定基本的直线运动坐标轴分别用 X、Y、Z 表示，围绕 X、Y、Z 轴回转的圆周进给坐标轴分别用 A、B、C 表示，如图 2-1 所示。

X、Y、Z 坐标轴的相互关系及其方向用右手定则决定，如图 2-2 所示，即右手的大拇指、食指、中指互相垂直，分别代表 X、Y、Z 坐标轴，这三个手指的指向为三个坐标轴的正方向。

A、B、C 坐标轴的正方向则由右手螺旋法则确定，如图 2-3 所示，即以大拇指分别代表 +X、+Y、+Z，则其余四指握拳的指向代表回转轴 A、B、C 的正向。

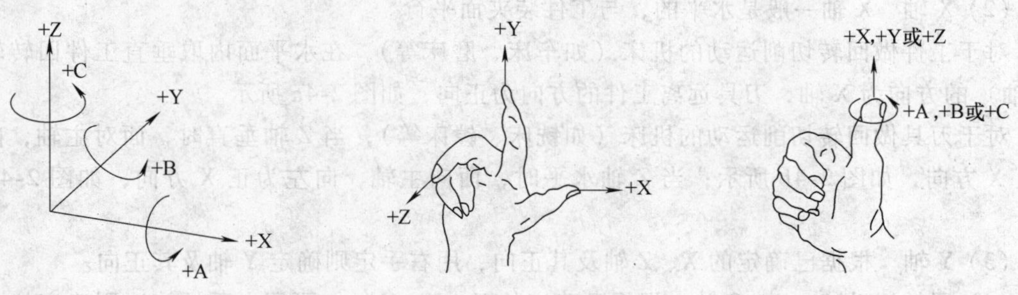

图 2-1　右手直角笛卡儿坐标系　　图 2-2　右手定则　　图 2-3　右手螺旋法则

数控机床的进给运动，有的是刀具相对工件运动（如数控车床），有的是工件相对刀具运动（如数控铣床）。为了使所编制的加工程序在不同配置的数控机床上都能使用，ISO 标准规定：在编程中，坐标轴的方向总是刀具相对工件的运动方向，用 X、Y、Z、A、B、C

等表示。在实际应用中，对数控机床的坐标轴进行标注（不是编程）时，还可以根据坐标轴的实际运动情况，用工件相对刀具的运动方向进行标注，此时需用 X′、Y′、Z′、A′、B′、C′等表示，以示区别。显然有：+X = -X′，+Y = -Y′，+Z = -Z′，+A = -A′，+B = -B′，+C = -C′。

这个规定方便了编程，使编程人员在不知道数控机床具体布局的情况下，也能正确编程。

2. 机床坐标轴的方位和方向的确定

机床坐标轴的方位和方向取决于机床的类型和各组成部分的布局，其确定顺序一般为：先确定 Z 轴，再确定 X 轴，然后确定 Y 轴，最后再判断回转轴 A、B、C。

（1）Z 轴　一般将传递切削力的主轴定为 Z 坐标轴，刀具远离工件的方向为正向，如图 2-4 所示。当机床有几个主轴时，选一个与工件装夹面垂直的主轴为 Z 轴；当机床无主轴时，选与工件装夹面垂直的方向为 Z 轴。

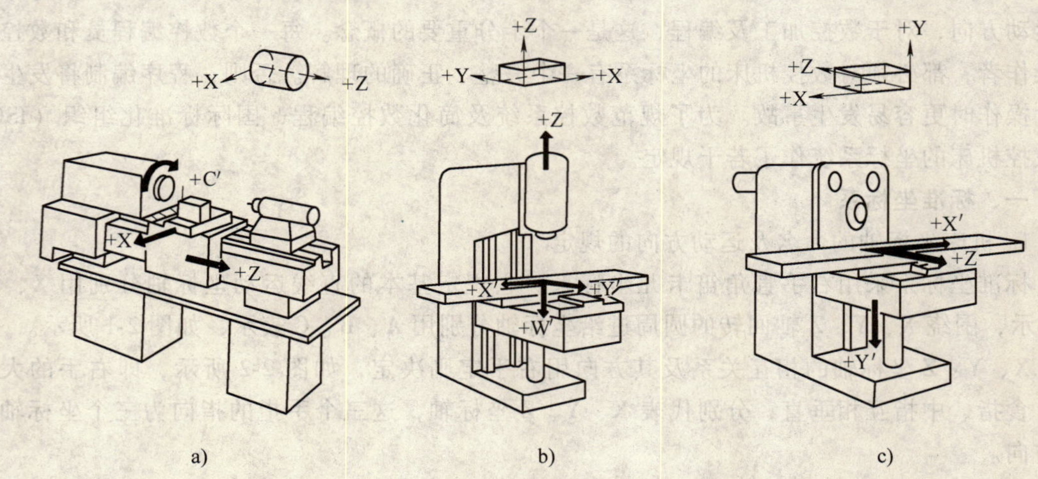

图 2-4　典型机床的坐标系

a）卧式车床　b）立式铣床　c）卧式铣床

（2）X 轴　X 轴一般是水平的，与工件装夹面平行。

对于工件做回转切削运动的机床（如车床、磨床等），在水平面内取垂直工件回转轴线（Z 轴）的方向为 X 轴，刀具远离工件的方向为正向，如图 2-4a 所示。

对于刀具做回转切削运动的机床（如铣床、镗床等），当 Z 轴垂直时，面对主轴，向右为正 X 方向，如图 2-4b 所示；当 Z 轴水平时，面向主轴，向左为正 X 方向，如图 2-4c 所示。

（3）Y 轴　根据已确定的 X、Z 轴及其正向，用右手定则确定 Y 轴及其正向。

（4）回转运动 A、B、C 轴　根据已确定的 X、Y、Z 轴，可用右手螺旋法则确定 A、B、C 三轴坐标。

二、数控机床的两种坐标系

数控机床的坐标系包括机床坐标系和工件坐标系两种。

（一）机床坐标系、机床原点、机床参考点

1. 机床坐标系

为了确定数控机床上的成形运动和辅助运动，必须先确定机床上运动的位移和运动的方向，这就要通过坐标系来实现，这个坐标系被称为机床坐标系，又称为机械坐标系，其坐标轴及方向按标准规定。机床坐标系是机床上固有的坐标系，是机床制造和调整的基准，也是工件坐标系设定的基准。

通常，在数控车床中，根据刀架相对工件的位置，其机床坐标系可分为前置刀架和后置刀架两种形式，图 2-5a 所示为普通数控车床的机床坐标系（前置刀架式），图 2-5b 所示为带卧式刀塔的数控车床的机床坐标系（后置刀架式）。前后置刀架式数控车床的机床坐标系，X 方向正好相反，而 Z 方向是相同的。

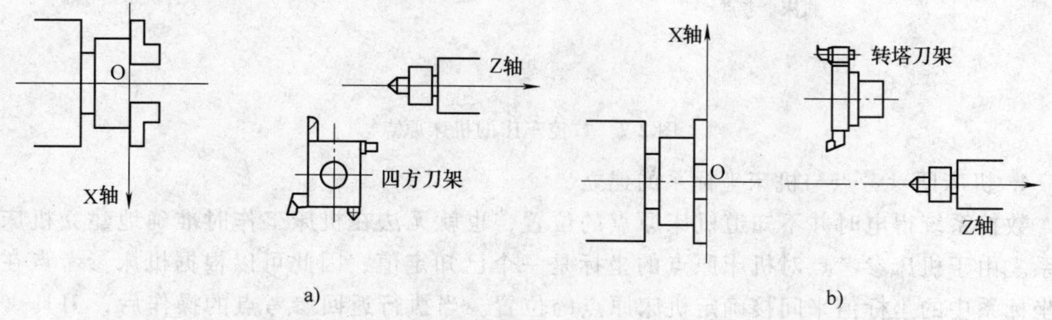

图 2-5　数控车床的机床坐标系

a）前置刀架式的机床坐标系　b）后置刀架式的机床坐标系

2. 机床原点

机床坐标系的原点称为机床原点或机械原点，如图 2-6、图 2-7 所示的 O 点，其位置由各机床生产厂家设定。

3. 机床参考点

机床参考点是机床坐标系中的一个固定不变的位置点，是用于对机床运动进行检测和控制的点，大多数机床将刀具沿其坐标轴正向运动的极限点作为参考点，其位置用机械行程挡块来确定。参考点位置在机床出厂时已调整好，一般不作变动，必要时可通过设定参数或改变机床上各挡块的位置来调整。

数控铣床的机床坐标系原点一般都设在机床参考点上，如图 2-6 所示。而数控车床的机

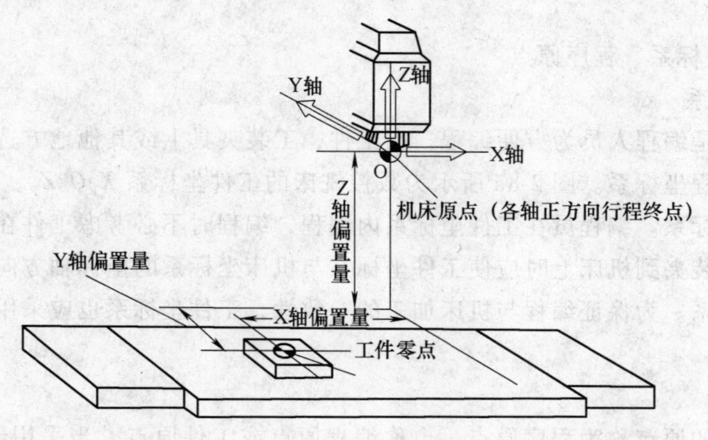

图 2-6　数控铣床的机床原点

床坐标系原点则一般位于卡盘端面与主轴中心线的交点处（见图 2-7a），或离卡爪端面有一定距离处（见图 2-7b），或机床参考点处（见图 2-7c）。

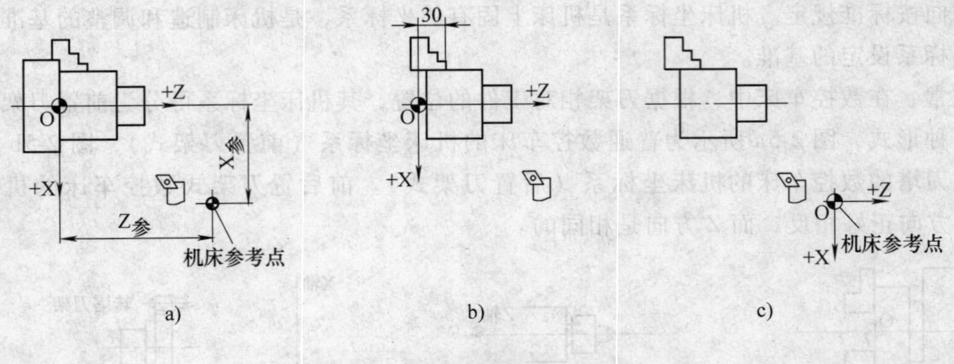

图 2-7　数控车床的机床原点

4. 机床回参考点与机床坐标系的建立

数控系统得电时并不知道机床原点的位置，也就无法在机床工作时准确地建立机床坐标系。由于机床参考点对机床原点的坐标是一个已知定值，因此可以根据机床参考点在机床坐标系中的坐标值来间接确定机床原点的位置。当执行返回参考点的操作后，刀具（或工作台）退离到机床参考点，使装在 X、Y、Z 轴向滑板上的各个行程挡块分别压下对应的开关，向数控系统发出信号，系统记下此点位置，并在显示器上显示出位于此点的刀具中心在机床坐标系中的各坐标值，这表示在数控系统内部已自动建立起了机床坐标系，这样，通过确认参考点就确定了机床原点。因此，在数控机床起动时，通常要进行机动或手动回参考点操作。对于将机床原点设在参考点上的数控机床，参考点在机床坐标系中的各坐标值均为零（见图 2-7c），因此参考点又称为机床零点，由此通常把回参考点的操作称为“机械回零”。

回参考点除了用于建立机床坐标系外，还可用于消除漂移、变形等引起的误差，机床使用一段时间后，工作台会造成一些漂移，使加工有误差，进行回参考点操作，就可以使机床的工作台回到准确位置，消除误差。所以在机床加工前，也需进行回机床参考点的操作。

应注意的是，当机床开机回参考点之后，无论刀具运动到哪一点，数控系统对其位置都是已知的。

（二）工件坐标系、程序原点

1. 工件坐标系

工件坐标系是编程人员为方便编程，在工件、工装夹具上或其他地方选定某一已知点为原点所建立的编程坐标系。图 2-8a 所示为数控铣床的工件坐标系 $X_PO_PZ_P$，图 2-8b 所示为数控车床的工件坐标系。编程员在工件坐标系内编程，编程时不必考虑工件在机床中的实际装夹位置，但工件装夹到机床上时应使工件坐标系与机床坐标系的坐标轴方向一致，并且与之有确定的尺寸关系。为保证编程与机床加工的一致性，工件坐标系也应采用右手笛卡尔坐标系。

2. 程序原点

工件坐标系的原点称为程序原点，也称编程原点或工件原点。当采用绝对坐标编程时，工件上所有的点的编程坐标值都是基于工件原点计量的（CNC 系统在处理零件程序时，自

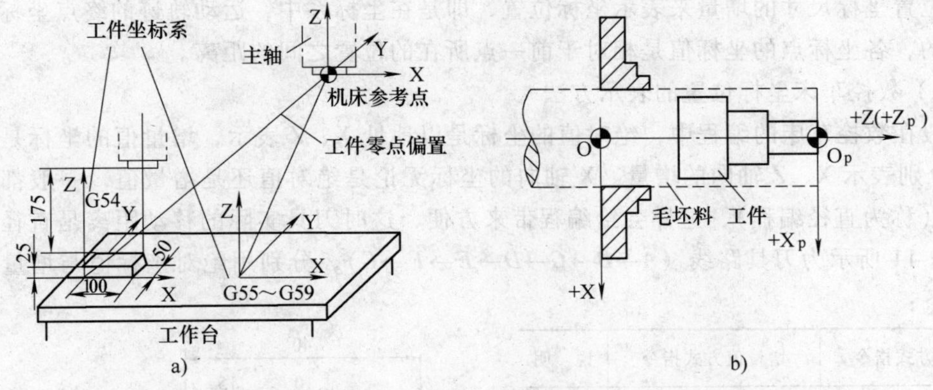

图 2-8　工件坐标系与机床坐标系的位置关系

动将相对于工件原点的任意点的坐标统一转换为相对于机床零点的坐标）。

程序原点在工件上的位置虽可由编程员任意选择，但一般应遵循下列原则：

1）应尽量选在零件的设计基准或工艺基准上。

2）应尽量选在尺寸精度高、表面粗糙度值小的工件表面上，以提高被加工零件的加工精度。

3）要便于测量和检验。

4）最好选在工件的对称中心上。

例如，车削加工的编程原点一般选在主轴中心线与工件右端面（或左端面）的交点处，如图 2-9 所示。铣削加工时，X、Y 向的工件原点一般选在进刀方向一侧工件外轮廓表面的某个角上或对称中心上；Z 向的工件原点，一般设在工件顶面，如图 2-10 所示。

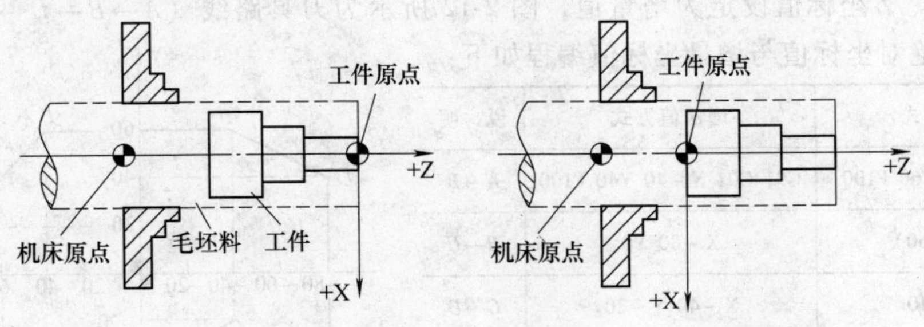

图 2-9　车削加工的编程原点

三、坐标值的确定

（一）几何点坐标位置的表示方式

数控加工程序中表示几何点的坐标位置有绝对值和增量值两种方式。

1. 绝对坐标值

绝对坐标值是以公共点（原点，即是工件原点）为依据来表示坐标位置。

2. 增量坐标值

增量（相对）坐标值是以相对于

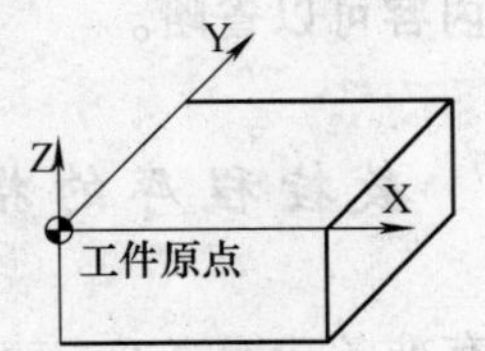

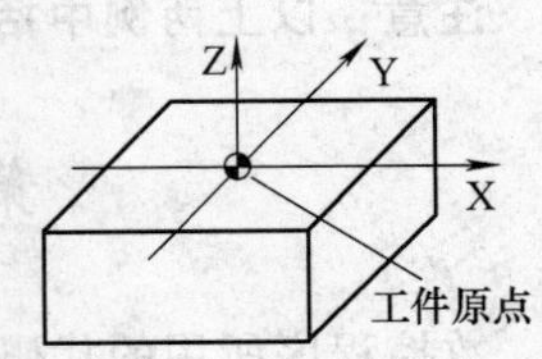

图 2-10　铣削加工的编程原点

前一点位置坐标尺寸的增量来表示坐标位置，即是在坐标系中，运动轨迹的终点坐标是以起点计量的，各坐标点的坐标值是相对于前一点所在的位置之间的距离。

（二）数控车床坐标位置的表示方法

一般在数控车床的编程中，绝对值的坐标是以地址 X、Z 表示，增量值的坐标是以地址 U、W 分别表示 X、Z 轴向的增量。X 轴向的坐标无论是绝对值还是增量值，一般都用直径值表示（称为直径编程），这样会给编程带来方便，这时刀具实际的移动距离是直径值的一半。图 2-11 所示为刀具路线（$A \to B \to C \to D \to E \to F \to G$），分别用绝对坐标值与增量坐标值编程如下：

绝对值方式指令	增量值方式指令	说　明
G00 X10 Z2	G00 X10 Z2	$A \to B$
G01 Z－15 F100	G01 W－17 F100	$B \to C$
X15（Z－15）	U5 W0	$C \to D$
（X15）Z－25	U0 W－10	$D \to E$
X24（Z－25）	U9 W0	$E \to F$
（X24）Z－40	U0 W－15	$F \to G$

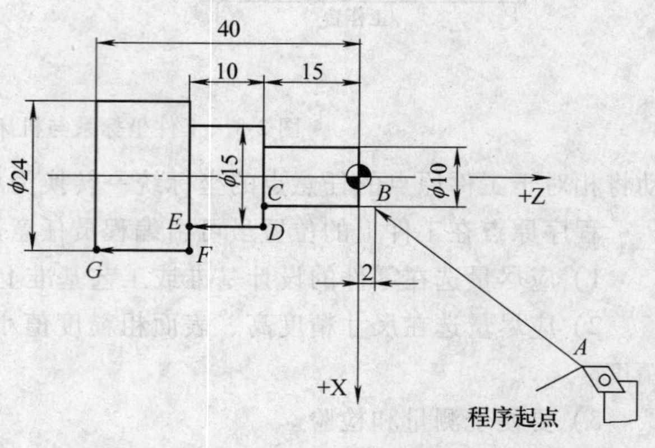

图 2-11　数控车床的绝对值与增量值编程示例

（三）数控铣床（或加工中心）坐标位置的表示方法

数控铣床或加工中心大都以 G90 指令将程序中 X、Y、Z 坐标值设定为绝对值，用 G91 指令将 X、Y、Z 坐标值设定为增量值，图 2-12 所示为刀具路线（$A \to B \to C \to D \to E \to F \to G$），分别用绝对坐标值与增量坐标值编程如下：

绝对值方式	增量值方式	说　明
G90 G01 X40 Y60 F100	G91 G01 X－40 Y40 F100	$A \to B$
X－40（Y60）	X－80 Y0	$B \to C$
X－80 Y40	X－40 Y－20	$C \to D$
（X－80）Y－60	X0 Y－100	$D \to E$
X－40 Y－20	X40 Y40	$E \to F$
X60 Y－80	X100 Y－60	$F \to G$

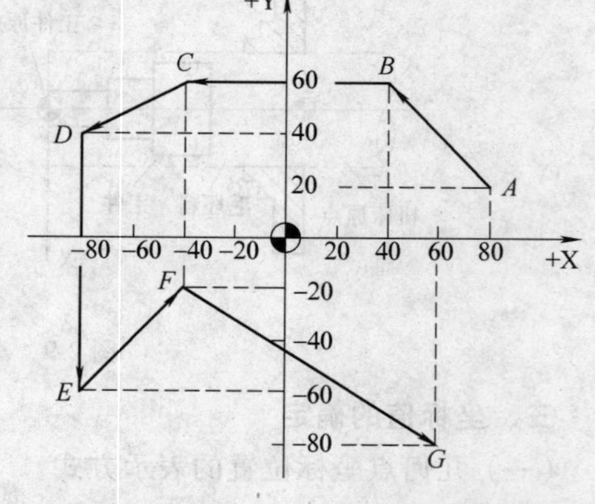

图 2-12　数控铣床的绝对值与增量值编程示例

注意：以上两例中括号内的内容可以省略。

第四节　数控程序的指令代码概述

数控程序所用的代码，主要有准备功能字 G、辅助功能字 M、进给功能字 F、主轴转速功能字 S 和刀具功能字 T。

一、准备功能

准备功能字 G 指令由地址符 G 及其后续 2 位数字组成，G00 ~ G99 共 100 种，用于将控制系统预先设置为某种预期的状态或者某种加工方式，如插补、刀具补偿等，所以它一般都位于程序段中尺寸字的前面，且紧跟在顺序号字之后。

目前国际上广泛采用 ISO 标准的 G、M 指令，我国机械工业部制订的标准 JB/T3208—1999，与国际标准等效。表 2-3 是我国 JB/T3208—1999 标准规定的 G 代码功能定义表，其中一部分代码未规定其含义，等待将来修订标准时再指定。另一部分“永不指定”的代码，即使将来修订标准时也不再指定其含义，而由机床设计者自行规定其含义。

G 代码功能的具体应用将在后面章节中重点介绍。

表 2-3　JB/T3208—1999 标准的 G 指令表

G 代码	功　能	模态指令类型	G 代码	功　能	模态指令类型
G00	点定位	a	G48	刀具偏置 -/+	#（d）
G01	直线插补	a	G49	刀具偏置 0/+	#（d）
G02	顺时针方向圆弧插补	a	G50	刀具偏置 0/-	#（d）
G03	逆时针方向圆弧插补	a	G51	刀具偏置 +/0	#（d）
G04	暂停	—	G52	刀具偏置 -/0	#（d）
G05	不指定	#	G53	注销直线偏移功能	f
G06	抛物线插补	a	G54	沿 X 轴直线偏移	f
G07	不指定	#	G55	沿 Y 轴直线偏移	f
G08	自动加速	—	G56	沿 Z 轴直线偏移	f
G09	自动减速	—	G57	XY 平面直线偏移	f
G10 ~ G16	不指定	#	G58	XZ 平面直线偏移	f
G17	XY 面选择	c	G59	YZ 平面直线偏移	f
G18	ZX 面选择	c	G60	准确定位 1（精）	h
G19	YZ 面选择	c	G61	准确定位 2（中）	h
G20 ~ 32	不指定	#	G62	快速定位（粗）	h
G33	切削等螺距螺纹	a	G63	攻螺纹	—
G34	切削增螺距螺纹	a	G64 ~ G67	不指定	#
G35	切削减螺距螺纹	a	G68	内角刀具偏置	#（d）
G36 ~ G39	永不指定	#	G69	外角刀具偏置	#（d）
G40	刀具补偿/偏置注销	d	G70 ~ G79	不指定	#
G41	刀具补偿—左	d	G80	注销固定循环	e
G42	刀具补偿—右	d	G81	钻孔循环	e
G43	刀具偏置—正	#（d）	G82	钻或扩孔循环	e
G44	刀具偏置—负	#（d）	G83	钻深孔循环	e
G45	刀具偏置 +/+	#（d）	G84	攻螺纹循环	e
G46	刀具偏置 +/-	#（d）	G85	镗孔循环 1	e
G47	刀具偏置 -/-	#（d）	G86	镗孔循环 2	e

（续）

G 代码	功　能	模态指令类型	G 代码	功　能	模态指令类型
G87	镗孔循环 3	e	G93	时间倒数，进给率	k
G88	镗孔循环 4	e	G94	每分钟进给	k
G89	镗孔循环 5	e	G95	主轴每转进给	k
G90	绝对值输入方式	j	G96	主轴恒线速度	i
G91	增量值输入方式	j	G97	主轴每分钟转数	i
G92	预置寄存	—	G98 ~ G99	不指定	#

注：1. 标有“—”的指令表示功能仅在所出现的程序段内有用。

2. 标有“#”的指令表示如选作特殊用途，必须在程序格式说明中说明。

二、辅助功能

辅助功能指令由地址符 M 和其后两位数字组成，M00 ~ M99，用于控制程序的执行或控制机床的各种辅助功能的开关动作（如主轴的旋转、切削液的开关等）。表 2-4 是我国 JB/T3208—1999 标准规定的 M 代码功能定义表。

表 2-4　JB/T3208—1999 标准的 M 代码表

M 代码	功　能	模态指令	M 代码	功　能	模态指令
M00	程序停止	—	M30	纸带结束	—
M01	计划停止	—	M31	互锁旁路	—
M02	程序结束	—	M32 ~ M35	不指定	#
M03	主轴顺时针方向旋转	*	M36	进给范围 1	#
M04	主轴逆时针方向旋转	*	M37	进给范围 2	#
M05	主轴停止	*	M38	主轴转速范围 1	#
M06	换刀	—	M39	主轴转速范围 2	#
M07	2 号切削液开	*	M40 ~ M45	如有需要作为齿轮的换档，此外不指定	#
M08	1 号切削液开	*			
M09	切削液关	*	M46 ~ M47	不指定	#
M10	夹紧	*	M48	注销 M49	*
M11	松开	*	M49	进给率修正旁路	#
M12	不指定	#	M50	3 号切削液开	#
M13	主轴顺时针方向旋转，切削液开	*	M51	4 号切削液开	#
			M52 ~ M54	不指定	#
M14	主轴逆时针方向旋转，切削液开	*	M55	刀具直线位移，位置 1	#
			M56	刀具直线位移，位置 2	#
M15	正运动	—	M57 ~ M59	不指定	#
M16	负运动	—	M60	更换工件	—
M17 ~ M18	不指定	#	M61	工件直线位移，位置 1	*
M19	主轴定向停止	*	M62	工件直线位移，位置 2	*
M20 ~ M29	永不指定	#	M63 ~ M70	不指定	#

（续）

M代码	功　能	模态指令	M代码	功　能	模态指令
M71	工件角度位移，位置1	*	M73~M89	不指定	#
M72	工件角度位移，位置2	*	M90~M99	永不指定	#

注：1. 标有“*”的指令为模态指令。
2. 标有“—”的指令为非模态指令。
3. 标有“#”的指令表示如选作特殊用途，必须在程序说明中说明。
4. M90~M99可指定为特殊用途。

其中：

1）M00、M01、M02、M30、M98、M99均是非模态指令，用于控制程序的走向，是CNC系统内定的辅助功能，不由机床制造商设计决定，也就是说，与PLC程序无关。

2）其余M代码用于控制机床各种辅助功能的开关动作，其功能不由CNC内定，而由PLC程序指定，所以有可能因机床制造厂不同而有差异（即各机床的M代码个数可能不同，同一代码实现的功能也可能不同），具体使用时请操作者参考机床说明书。

常用的M指令及其应用介绍如下。

（一）CNC内定的辅助功能

1. 程序停止（M00）

该指令无条件停止执行当前程序，全部现存的模态信息保持不变。按下操作面板上的CYCLE START（循环启动）键，即可继续执行后续的程序。该指令主要用于加工过程中测量刀具和工件的尺寸、手动变速或进行刀具更换等操作。

2. 程序计划停止（M01）

此功能与M00相似，只是M01功能是否执行，由机床操作面板的OP STOP（计划停止）开关控制。该指令主要用于加工工件抽样检查、清理切屑等。

3. 程序结束（M02、M30）

执行到M02指令时，机床的主轴、进给及切削液全部停止，加工结束，但程序光标停在程序末尾。该指令写在程序的最后一段。

M30与M02功能基本相同，只是执行到M30指令后光标自动返回到程序头位置，为加工下一个工件作好准备。

（二）PLC设定的辅助功能

1. 控制主轴旋转（模态）（M03、M04、M05）

M03、M04指令可起动主轴，使主轴正、反转；M05使主轴停止旋转。

数控铣床主轴转向的判断方法是：从Z轴正向朝Z轴负向看，顺时针方向旋转为正转，逆时针方向旋转为反转。

2. 控制切削液开/关（模态）（M07、M08、M09）

M07：2号切削液开，用于雾状切削液开。

M08：1号切削液开，用于液状切削液开。

M09：切削液关。M09为缺省功能。

3. 换刀（非模态）（M06）

M06自动换刀，用于具有自动换刀装置的数控机床，如加工中心、数控车床。

三、进给功能

进给功能又称为F功能，用来指定坐标轴移动的进给速度，由地址符F和其后若干位数字组成，其表示方法有以下两种：

（1）每分钟进给　即指定刀具每分钟的移动距离，单位为mm/min，如F100表示进给速度为100mm/min，该表示方法常用于数控铣床和加工中心。

（2）每转进给　即指定主轴回转一转刀具的移动距离，单位为mm/r，如F0.15表示进给速度为0.15mm/r。此时，主轴上必须安装位置编码器。

如果机床不具备车削功能，一般只用每分钟进给的表示方法。

注意：使用每分钟进给还是每转进给，需使用适当的G指令来区别哪种选择有效。

在编程时，进给速度不允许使用负值来表示，一般也不允许用F0来控制进给停止。但在实际操作过程中，可通过机床操作面板上的进给倍率开关来对进给速度值进行修调。因此，通过倍率开关，可以控制进给速度的值为0。

四、主轴功能

主轴功能又称为S功能，用于指定机床主轴的转速或速度，由地址符S和其后的若干位数字组成。S指令的表示方法有代码表示法和直接表示法两种。

1. 代码表示法

地址符S后面的数字不直接表示主轴转速，而是代表主轴转速级别的代号。此种表示方法适用于机械式手动换档变速的数控机床，例如配置了GSK980T数控系统的CK6140D经济型数控车床，其主轴不具备程控无级变速功能，只能机械式手动换档变速，故其S功能只能指定某一机械档位的低速（用S1表示）和高速（用S2表示），见表2-5。在实际使用中，例如要指定600r/min正转，应先手动将变速档位置于600/900档，后在程序段中使用S1 M3即可。

表2-5　CK6140D经济型数控车床S代码与主轴转速的对应关系（单位：r/min）

S代码	对应的实际主轴转速值					
S1	38	113	200	255	600	1345
S2	57	170	300	380	900	2000

2. 直接表示法

地址符S后面的数字直接表示主轴的转速或线速的数值。根据加工的需要，又可分为：

（1）恒转速n表示　即S后面的数字就是主轴转速的大小，单位为r/min，用准备功能字G97来指定。如G97 S800表示主轴转速为800r/min。

（2）恒线速v表示　有时，在加工过程中为了保证工件表面的加工质量，常用恒线速度来指定转速，单位为m/min，用准备功能字G96来指定，如G96 S150表示切削点的线速度控制在150m/min。

采用恒线速度进行编程时，为防止转速n过高引起事故，有很多系统都设有最高转速限制指令，但编程格式各不相同，在编程过程中按机床说明书进行。使用恒线速控制时，机床主轴必须具有无级变速功能才有效。

线速度v与转速n之间可以互相换算，其换算关系如下：$n=1000v_c/\pi d$。

注意：S指令只是设定主轴转速，并不能使主轴起动旋转，还要用M功能指定主轴的

转向（M03 主轴正转，M04 主轴反转），即 S_M03 或 S_M04，主轴才开始回转。

五、刀具功能

刀具功能又称为 T 功能，由地址符 T 和其后若干位数字组成，数字的位数由所用的系统决定。该指令用于在自动换刀的数控机床中选择所需的刀具，同时还可用来指定刀具补偿号。

一般加工中心程序中 T 指令后的数字直接表示选择的刀具号码，如 T10 表示选择 10 号刀；而数控车床程序中 T 指令后的数字既包含所选择的刀具号码，也包含刀具补偿号，如 T0303 表示选择 3 号刀，并调用 3 号刀具补偿参数进行长度和半径补偿。由于不同的数控系统有不同的指令方法和含义，具体应用时应参照数控机床编程说明书。

六、功能代码的属性

1. 代码分组

所谓代码分组就是将系统中不能同时执行的代码分为一组，并以编程号区别，如表 2-3 中第三列中标有相同字母的为同组代码。

同组代码有相互取代的作用，同一组代码在一个程序段内只能有一个生效。当在同一程序段内出现两个或两个以上的同组代码时，一般以最后输入的代码为准。

2. 模态与非模态指令

模态指令又称续效指令，即一旦在一个程序段中指定，就一直有效，直到以后的程序段中出现同组的另一个 G 代码或被其他指令取消时才失效。

非模态指令又称一次性 G 代码或非续效指令，其功能仅在该指令出现的程序段中有效。

模态代码的出现，避免了在程序中出现大量的重复指令，使程序变得清晰明了。如下程序段中，有下划线的代码均可以省略。

N10 G91 G01 X88. 1 Y30. 2 Z－2. 0 F200

N20 <u>G91 G01</u> X50. 0 <u>Y30. 2 Z－2. 0 F200</u>

N30 G90 G00 X0 Y0 Z100. 0

因此，以上程序可写成：

N10 G91 G01 X88. 1 Y30. 2 Z－2. 0 F200

N20 X50. 0

N30 G90 G00 X0 Y0 Z100. 0

绝大部分的 G 指令都是模态指令，如表 2-3 中第三列中凡标有小写字母的指令为模态指令，标有“－”的指令为非模态指令。所有的 F、S、T 代码和尺寸字均为模态代码。M 代码情况比较复杂，可参见前述。

3. 开机默认代码

为避免编程人员出现指令代码遗漏，数控系统中对每一组的代码指令，都选取其中的一个作为开机默认代码，此代码在开机或系统复位时可以自动生效，因而在程序中允许不再编写，常见的开机默认代码有 G01、G17、G40、G49、G54、G80、G90、G95、G97 等。

思考题与习题

2-1　名词解释：字符、字、程序段、程序。

2-2　在程序中用小数点方式表示坐标字时应注意哪些问题？X50 和 X50. 0 两个坐标字

有何区别？

2-3 “/”指令的含义是什么？

2-4 机床坐标系与工件坐标系的区别是什么？

2-5 什么是机床原点和机床参考点？你能说出你见到过的数控车床、数控铣床或加工中心的机床原点和机床参考点的位置吗？

2-6 绝对坐标编程和增量坐标编程有何区别？试举例说明。

第三章　数控加工工艺规程

数控机床是按照加工程序来进行加工的，而编制加工程序前又必须先确定工件的加工工艺。因此，工件的加工工艺知识是每一个数控机床编程和使用人员必须掌握的。本章主要介绍机械加工工艺的基础知识和数控加工工艺知识。

第一节　机械加工工艺基础

一、机械加工工艺的基本概念

1. 生产过程

机械产品的生产过程是指将原材料转变为成品的全过程，它包括生产技术准备过程、生产工艺过程、辅助生产过程和生产服务过程。

2. 机械加工工艺系统

机械加工工艺系统由金属切削机床、刀具、夹具和工件四个要素组成，它们彼此关联，互相影响。

3. 工艺过程

在生产过程中，凡是改变生产对象的形状、尺寸、相对位置和性质等，使其成为成品或半成品的过程均称为工艺过程。

工艺就是制造产品的方法。采用机械加工的方法，直接改变毛坯的形状、尺寸和表面质量等，使其成为零件的过程称为机械加工工艺过程（以下简称为工艺过程），它包括毛坯制造、零件加工、热处理、质量检验和机器装配等。而为保证工艺过程正常进行所需要的刀具、夹具制造，机床调整维修等则属于辅助过程。

4. 工艺规程

技术人员根据产品数量、设备条件和工人素质等情况，确定工艺过程，并将有关内容写成工艺文件，这种文件就称为工艺规程。

5. 工艺过程的组成

在工艺过程中，根据被加工零件的结构特点、技术要求，在不同的生产条件下，需要用不同的加工方法及其加工设备，并通过一系列加工步骤，才能使毛坯变成零件。因此，工艺过程还可划分为工序、安装、工位、工步和进给。其中工序是工艺过程中的基本单元，零件的机械加工工艺过程由若干个工序组成。在一个工序中可能包含有一个或几个安装，每一个安装可能包含一个或几个工位，每一个工位可能包含一个或几个工步，每一个工步可能包括一次或几次进给。

（1）工序　一个或一组工人，在一个工作地或一台机床上对一个或同时对几个工件连续完成的那一部分工艺过程称为工序。划分工序的依据是工作地点是否变化和工作过程是否连续。工序是组成工艺过程的基本单元，也是生产计划的基本单元。

（2）安装　安装是指工件经过一次装夹后所完成的那部分工序内容。

(3) 工位　为了减少因多次装夹而带来的装夹误差和时间损失，常采用各种回转工作台、回转夹具或移动夹具，在一次装夹中先后处于几个不同的位置对工件进行加工，工件在机床上所占据的每一个位置上所完成的那一部分工序就称为工位。

(4) 工步　在加工表面不变，加工工具不变的条件下，所连续完成的那一部分工序内容称为工步。

(5) 进给　加工刀具在加工表面上加工一次所完成的工步部分称为进给。

图 3-1 是一个带半封闭键槽阶梯轴两种生产类型的工艺过程实例，从中可看出各自的工序、安装、工位、工步、进给之间的关系。

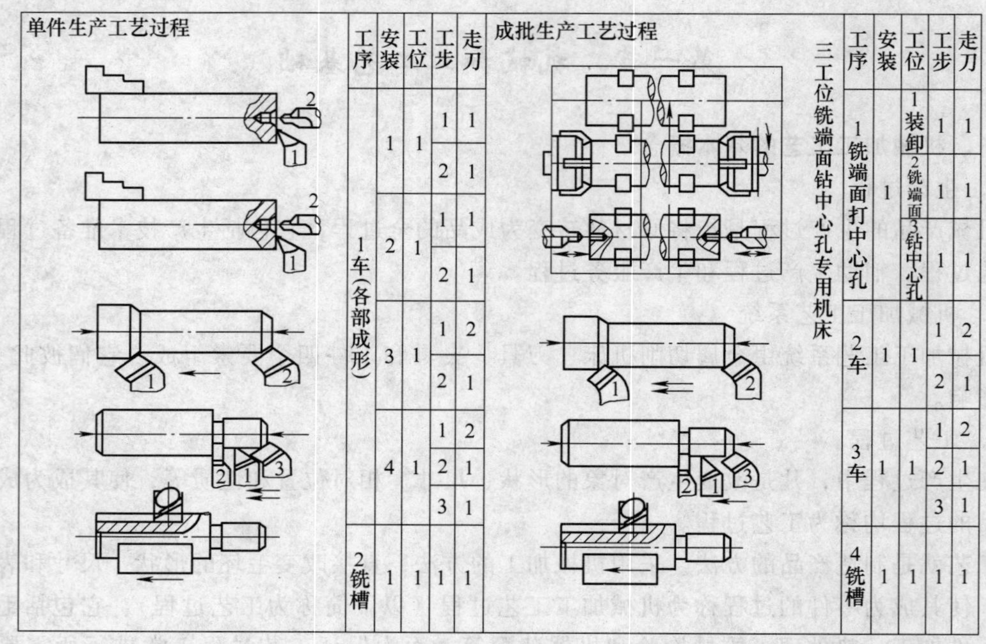

图 3-1　阶梯轴加工工序划分方案比较

二、金属切削加工的基本知识

(一) 金属切削运动

金属切削的过程是刀具与工件相互运动、相互作用的过程。刀具与工件的相对运动可以分解为两个方面，一个是主运动，另一个是进给运动。使工件与刀具产生相对运动而进行切削的最主要运动，称为主运动。主运动特点是运动速度最高，消耗功率最大，主运动一般只有一个。切削刃上选定点相对于工件的主运动速度称为切削速度。保证金属的切削能连续进行的运动，称为进给运动。进给运动的特点是运动速度低，消耗功率小。进给运动可以有几个，可以是连续运动，也可以是间歇运动。工件或刀具每转或每一行程时，工件和刀

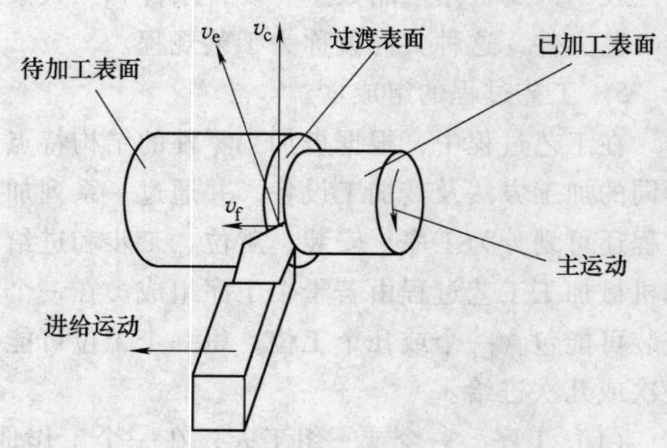

图 3-2　外圆车削的切削运动与加工表面

具在进给运动方向的相对位移量，称为进给量。如图 3-2 所示，外圆的车削运动中 v_c 为切削刃上某点的切削速度，v_f 为同一点的进给运动速度，v_e 为两个速度的合成速度。

（二）工件在金属切削过程中形成的表面

在切削过程中，工件上多余的材料不断地被刀具切除而转变为切屑，因此工件在切削过程中形成了三个不断变化着的表面，如图 3-2 所示。

（1）待加工表面　工件上有待切除的表面称为待加工表面。

（2）已加工表面　工件上经刀具切削后产生的表面称为已加工表面。

（3）过渡表面　工件上由切削刃切削形成的那部分表面称为过渡表面，它在切削过程中不断变化，但总是处于待加工表面与已加工表面之间。

（三）切削液

1. 切削液的作用

切削液的主要作用是润滑和冷却，它对于减少刀具磨损、提高加工表面质量、降低切削区温度、提高生产效率都有非常重要的作用。此外，切削液还有清洗、防锈的作用。

2. 切削液的分类

切削液可分为水溶性和非水溶性两大类。

（1）切削油　切削油分为两类：一类是以矿物油为基体加入油性添加剂的混和油，一般用于低速切削有色金属及磨削中；另一类是极压切削油，是在矿物油中添加极压添加剂制成，适用于重切削和难加工材料的切削。

（2）乳化液　乳化液是用乳化油加 70% ~98% 的水稀释而成的乳白色或半透明状液体，它由切削油加乳化剂制成，具有良好的冷却和润滑性能。乳化液的稀释程度根据用途而定，粗加工时浓度宜选用 3% ~8%，浓度过高会产生有毒气体，精加工浓度可适当提高。浓度高润滑效果好，但冷却效果差；反之，冷却效果好，但润滑效果差。

（3）水溶液　水溶液的主要成分是水，为了具有良好的防锈性能和一定的润滑性能，常加入一定的添加剂（如亚硝酸钠、硅酸钠等）。常用的水溶液有电介质水溶液和表面活性水溶液，电介质水溶液是在水中加入电介质作为防锈剂，表面活性水溶液是加入皂类等表面活性物质，增强水溶液的润滑作用。

3. 切削液的选用原则

切削液的效果除由本身的性能决定外，还与工件材料、刀具材料、加工方法等因素有关，应该综合考虑，合理选择，以下是一般的选用原则。

（1）粗加工　粗加工时，切削用量大，产生的切削热量多，容易使刀具迅速磨损。此类加工一般采用冷却为主的切削液，如离子型切削液或 3% ~5% 乳化液。切削速度较低时，刀具以机械磨损为主，宜选用润滑为主的切削液；切削速度较高时，刀具磨损主要是热磨损，应选用冷却为主的切削液。

硬质合金刀具耐热性好，热裂敏感，可以不用切削液，如采用切削液，必须连续、充分浇注，以免冷热不均产生热裂纹而损伤刀具。

（2）精加工　精加工时，切削液的主要作用是提高工件表面加工质量和加工精度。

加工一般钢件，在较低的速度（6.0 ~30m/min）下，宜选用极压切削油或 10% ~12% 极压乳化液，以减小刀具与工件之间的摩擦和粘结，抑制积屑瘤的产生。精加工铜及其合金、铝及合金或铸铁时，宜选用粒子型切削液或 10% ~12% 乳化液，以降低加工表面粗糙度。注意加工铜材料时，不宜采用含硫切削液，因为硫对铜有腐蚀作用。另外，加工铝时，也不适于采用含硫与氯的切削液，因为这两种元素易与铝形成强度高于铝的化合物，反而增大刀具与切屑间的摩擦，也不宜采用水溶液，因高温时水会使铝产生针孔。

三、机床夹具概述

夹具是一种装夹工件的工艺装备，在金属切削机床上使用的夹具统称为机床夹具。在现代生产中，机床夹具是一种不可缺少的工艺装备，它直接影响着工件加工的精度、劳动生产率和产品的制造成本等。

根据夹具在不同生产类型中的通用特性，机床夹具可分为通用夹具、专用夹具、可调夹具、组合夹具和拼装夹具五大类。

（1）通用夹具　通用夹具已经标准化，通用机床上一般附有通用夹具，例如车床上的三爪自定心卡盘、四爪单动卡盘、顶尖，铣床上的平口钳、万能分度头，平面磨床上的磁性工作台等。这类夹具适应性强，使用时无需调整，或稍加调整就可以用于装夹一定形状和尺寸的各种工件。其缺点是夹具的精度不高，生产率也较低，且较难装夹形状复杂的工件，故一般适用于单件小批量生产。

（2）专用夹具　专用夹具是针对某一工件的某道工序专门设计和制造的。在产品相对稳定、批量较大的生产中，采用各种专用夹具，可获得较高的生产率和加工精度。专用夹具的设计周期较长、投资较大，所以一般在批量生产中使用。除大批大量生产之外，中小批量生产中也需要采用一些专用夹具，但在结构设计时要进行具体的技术经济性分析。

（3）可调夹具　某些元件可调整或更换，以适应多种工件加工的夹具，称为可调夹具。可调夹具是针对通用夹具和专用夹具的缺点而发展起来的一类新型夹具，对不同类型和尺寸的工件，只需调整或更换原来夹具上的个别定位元件和夹紧元件便可使用。它一般又可分为通用可调夹具和成组可调夹具两种。前者的通用范围比通用夹具更大，后者则是一种专用可调夹具，它按成组原理设计并能加工一组结构相似的工件，故在多品种，中、小批量生产中使用有较好的经济效果。

（4）组合夹具　采用标准组合元件、部件，专为某一工件的某道工序组装的夹具，称为组合夹具。组合夹具是一种模块化的夹具，标准的模块元件具有较高精度和耐磨性，可组装成各种夹具。夹具用毕可拆卸，清洗后留待组装新的夹具。由于使用组合夹具可缩短生产准备周期，元件能重复多次使用，并具有减少专用夹具数量等优点，因此组合夹具多用于单件，中、小批量多品种生产和数控加工中，是一种较经济的夹具。

（5）拼装夹具　用专门的标准化、系列化的拼装零部件拼装而成的夹具，称为拼装夹具。它具有组合夹具的优点，但比组合夹具精度高、效能高、结构紧凑。它的基础板和夹紧部件中常带有小型液压缸，此类夹具更适合在数控机床上使用。

除上述分类外，夹具还可按夹紧的动力源分为手动夹具、气动夹具、液压夹具、气液增力夹具、电磁夹具以及真空夹具等。

四、工件的安装与定位

（一）工件的安装

工件在加工前，必须在机床或夹具上首先占据一个正确位置，也就是工件要定位。为了保证工件在切削过程中不改变已确定的正确位置，必须将其固定，这就是夹紧。从定位到夹紧的整个过程称为安装。定位和夹紧是两个不同的概念，通常是分开进行的，但也有例外，例如用三爪自定心卡盘和锥度心轴安装工件。

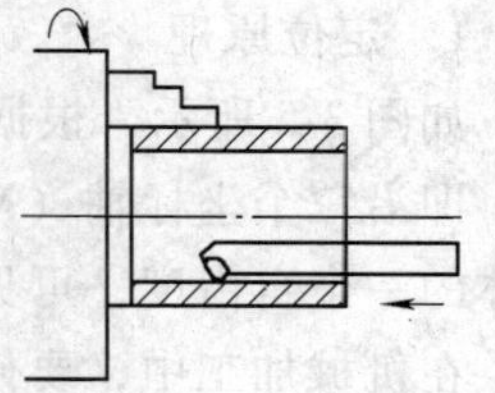
图 3-3　直接安装法

工件能否正确、方便、迅速地安装，直接影响工件的加工精度、生产效率和制造成本。根据生产批量、加工精度要求和工件的尺寸不同，工件在安装中定位方法也不同，常见的工件安装方法有直接安装、找正安装和夹具安装三种。

1. 直接安装法

工件直接安装在机床上，从而保证加工表面与定位基准面之间的精度。例如，在车床上加工与外圆同轴的内孔，可用三爪卡盘自定心直接安装工件，如图 3-3 所示。

2. 找正安装法

找正是用工具（或仪表）根据工件上有关基准，找出工件在划线、加工（或装配）时的正确位置的过程。找正安装法可分为直接找正安装法和划线找正安装法两种。

（1）直接找正安装法　首先将工件轻轻夹持在机床的工作台或通用夹具上，以工件上某个表面作为找正的基准面，目测或用直角尺、百分表等工具找正，以确定工件在机床或夹具上的正确位置，找正后再夹紧，如图 3-4a 所示。

直接找正安装的定位精度取决于找正面的精度、表面粗糙度及找正时所用的工具和工人的操作技术水平。这种安装方法找正时间长，生产效率低，因此一般只适用于以下两种情况：①工件批量小，采用夹具不经济。②对工件的定位精度要求特别高（小于 0.01 ~ 0.0005mm），而采用夹具不能保证其精度时，只能用精密量具直接找正定位。

（2）划线找正安装法　用划针在毛坯或半成品上划出加工表面的轮廓线或加工线作为基准，根据它在机床上正确位置，找正后再夹紧，如图 3-4b 所示。

由于线条有一定的宽度，又有划线误差和视觉误差，致使划线找正安装法工件的定位精度较低，一般仅能达到 0.2 ~ 0.5mm。划线对划线工的技术要求高，而且非常费时，因此它只适用于以下三种情况：①生产批量不大，形状复杂的铸件。②在重型机械制造中，尺寸和重量都很大的铸件和锻件。③毛坯的尺寸公差很大，表面很粗糙，一般无法直接使用夹具时。

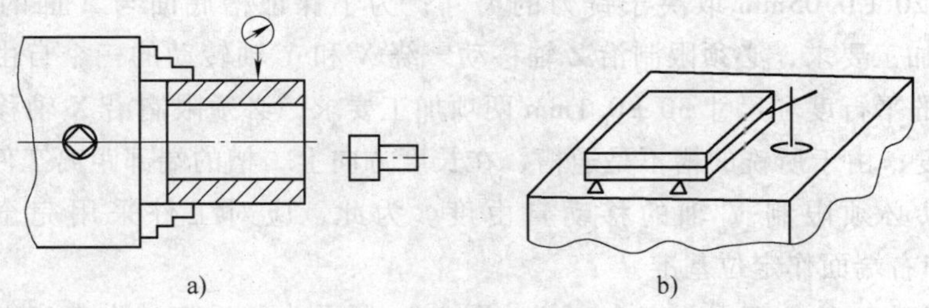

图 3-4　找正安装
a）直接找正　b）划线找正

（3）夹具安装法　专用夹具是根据工件某一工序的具体情况而专门设计制造的，利用其定位元件和夹紧机构，工件按照“六点定位原理”在夹具中定位并夹紧，不需要找正，可以迅速、准确地安装。这种安装方法生产率高，但生产准备时间较长，生产费用较高，多用于大批生产。

（二）工件的定位

1. 定位原理

如图 3-5 所示，根据力学原理可知，在空间中任何一个不受限制的物体有六个独立的运动，即沿三个坐标轴（X、Y、Z）的移动和绕三个坐标轴的转动，即每个独立的运动称为物体的一个自由度，可见一个不受限制的物体在空间具有六个自由度。

在机械加工中，要使工件按一定要求定位，就必须限制工件的自由度。分析工件定位时，通常是用一个支承点限制工件的一个自由度。如上所述，一个物体在空间有六个自由度，因此，要完全确定工件的位置，就需要合理布置六个支承点（即定位元件）来限制工件的六个自由度，这就是工件定位的“六点定位原则”。

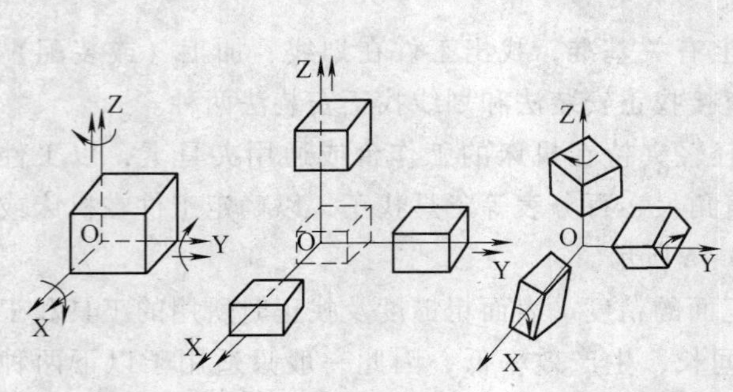

图 3-5　物体的自由度

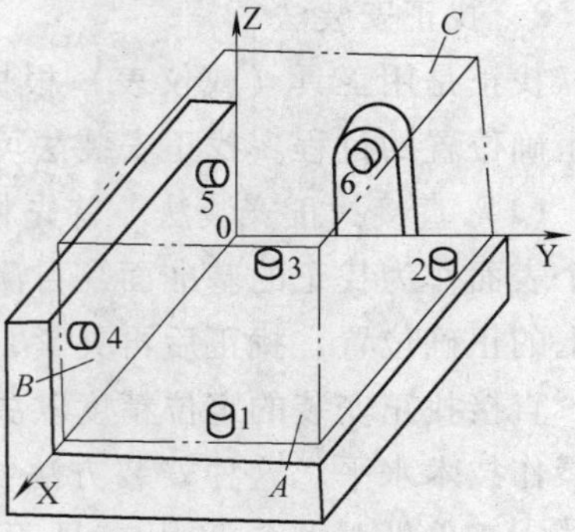

图 3-6　六点定位

图 3-6 所示为长方体工件的六点定位，欲使其完全定位，应首先在其 XOY 平面设置三个不共线的支承点 1、2、3，限制绕 X 和 Y 轴的转动和沿 Z 轴移动的三个自由度，其次在 XOZ 平面上设置两个支承点 4、5，限制沿 Y 轴移动和绕 Z 轴转动的两个自由度，最后在 YOZ 平面上设置一个支承点 6，限制沿 X 轴移动的一个自由度。

用六个支承点限制工件六个自由度的定位称为完全定位，当工件在 X、Y、Z 三个坐标方向上均有尺寸要求或位置精度要求时，一般采用这种定位方式。例如在图 3-7 所示的工件上铣槽，槽宽 20 ± 0.05mm 取决于铣刀的尺寸；为了保证槽底面与 *A* 面的平行度和尺寸 $60^{\ 0}_{-0.2}$mm 两项加工要求，必须限制沿 Z 轴移动、绕 X 和 Y 轴转动的三个自由度；为了保证槽侧面与 *B* 面的平行度和尺寸 30 ± 0.1mm 两项加工要求，必须限制沿 X 轴移动和绕 Z 轴转动的两个自由度；由于所铣的槽不是通槽，在长度方向上，槽的端部距离工件右端面的尺寸是 50mm，所以必须限制 Y 轴的移动自由度。为此，应对工件采用完全定位的方式，选 *A* 面、*B*面和右端面作定位基准。

在实际生产中，往往不需要完全定位。图 3-8a 所示为一毛坯欲在车床上加工通孔，根据加工要求，不需要限制沿 X 轴移动和绕 X 轴移动的两个自由度，故用三爪自定心卡盘夹持限制其余四个自由度，就可实现四点定位；图 3-8b 所示为在铣床上铣台阶面，影响尺寸 *a* 和 *b* 的是除沿 Y 轴移动之外的其他五个自由度，而与沿 Y 轴的移动无关，因此可以不限制沿 Y 轴移动的自由度。这种根据工序的加工要求，只需限制部分自由度的定位称为不完全定位。由于不完全定位可以简化夹具结构，所以在满足加工要求的前提下，应尽量采用不完全定位。

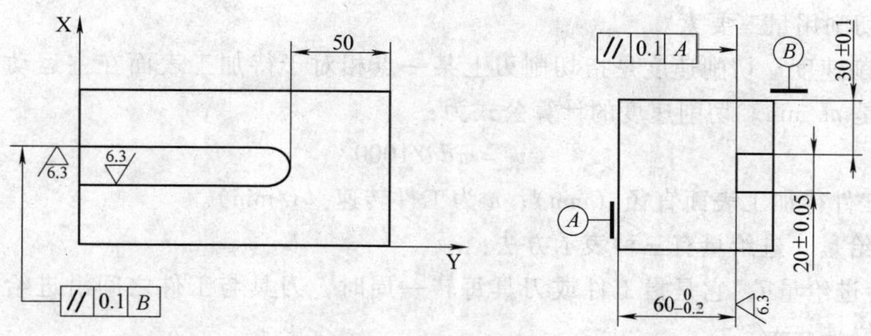

图 3-7　完全定位示例

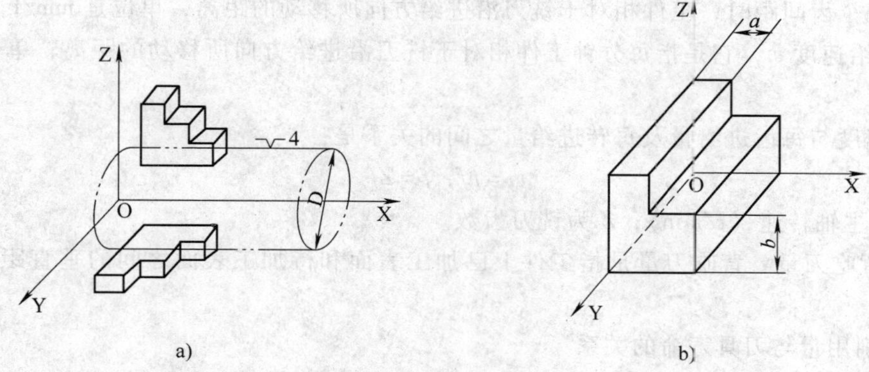

图 3-8　不完全定位示例

根据工序的加工要求，应该限制的自由度没有完全被限制的定位，称为欠定位。欠定位不能保证加工要求，在实际生产中是绝对不允许的。如图 3-8b 所示，若不限制沿 X 轴的移动自由度就不能保证尺寸 a。

若重复限制了工件的同一个或几个自由度，称为过定位。过定位常使工件或定位元件在工件夹紧后产生变形，降低工件的定位精度，因此应尽量避免。

2. 基准及其分类

零件上用以确定其他点、线、面的位置所依据的那些点、线、面称为基准。根据其功用的不同，可分为设计基准和工艺基准两大类。

（1）设计基准　在零件图上用以确定其他点、线、面的基准，称为设计基准，设计基准可通过零件设计图样上尺寸的标注方式直接看出。

（2）工艺基准　零件在加工、测量、装配等工艺过程中使用的基准统称工艺基准。工艺基准又可分为：

1）装配基准，在零件或部件装配时用以确定产品中相对位置的基准。

2）测量基准，用以测量工件已加工表面所依据的基准。

3）定位基准，在加工中用作定位的基准，称定位基准。它是工件上与夹具定位元件直接接触的点、线或面。

五、切削用量与刀具寿命

1. 切削用量的概念

切削用量是指切削时各运动参数的数值，包括切削速度 v_c、进给量 f 和背吃刀量 a_p。这三者常称为切削用量三要素。

（1）切削速度　切削速度是指切削刃上某一点相对于待加工表面在主运动方向上的线速度，单位是 m/min。切削速度的计算公式为：

$$v_c = \pi dn/1000$$

式中，d 为工件待加工表面直径（mm）；n 为工件转速（r/min）。

（2）进给量　进给量有三种表示方法：

1）每转进给量 f，它是指工件或刀具每转一周时，刀具与工件之间沿进给方向所移动的距离，单位是 mm/r。

2）每齿进给量 f_z，铣削时，由于铣刀是多齿刀具，所以规定了每齿进给量。它是指铣刀每转过一个齿间距时，工件相对于铣刀沿进给方向所移动的距离，单位是 mm/t。

3）进给速度 v_f，它是指每分钟工件相对于铣刀沿进给方向所移动的距离，单位是 mm/min。

进给速度与每齿进给量及每转进给量之间的关系是：

$$v_f = nf,\ f = Zf_z$$

式中，n 为主轴转速（r/min）；Z 为铣刀齿数。

（3）背吃刀量　背吃刀量是指工件上已加工表面和待加工表面之间的垂直距离，单位为 mm。

2. 切削用量与刀具寿命的关系

在切削生产率方面，在不考虑辅助工时情况下，有生产率公式：

$$P = A_o v_c f a_p$$

式中，A_o 为与工件尺寸有关的系数（$A_o = \dfrac{10^3}{\pi d_w l_w \Delta}$，$d_w$ 为工件加工前直径；l_w 为工件加工部分长度；Δ 为工件半径方向上的加工余量）。

从中可以看出，切削用量三要素 v_c、f、a_p 中任何一个参数增加一倍，生产率相应提高一倍。但从刀具寿命与切削用量三要素之间的关系式 $T = C_T/(v_c^{1/m} f^{1/n} a_p^{1/p})$ 来看，当生产率一定时，切削速度 v_c 对刀具寿命影响最大，进给量 f 次之，背吃刀量 a_p 最小。

因此在实际使用中，在使刀具寿命降低较少而又不影响生产率的前提下，应尽量选取较大的背吃刀量和较小的切削速度，使进给量大小适中。由于自动换刀的数控机床装刀所费时间较多，所以选择切削用量要保证刀具加工完一个零件，或保证刀具寿命不低于一个工作班，最少不低于半个工作班。

3. 切削用量的选择

所谓合理的切削用量是指充分利用机床和刀具的性能，并在保证加工质量的前提下，获得高的生产率与低加工成本的切削用量。合理选择切削用量，就是在考虑机床、刀具、工件材料和工艺等多种因素下选择切削用量三要素的最佳组合。

切削加工一般分为粗加工、半精加工和精加工三道工序，各工序有不同的选择方法。粗加工的特点是尽快切除多余金属，同时还要保证规定的刀具寿命。精加工时，首先应保证零件的加工精度和表面质量，同时也要考虑刀具寿命和获得较高的生产率。

（1）背吃刀量的选择　粗加工时，在机床有效功率允许的条件下，应尽可能选取较大的背吃刀量，使大部分余量在一次或少数几次进给中切除。在切削表层有硬皮的铸、锻件时或切削不锈钢等加工硬化较严重的材料时，应尽量使背吃刀量越过硬皮或硬化层深度。

精加工时，背吃刀量的选择应根据粗加工后的余量确定。精加工时的背吃刀量通常都较小，以保证加工精度。

(2) 进给量的选择　粗加工时，进给量主要考虑机床、夹具、工件、刀具组成的工艺系统所能承受的最大进给量。根据工艺系统的刚性，尽可能选取较大的进给量。

精加工和半精加工时，进给量的大小主要依据表面粗糙度的要求选取。表面粗糙度 R_a 的数值较小时，一般选取较小的进给量。另外还要考虑工件材料、刀尖圆弧半径、切削速度等，如当刀尖圆弧半径增大，切削速度提高时，可以选择较大的进给量。

在生产实际中，进给量常根据经验选取。有必要的话，还要对所选进给量参数进行强度校核，最后要根据机床说明书确定。

在数控加工中最大进给量受机床刚度和进给系统的性能限制。选择进给量时，还应注意零件加工中的某些特殊因素，比如在轮廓加工中，选择进给量时，应考虑轮廓拐角处的超程问题，特别是拐角较大、进给速度较高时，应在接近拐角处适当降低进给速度，在拐角后逐渐升速，以保证加工精度。

加工过程中，由于切削力的作用，机床、工件、刀具系统产生变形，可能使刀具运动滞后，从而在拐角处可能产生“欠程”，因此，在编程时应给予足够的重视。此外，还应充分考虑切削的自然断屑问题，通过选择刀具几何形状和对切削用量的调整，使排屑处于最顺畅状态，严格避免长屑缠绕刀具而引起故障。

(3) 切削速度的选择　粗加工时应根据工件材料和刀具材料确定切削速度，使之在已选定的背吃刀量和进给量的基础上能够达到规定的刀具寿命。粗车时，因背吃刀量和进给量都较大，一般选用中等或较低的切削速度。

半精加工和精加工时，切削速度主要受刀具寿命和已加工表面质量限制。在选取切削速度时，要尽可能避开形成积屑瘤的切削速度范围。精加工时可选择较高的切削速度。

硬质合金刀具一般多采用较高的切削速度，高速钢刀具则采用较低的切削速度。

六、机械加工质量

机械产品使用性能的提高和使用寿命的增加，取决于产品的设计质量和制造质量。其中，零件的加工质量是保证产品质量的基础。零件的加工质量主要包括加工精度和加工表面质量。

(一) 加工精度

1. 基本概念

机械加工精度是指零件加工后的实际几何参数（尺寸、形状和位置）与理想几何参数相符合的程度，零件实际几何参数与理想几何参数的偏离数值称为加工误差。加工误差的大小反映了加工精度的高低，误差越大加工精度越低，误差越小加工精度越高。

任何加工方法所得到的实际参数都不会绝对准确，从零件的功能看，只要加工误差在零件图要求的公差范围内，就认为保证了加工精度。

加工精度包括三个方面内容：尺寸精度、形状精度和位置精度。

2. 获得加工精度的方法

(1) 获得尺寸精度的方法　获得尺寸精度的方法有试切法、调整法、定尺寸刀具法、主动测量法和自动控制法。

1）试切法，先试切出小部分加工表面，测量试切所得的尺寸，按照加工要求适当调整刀具切削刃相对工件的位置，再试切，再测量，如此经过两三次的试切和测量，当被加工尺寸达到要求后，再切削整个待加工表面。

2）调整法，预先用样件或标准件准确调整机床、夹具、刀具和工件的相对位置，用以保证工件的尺寸精度。

3）定尺寸刀具法，即用刀具的相应尺寸来保证工件被加工部位的尺寸。

4）主动测量法，在加工过程中，边加工边测量加工尺寸，并将所测结果与设计要求的尺寸比较后，或使机床继续工作，或使机床停止工作进行调整，这就是主动测量法。

5）自动控制法，这种方法是利用测量装置、进给装置和控制系统，是把测量、进给装置和控制系统组成一个自动加工系统，加工过程依靠系统自动完成。

自动控制的具体方法有两种：

① 自动测量，即机床上有自动测量工件尺寸的装置，在工件达到要求尺寸时，测量装置即发出指令使机床自动退刀并停止工作。

② 数字控制，即机床中有控制刀架或工作台精确移动的伺服电动机、滚动丝杠螺母副及整套数字控制装置，尺寸的获得（刀架的移动或工作台的移动）由预先编制好的程序通过计算机数字控制装置自动控制。

自动控制法的加工质量稳定、生产率高、加工柔性好、能适应多品种生产，是目前机械制造的发展方向和计算机辅助制造（CAM）的基础。

（2）获得形状精度的方法　获得形状精度的方法有轨迹法、成形法、仿形法和展成法。

1）轨迹法，也称刀尖轨迹法。依靠刀尖的运动轨迹获得形状精度的方法称为轨迹法，即让刀具相对于工件作有规律的运动，以保证刀尖轨迹获得所要求的表面几何形状，图 3-9 所示为用轨迹法车圆锥面。

2）成形法。利用成形刀具对工件进行加工的方法称为成形法，即用成形刀具取代普通刀具，成形刀具切削刃的形状就是工件外形，图 3-10 所示为用成形法车球面。

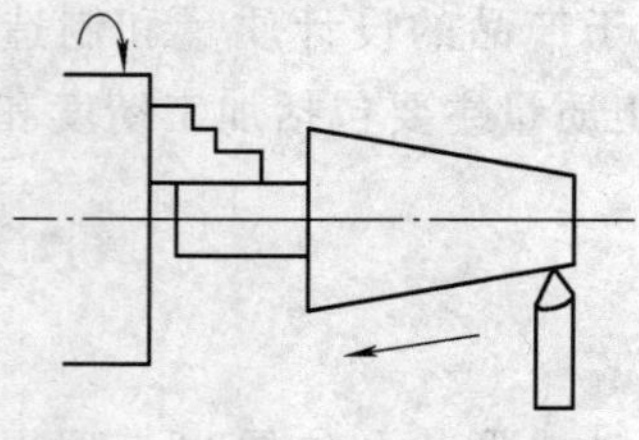

图 3-9　轨迹法

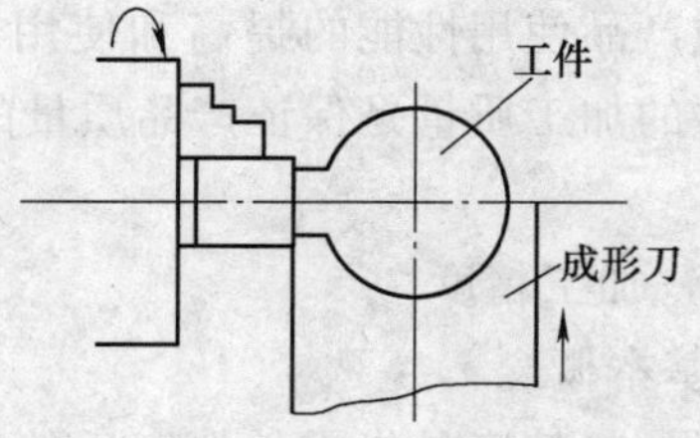

图 3-10　成形法

3）仿形法。刀具按照仿形装置进给对工件进行加工的方法称为仿形法，仿形法所得到的形状精度取决于仿形装置的精度和成形运动的精度。

4）展成法。利用工件和刀具作展成切削运动进行加工的方法称为展成法，展成法所得被加工表面是切削刃和工件作展成运动过程中所形成的包络面，切削刃形状必须是被加工面的共轭曲线。它所获得的精度取决于切削刃的形状和展成运动的精度等。这种方法多用于各种齿轮齿廓、花键键齿、蜗轮轮齿等表面的加工，其特点是切削刃的形状与所需表面几何形状不同。

(3) 获得位置精度的方法　获得位置精度的方法有一次安装法和多次安装法。

1) 一次安装法，有位置精度要求零件各有关表面是在工件同一次安装中完成并保证的，一次安装法一般是用夹具装夹实现的。

2) 多次安装法，零件有关表面的位置精度是加工表面与工件定位基准面之间的位置精度决定的。

3. 影响加工精度的主要因素

工艺系统中的各组成部分，包括机床、刀具、夹具的制造误差、安装误差、使用中的磨损都会直接影响工件的加工精度。

在切削过程中，工艺系统力效应引起的变形（如工艺系统受力变形、工件残余应力而引起的变形）和工艺系统热效应引起的变形（如机床、刀具、工件的热变形）等造成的误差也对工件的加工精度造成了影响。

4. 数控机床产生误差的独特性

在数控机床上所产生的加工误差与在普通机床上产生的加工误差，其来源有许多共同之处，但也有其独特之处。

(1) 机床重复定位精度的影响　机床重复定位精度是指重复定位时坐标轴的实际位置和理想位置的符合程度。数控机床的定位精度是指数控机床各坐标轴在数控系统控制下运动的位置精度，引起定位精度的因素包括数控系统的误差和机械传动的误差。而数控系统的误差则与插补误差、跟踪误差等有关。

(2) 检测反馈装置的影响　检测反馈装置是高性能数控机床的重要组成部分，也称为反馈元件，通常安装在机床工作台或丝杠上，相当于普通机床的刻度盘和人的眼睛，检测反馈装置将工作台位移量转换成电信号，并且反馈给数控装置，如果与指令值比较有误差，则控制工作台向消除误差的方向移动。数控系统按有无检测装置可分为开环、闭环与半闭环系统。开环系统精度取决于步进电动机和丝杠精度，闭环系统精度取决于检测装置精度。

(3) 刀具误差的影响　在加工中心上，由于采用的刀具具有自动交换功能，因此在提高生产率的同时，也带来了刀具交换误差。用同一把刀具加工一批工件时，由于频繁重复换刀，致使刀柄相对于主轴锥孔产生重复定位误差而降低加工精度。

抑制数控机床产生误差的途径有硬件补偿和软件补偿。过去一般多采用硬件补偿的方法，如加工中心采用螺距误差补偿功能。随着微电子、控制、监测技术的发展，出现了新的软件补偿技术，它的特征是应用数控系统通信的补偿控制单元和相应的软件，利用坐标的附加移动来修正误差。

(二) 机械加工表面质量

1. 加工表面质量的含义

任何机械加工方法所获得的加工表面都不可能是绝对理想的表面，总存在着表面粗糙度、表面波度等微观几何形状误差。表面层的材料在加工时会发生物理、力学性能变化，以及在某些情况下还会发生化学变化。

机械加工表面质量的含义有以下两方面的内容：

(1) 表面的几何特性　如图 3-11 所示，加工表面的几何形状总是以“峰”、“谷”形式交替出现，其偏差又有宏观、微观的差别。

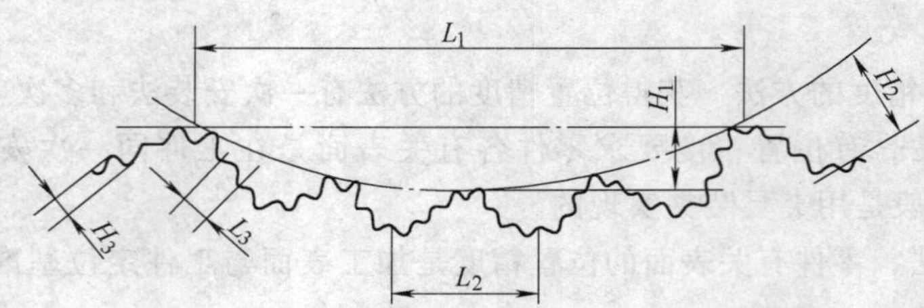

图 3-11　表面几何特性

①　表面粗糙度，它是指加工表面的微观几何形状误差，主要由刀具的形状以及切削过程中塑性变形和振动等因素决定，如图 3-11 所示，其波长 L_3 与波高 H_3 的比值一般小于 50。

②　表面波度，它是介于宏观几何形状误差（$L_1/H_1>1000$）与微观表面粗糙度（$L_3/H_3<50$）之间的周期性几何形状误差。它主要是由机械加工过程中工艺系统低频振动所引起的，如图 3-11 所示，其波长 L_2 与波高 H_2 的比值一般为 50～1000。

③　表面纹理方向，它是指表面刀纹的方向，取决于该表面所采用的机械加工方法及其主运动和进给运动的关系，一般对运动副或密封件有纹理方向的要求。

④　伤痕，即在加工表面的一些个别位置上出现的缺陷，它们大多是随机分布的，例如砂眼、气孔、裂痕和划痕等。

（2）表面层物理、化学和力学性能　由于机械加工中切削力和切削热的综合作用，加工表面层金属的物理、力学和化学性能会发生一定的变化，主要表现在三个方面：①表面层加工硬化（冷作硬化）。②表面层金相组织变化及由此引起的表层金属强度、硬度、塑性及耐腐蚀性的变化。③表面层产生残余应力或造成原有残余应力的变化。

2. 加工表面粗糙度及影响因素

加工表面几何特性包括表面粗糙度、表面波度、表面加工纹理几个方面，表面粗糙度是构成加工表面几何特征的基本单元。

用金属切削刀具加工工件表面时，表面粗糙度主要受几何因素、物理因素和机械加工工艺因素三个方面的作用和影响。

（1）几何因素　从几何的角度考虑，刀具的形状和几何角度，特别是刀尖圆弧半径、主偏角、副偏角和切削用量中的进给量等对表面粗糙度有较大的影响。

（2）物理因素　从切削过程的物理实质考虑，刀具的刃口圆角及后刀面的挤压与摩擦使金属材料发生塑性变形，严重恶化了表面粗糙度。在加工塑性材料而形成带状切屑时，在前刀面上容易形成硬度很高的积屑瘤，它可以代替前刀面和切削刃进行切削，使刀具的几何角度、背吃刀量发生变化。积屑瘤的轮廓很不规则，因而使工件表面上出现深浅和宽窄都不断变化的刀痕。有些积屑瘤嵌入工件表面，更增大了表面粗糙度值。切削加工时的振动，也会使工件表面粗糙度值增大。

（3）工艺因素　从工艺的角度考虑其对工件表面粗糙度的影响，主要有与切削刀具有关的因素、与工件材质有关的因素和与加工条件有关因素等。

七、工艺尺寸链

工序尺寸是指某一工序加工应达到的尺寸，其公差即为工序尺寸公差。

零件从毛坯逐步加工至成品的过程中，无论在一个工序内还是在各个工序间，也不论是加工表面本身还是各表面之间，他们的尺寸都在变化，并存在相应的内在联系。运用尺寸链的知识去分析这些关系，是合理确定工序尺寸及其公差的基础。

1. 工艺尺寸链的概念

在机器装配或零件加工过程中，由相互连接的尺寸形成的封闭尺寸组，称为尺寸链。如图 3-12a 所示，以零件的表面 1 定位加工表面 2 得尺寸 A_1，再加工表面 3，得尺寸 A_2，自然形成尺寸 A_0，于是 A_1、A_2、A_0 连接成了一个封闭的尺寸组（见图 3-12b），形成尺寸链。

在机械加工过程中，同一工件的各有关尺寸组成的尺寸链称为工艺尺寸链。

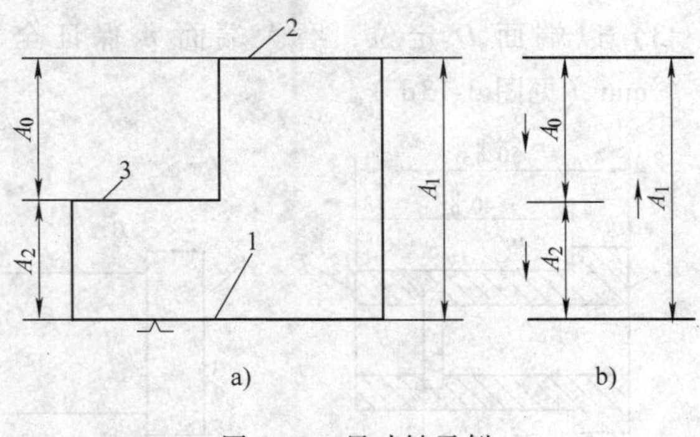

图 3-12　尺寸链示例

2. 尺寸链的组成

组成尺寸链的各个尺寸称为尺寸链的环。

（1）封闭环　在加工（或测量）过程中最后自然形成的环称为封闭环。封闭环用字母加下标“0”表示，例如图 3-12 中的 A_0，一个尺寸链必须有且仅能有一个封闭环。

（2）组成环　尺寸链中除了封闭环以外的其余各环均称为组成环。组成环用同一字母加不同的下标表示，按其对封闭环的影响，组成环可分为增环和减环。

1）增环。在其他组成环（尺寸）不变的条件下，当某个组成环增大时，封闭环也随之增大，则该组成环称为增环，如图 3-12 中的 A_1。

2）减环。在其他组成环不变的条件下，当某个组成环增大时，封闭环却随之减小，则该组成环称为减环，如图 3-12 中的 A_2。

为了简易地判别增环和减环，可在尺寸链图上先给封闭环任意定出方向并画出箭头，然后以此方向环绕尺寸链回路，顺次给每个组成环画出箭头。此时凡与封闭环箭头相反的组成环为增环，相同的为减环。

3. 工艺尺寸链的建立

在尺寸链的建立中，封闭环的判定和组成环的查找是非常关键的。

（1）封闭环的判定　在工艺尺寸链中，封闭环是加工过程中自然形成的尺寸，因此封闭环是随着零件加工方案的变化而变化的。

（2）组成环的查找　组成环查找的方法，即从构成封闭环的两表面开始，同步地按照工艺过程的顺序，分别向前查找各表面最后一次加工的尺寸，之后再进一步查找此加工尺寸的工序基准的最后一次加工时的尺寸，如此继续向前查找，直到两条路线最后得到的加工尺寸的工序基准重合（即两者的工序基准为同一表面），至此上述尺寸系统即形成封闭轮廓，从而构成了工艺尺寸链。

查找组成环必须掌握的基本特点为：组成环是加工过程中“直接获得”的，而且对封闭环有影响。

下面以图 3-13 为例，说明尺寸链建立的具体过程。图 3-13a 所示为一套类零件，为便于讨论问题，图中只标出轴向设计尺寸，轴向尺寸加工顺序安排如下：

1）以大端面 A 定位，车端面 D 获得尺寸 A_1，并车小外圆至 B 面，保证长度 $40_{-0.2}^{\ 0}$ mm（见图 3-13b）。

2）以端面 D 定位，精车大端面 A 获得尺寸 A_2，并在车大孔时车端面 C，获得孔深尺寸 A_3（见图 3-13c）。

3）以端面 D 定位，磨大端面 A 保证全长尺寸 $50_{-0.5}^{0}$mm，同时保证孔深尺寸为 $36_{0}^{+0.5}$mm（见图 3-13d）。

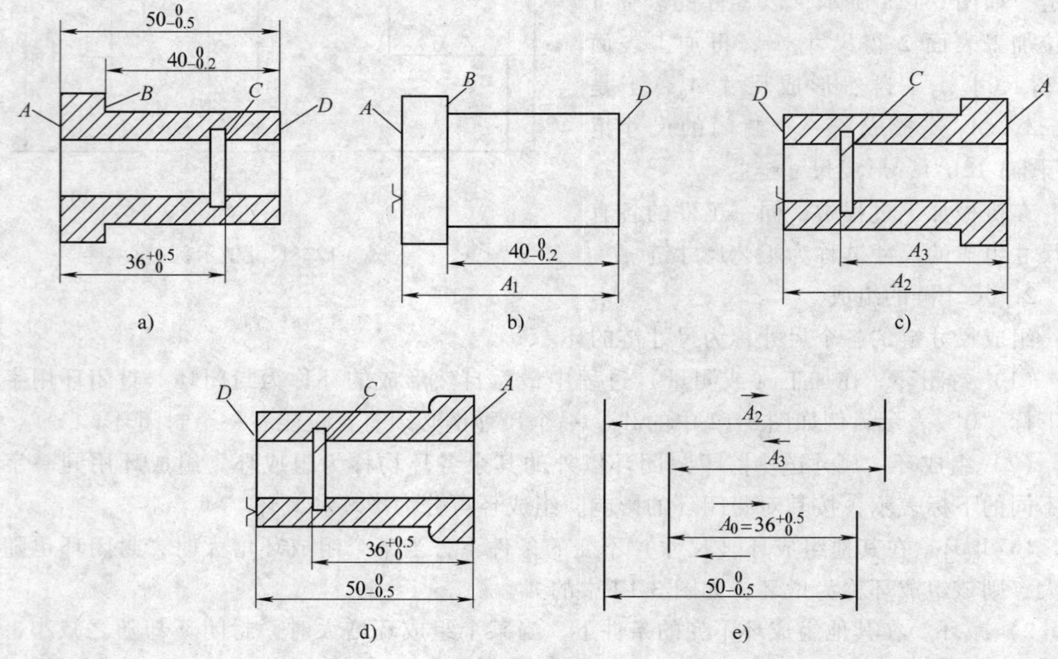

图 3-13　工艺尺寸链建立过程

由以上工艺过程可知，孔深设计尺寸 $36_{0}^{+0.5}$mm 是自然形成的，应为封闭环。从构成封闭环的两界面 A 和 C 开始查找组成环，A 面的最近一次加工是磨削，工艺基准是 D 面，直接获得的尺寸是 $50_{-0.5}^{0}$mm；C 面最近的一次的加工是车孔时的车削，测量基准是 A 面，直接获得的尺寸是 A_3。显然上述两尺寸的变化都会引起封闭环的变化，是欲查找的组成环。但此两环的工序基准各为 D 面与 A 面，不重合，为此要进一步查找最近一次加工 D 面和 A 面的加工尺寸。A 面的最近一次加工是精车 A 面，直接获得的尺寸是 A_2，工序基准为 D 面，正好与加工尺寸的 $50_{-0.5}^{0}$mm 工序基准重合，而且 A_2 的变化也会引起封闭环的变化，故尺寸 A_2 应为组成环。至此，找出 A_2、A_3、$50_{-0.5}^{0}$mm 为组成环，$A_0=36_{0}^{+0.5}$mm 为封闭环，它们组成了一个封闭的尺寸链（见图 3-13e）。

4. 工艺尺寸链的计算方法

工艺尺寸链的计算方法有两种：极值法和概率法，目前生产中多采用极值法计算，下面仅介绍极值法计算的基本公式。

（1）封闭环的基本尺寸　封闭环的基本尺寸等于所有增环的基本尺寸之和减去所有减环的基本尺寸之和，其计算公式为：

$$A_0=\sum_{i=1}^{n}\overrightarrow{A}_i-\sum_{i=n+1}^{m}\overleftarrow{A}_i$$

式中，n 为增环数目；m 为组成环数目。

（2）封闭环的极限尺寸　封闭环的最大（最小）极限尺寸等于所有增环的最大（最

小）极限尺寸之和减去所有减环的最小（最大）极限尺寸之和，其计算公式为：

最大极限尺寸 $A_{0,\max} = \sum_{i=1}^{n} \overrightarrow{A}_{i,\max} - \sum_{i=n+1}^{m} \overleftarrow{A}_{i,\min}$

最小极限尺寸 $A_{0,\min} = \sum_{i=1}^{n} \overrightarrow{A}_{i,\min} - \sum_{i=n+1}^{m} \overleftarrow{A}_{i,\max}$

如因验算或工艺要求需要解算出封闭环的极限偏差或公差,则可按有关尺寸公差的知识解决。

例 3-1 图 3-14a 所示的轴承座零件，除 B 面外，其他尺寸均已加工完毕，加工 B 面时为便于测量，以表面 A 为定位和测量基准，保证尺寸 $90^{+0.4}_{0}$mm，求工序尺寸。

分析：尺寸 $90^{+0.4}_{0}$mm 不便测量，于是改为测量面 A 到 B 间的尺寸 A_1，通过控制工序尺寸 A_1，间接保证设计尺寸 $90^{+0.4}_{0}$mm。为此，必须求出工序尺寸 A_1。

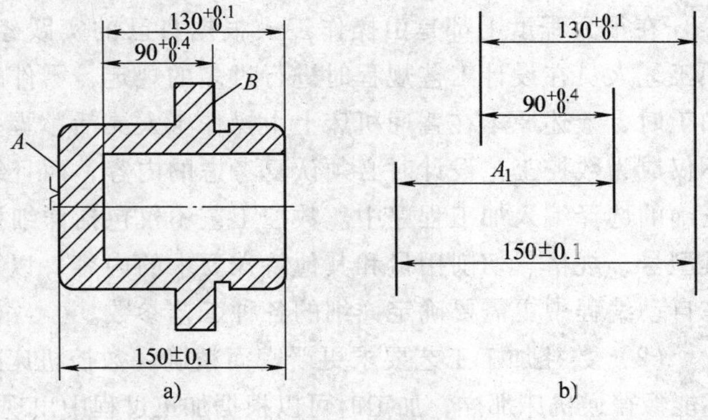

图 3-14 轴承座工序尺寸的计算

解：

1）建立尺寸链，如图 3-14b 所示，确定封闭环尺寸为 $90^{+0.4}_{0}$mm。

2）确定增减环，增环尺寸为 $130^{+0.1}_{0}$mm、A_1，减环尺寸为 150 ± 0.1mm。

3）计算：

因为 $A_0 = \sum_{i=1}^{n} \overrightarrow{A}_i - \sum_{i=n+1}^{m} \overleftarrow{A}_i$，即 $90\text{mm} = 130\text{mm} + A_1 - 150\text{mm}$

故 $A_1 = 110\text{mm}$

因为 $ES(A_0) = \sum_{i=1}^{n} ES(\overrightarrow{A}_i) - \sum_{i=n+1}^{m} EI(\overleftarrow{A}_i)$

即 $0.4\text{mm} = 0.1\text{mm} + ES(A_1) - (-0.1)\text{ mm}$

所以 $ES(A_1) = 0.2\text{mm}$

因为

$$EI(A_0) = \sum_{i=1}^{n} EI(\overrightarrow{A}_i) - \sum_{i=n+1}^{m} ES(\overleftarrow{A}_i)$$

即 $0 = 0 + EI(A_1) - 0.1$

所以 $EI(A_1) = +0.1\text{mm}$

最后求得工序尺寸 $A_1 = 110^{+0.2}_{+0.1}\text{mm} = 110.2^{\ 0}_{-0.1}\text{mm}$

第二节 数控加工工艺概述

所谓数控加工工艺，就是指使用数控机床加工零件的工艺方法。

一、数控加工工艺的基本特点

合理确定数控加工工艺对实现优质、高效和经济的数控加工具有极为重要的作用，数控加工工艺问题的处理与普通加工工艺基本相同。在设计零件的数控加工工艺时，首先要遵循普通加工工艺的基本原则和方法，同时还必须考虑数控加工本身的特点和零件编程要求。

由于数控加工具有加工自动化程度高、精度高、质量稳定、生产效率高、设备使用费用高等特点，使数控加工相应形成了下列特点：

（1）数控加工工艺内容要求具体而详细　在用通用机床加工时，许多具体的工艺问题（如工艺中各工步的划分与安排、刀具的几何形状及尺寸、进给路线、加工余量、切削用量等）在很大程度上都是由操作工人根据自己的实践经验和习惯自行考虑和决定的，一般无须工艺人员在设计工艺规程时进行过多的规定，零件的尺寸精度也可由试切保证。而在数控加工时，上述原本在普通机床上由操作工人灵活掌握并可通过适时调整来处理的工艺问题，不仅成为数控工艺设计时必须认真考虑的内容，而且编程人员必须事先设计和安排好并做出正确的选择编入加工程序中。数控工艺不仅包括详细描述的切削加工步骤，而且还包括工夹具型号、规格、切削用量和其他特殊要求的内容，以及标有数控加工坐标位置的工序图等，在自动编程中更需要确定详细的各种工艺参数。

（2）数控加工工艺要求更严密而精确　数控机床虽然自动化程度高，但自适应性差，它不能像普通机床那样，加工时可以根据加工过程中出现的问题比较自由地进行人为调整，如在攻螺纹时数控机床不知道孔中是否已挤满切屑，是否需要退刀清理一下切屑再继续进行，这些情况必须事先由工艺员精心考虑到，否则可能会导致严重的后果。在普通机床加工零件时，通常是经过多次“试切”过程来满足零件的精度要求，而数控加工过程是严格按程序规定的尺寸进给的，因此在对图形进行数学处理、计算和编程时一定要准确无误。在实际工作中，由于一个小数点或一个逗号的差错而酿成重大机械事故和质量事故的例子屡见不鲜。

（3）制定数控加工工艺要进行零件图形的数学处理和编程尺寸设定值的计算　编程尺寸并不是零件图上设计的基本尺寸的简单再现，在对零件图进行数学处理和计算时，要根据零件尺寸公差要求和零件的形状几何关系重新调整计算，才能确定合理的编程尺寸。

（4）数控加工工艺的特殊要求　与普通加工工艺相比，数控加工工艺还有一些特殊要求。

1）由于数控机床较普通机床的刚度高，所配的刀具具有强度高、刚性好、精度高等特点，因此在同等情况下，所采用的切削用量通常比普通机床大，加工效率也较高，选择切削用量时要充分考虑这个特点。

2）由于数控机床的功能复合化程度越来越高，因此工序相对集中是现代数控加工工艺的特点，明显表现为工序数量少，工序内容多，而且数控加工的工序内容要比普通机床加工的工序内容复杂。

3）由于数控机床加工的零件比较复杂，因此在确定装夹方式和夹具设计时，要特别注意刀具与夹具、工件的干涉问题。

（5）数控加工程序的编写、校验与修改是数控加工工艺的一项特殊内容　普通加工工艺中划分工序、选择设备等重要内容，对数控加工工艺来说属于已基本确定的内容，所以制定数控加工工艺的着重点在整个数控加工过程的分析，关键在确定进给路线及生成刀具运动轨迹。复杂表面加工的刀具运动轨迹生成需借助自动编程软件，既是编程问题，也是数控加工工艺问题，这也是数控加工工艺与普通加工工艺最大的不同之处。

二、数控加工工艺的主要内容

数控加工前对工件进行工艺设计是必不可少的准备工作，无论是手工编程还是自动编程，在编程前都要对所加工的工件进行工艺分析、拟定工艺路线、设计加工工序。因此，合理的工艺设计方案是编制加工程序的依据，工艺设计不合理是数控加工出差错的主要原因之一，往往造成工作反复，工作量成倍增加。编程人员必须首先做出合理的工艺设计，再考虑编程。根据实际应用需要，数控加工工艺主要包括以下内容：

1）根据数控加工适应性，选择并确定零件的数控加工内容。

2）对零件进行数控加工工艺性分析。

3）数控加工工艺路线的设计拟订。

4）数控加工工序设计。

5）编程误差及其控制。

6）数控加工专用技术文件的编写。

第三节　数控加工工艺规程的制定

数控加工工艺规程制定的原则与内容在许多方面与相应的普通加工工艺相同。只是由于数控加工的一些特点，带来了一些新的内容。

一、选择并确定数控加工的内容

数控机床有一系列的优点，但价格昂贵，加上消耗大、维护费用高，导致加工成本增加。从技术和经济角度出发，对于某个零件来说，并非其全部加工工艺过程都适合在数控机床上进行，往往只选择其中一部分内容采用数控加工。因此，必须对零件图样进行详细的工艺分析，选择那些适合而需要进行数控加工的工序内容进行数控加工，以充分发挥数控加工的优势。一般可按下列原则考虑：

1）普通机床无法加工的内容应作为优先选择内容。

2）普通机床难加工，质量也难以保证的内容应作为重点选择内容。

3）普通机床加工效率低，工人手工操作劳动强度大的内容，可在数控机床尚有加工能力的基础上进行选择。

相比之下，下列一些加工内容则不宜选择数控加工：

1）需要用较长时间占机调整的加工内容。

2）加工余量极不稳定，且数控机床上又无法自动调整零件坐标位置的加工内容。

3）不能在一次安装中加工完成的零星分散部位，采用数控加工很不方便，效果不明显，可以安排普通机床补充加工。

此外，在选择数控加工内容时，还要考虑生产批量、生产周期、工序间周转情况等因素。总之，要尽量合理使用数控机床，达到产品质量、生产率及综合经济效益等指标都明显提高的目的，要防止将数控机床当做普通机床使用。

二、CNC 机床的选择

不同类型的零件应在不同的 CNC 机床上加工，如旋转体类零件采用数控车床或数控磨床进行加工；孔系零件、平面或曲面轮廓零件，通常采用数控铣床或加工中心进行加工。

对于一些模具型腔类零件，其表面复杂且不规则，表面质量及尺寸精度要求较高，当零件材料硬度不高时（如塑料模和橡胶模），通常采用数控铣床进行加工；当零件材料硬度很高时（如锻模），在淬火前进行粗铣，留一定余量在淬火后以电火花成型机加工。随着数控机床技术的发展、高速铣削技术的推广，高硬度模具的加工已经逐步由高速铣削加工来实现，即在淬火前进行粗铣，淬火后进行高速精铣，从而不仅模具加工精度高、效率高、周期短，而且模具工作寿命有较大的提高。

板材零件可根据零件形状，考虑采用数控剪板机、数控板料折弯机或数控冲压机进行加工。采用数控冲压技术，能使加工过程按程序要求自动进行，采用小模具冲压加工形状复杂的大工件，并能一次装夹集中完成多工序加工。利用软件排样，既利于保证加工精度，又可获得高的材料利用率。

对于一些冲模或拉伸拉延模零件，其特点为轮廓贯通，可选择数控电火花线切割机进行加工。

三、零件的数控加工工艺性分析

数控加工工艺性分析涉及面很广，在此仅从数控加工零件图样和零件结构两方面进行考虑。

1. 零件图样的工艺性分析

首先应熟悉零件在产品中的作用、位置、装配关系和工作条件，搞清楚各项技术要求对零件装配质量和使用性能的影响，找出主要的和关键的技术要求，然后对零件图样进行分析。

（1）零件图上尺寸标注方法应适应数控加工的特点　由于零件设计人员在标注尺寸时，一般较多地从零件的作用及装配关系方面考虑，实际图样上往往会出现局部分散的尺寸标注形式，如图3-15a所示，这会给数控编程加工带来许多不便。在数控加工的零件图上，通常将局部分散的标注尺寸换算成同一基准的标注尺寸或直接给出坐标尺寸，如图3-15b所示。

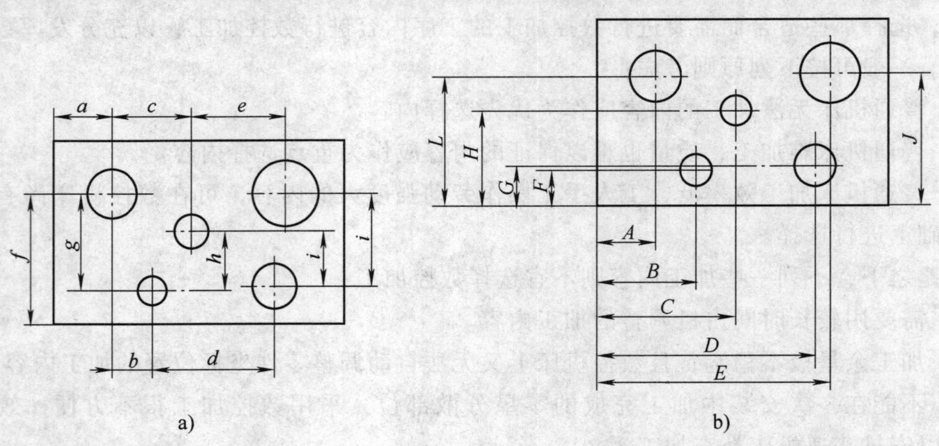

图3-15　零件尺寸标注分析

a）分散标注　b）同基准标注

（2）构成零件轮廓几何元素的条件应充分而不矛盾　在手工编程时，要计算基点坐标；在自动编程时，要对构成零件轮廓所有几何元素进行定义，因此在分析零件图时应注意：

1）零件图上是否漏掉某尺寸，使其几何条件不充分，影响到零件轮廓的构成。

2）零件图上的图线位置是否模糊或尺寸标注不清，使编程无法下手。

3）零件图上给定的几何条件是否不合理，造成数学处理困难。

（3）零件的技术要求分析　零件的技术要求包括下列几个方面：

1）尺寸精度。分析零件图样尺寸精度的要求，以判断能否利用切削工艺达到，并确定控制尺寸精度的工艺方法。

2）形状和位置精度。零件图样上给定的形状和位置公差是保证零件精度的重要依据。加工时，要按照其要求确定零件的定位基准和测量基准，还可以根据数控机床的特殊需要进行一些技术性处理，以便有效地控制零件的形状和位置精度。

3）表面粗糙度要求。表面粗糙度是保证零件表面微观精度的重要要求，也是合理选择数控机床、刀具及确定切削用量的依据。

4）材料与热处理要求。零件图样上给定的材料与热处理要求，是选择刀具、数控机床型号、确定切削用量的依据。

5）其他要求，如动平衡、未注圆角或倒角、去毛刺、毛坯要求等。

2. 零件结构的工艺性分析

零件结构的工艺性是指零件的结构在满足使用要求的前提下，是否能以较高的生产率和最低的成本方便地制造出来。这个问题比较复杂，它涉及毛坯制造、机械加工、热处理等各方面的要求。有关零件的结构工艺性的问题可参看其他有关资料，这里不作深入介绍。

四、毛坯的选择

正确地选择合适的毛坯，对零件的加工质量、材料消耗和加工工时都有很大的影响。显然毛坯的尺寸和形状越接近成品零件，机械加工的劳动量就越少，但是毛坯的制造成本就越高，所以应根据生产纲领，综合考虑毛坯制造和机械加工的费用，以求得最好的经济效益。

1. 常用毛坯的种类

（1）铸件　形状较复杂的毛坯宜采用铸造的方法制造。铸件毛坯的制造方法有砂型铸造、精密铸造、金属型铸造、压力铸造等，较常用的是砂型铸造。当毛坯精度要求低、生产批量较小时，采用木模手工造型法；当毛坯精度要求高、生产批量很大时，采用金属型机器造型法。

（2）锻件　锻件毛坯适用于强度要求高、形状比较简单的零件，其锻造方法有自由锻和模锻两种。自由锻毛坯精度低、加工余量大、生产率低，适用于单件小批生产以及大型零件；模锻毛坯精度高、加工余量小、生产率高，但成本也高，适用于中小型零件的大批大量生产。

（3）型材　型材有热轧和冷拉两种。热轧型材适用于尺寸较大、精度较低的毛坯；冷拉型材适用于尺寸较小、精度较高的毛坯。

（4）焊接件　焊接件毛坯是根据需要将型材或钢板等焊接而成的，它简单方便，生产周期短，但需经时效处理后才能进行机械加工。

（5）冷冲压件　冷冲压件毛坯可以非常接近成品要求，在小型机械、仪表、轻工电子产品方面应用广泛，但因冲压模具昂贵而仅用于大批大量生产。

2. 毛坯的选择原则

在选择毛坯种类及制造方法时，应考虑下列因素：

（1）零件的材料的工艺特性和力学性能　零件材料的工艺特性和力学性能大致决定了毛坯的种类，例如铸铁零件用铸造毛坯，钢质零件当形状较简单且力学性能要求不高时常用棒料，对于重要的钢质零件，为获得良好的力学性能，应选用锻件，当形状复杂力学性能要求不高时用铸钢件，有色金属零件常用型材或铸造毛坯。

（2）零件的结构形状与外形尺寸　大型且结构较简单的零件毛坯多用砂型铸造或自由锻，结构复杂的毛坯多用铸造，小型零件毛坯可用模锻件或压力铸造，板状钢质零件毛坯多用锻件，轴类零件毛坯，若台阶直径相差不大，可用棒料，若各台阶尺寸相差较大，则宜选择锻件。

(3) 生产纲领　大批大量生产中，应采用精度和生产率都较高的毛坯制造方法。铸件采用金属模机器造型和精密铸造，锻件采用模锻或精密锻造。在单件小批生产中用木模手工造型或自由锻来制造毛坯。

(4) 现有生产条件　确定毛坯时，必须结合具体的生产条件，如现场毛坯制造的实际水平和能力、外协的可能性等。

(5) 充分利用新工艺、新材料　为节约材料和能源，提高机械加工生产率，应充分考虑精密铸造、精锻、冷轧、冷挤压、粉末冶金、异型钢材及工程塑料等在机械生产中的应用，这样可大大减少机械加工量，甚至不需要进行加工，经济效益非常显著。

五、定位基准的选择

定位基准有粗基准与精基准之分。在加工的起始工序中，只能用毛坯未经加工的表面作为定位基准，该表面称为粗基准；利用已经加工过的表面作为定位基准，该表面称为精基准。选择定位基准时，是考虑到保证工件加工精度的要求。

1. 粗基准选择原则

选择粗基准时，主要要求保证各加工面有足够的余量，使加工面与不加工面间的位置符合图样要求，并特别注意要尽快获得精基准。具体选择时应考虑下列原则：

(1) 选择重要表面为粗基准　为保证工件上重要表面的加工余量小而均匀，则应选择该表面为粗基准。所谓重要表面一般是指工件上加工精度以及表面质量要求较高的表面。

(2) 选择不加工表面为粗基准　为了保证加工面与不加工面间的位置要求，一般应选择不加工面为粗基准。如果工件上有多个不加工面，则应选其中与加工面位置要求较高的不加工面为粗基准，以便保证精度要求，使外形对称等。

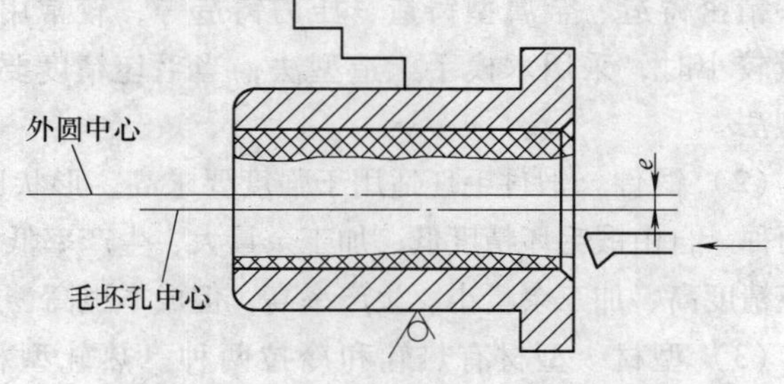

图 3-16　粗基准选择的实例

图 3-16 所示的工件，毛坯孔与外圆之间偏心较大，应当选择不加工的外圆为粗基准，将工件装夹在三爪自定心卡盘中，使毛坯的同轴度误差在镗孔时消除，从而保证其壁厚均匀。

(3) 选择加工余量最小的表面为粗基准　在没有要求保证重要表面加工余量均匀的情况下，如果零件上每个表面都要加工，则应选择其中加工余量最小的表面为粗基准，以避免该表面在加工时因余量不足而留下部分毛坯面，造成废品出现。

(4) 选择较为平整光洁、加工面积较大的表面为粗基准　选择这样的表面为粗基准以便工件定位可靠、夹紧方便。

(5) 粗基准在同一尺寸方向上只能使用一次　因为粗基准本身都是未经机械加工的毛坯面，其表面粗糙且精度低，若重复使用将产生较大的误差。

2. 精基准的选择原则

选择精基准时，主要应考虑保证加工精度和工件安装方便可靠，其选择原则如下：

（1）基准重合原则　选择设计基准作为定位基准，即所谓“基准重合”。采用基准重合可以避免基准不重合误差，有利于保证加工精度。

（2）基准统一原则　同一零件的多道工序，应尽可能选择同一个定位基准，称为“基准统一”，这样有利于保证各加工表面的位置精度。

基准重合原则与基准统一原则有时会出现矛盾，处理的方法是：遇有尺寸精度较高的表面应以基准重合为主，以免给加工带来困难，除此之外均应考虑基准统一。

（3）自为基准原则　某些要求加工余量小而均匀的精加工工序，选择加工表面本身作为定位基准，称为自为基准原则。

（4）互为基准原则　当对工件上两个相互位置精度要求很高的表面进行加工时，需要用两个表面互相作为基准，反复进行加工，以保证位置精度要求。

（5）便于装夹原则　所选精基准应保证工件安装可靠，夹具设计简单、操作方便。

实际上，无论精基准还是粗基准的选择，上述原则都不可能同时满足，有时还是互相矛盾的。因此，在选择时应根据具体情况进行分析。

六、数控加工工艺路线的设计

零件加工的工艺路线是指零件生产过程中，由毛坯到成品所经过的工序先后的顺序。

1. 表面加工方法的选择

零件的结构形状虽各不相同，但它们都是由外圆、内孔、平面及成型表面组成的。选择加工方法时，应根据工件的精度、表面粗糙度、工件材料和热处理条件，工件的结构形状和尺寸大小，生产纲领等条件进行选择。由于获得同一精度和表面粗糙度的加工方法往往有几种，选择时要结合本车间的设备情况、技术水平，并考虑生产率要求和经济效益。一般先根据精度和表面粗糙度要求选定最终加工方法，然后再确定精加工前准备工序的加工方法，即确定加工方案。

表3-1、表3-2、表3-3分别列出了外圆表面、内孔和平面的加工方案分析，供选择加工方法时参考。

表3-1　外圆表面加工方案

序号	加工方案	公差等级	表面粗糙度 R_a/μm	适用范围
1	粗车	IT11以下	50～12.5	适用于淬火钢以外的各种金属
2	粗车——半精车	IT8～10	6.3～3.2	
3	粗车——半精车——精车	IT7～8	1.6～0.8	
4	粗车——半精车——精车——滚压（或抛光）	IT7～8	0.2～0.025	
5	粗车——半精车——磨削	IT7～8	0.8～0.4	主要用于淬火钢，也可用于未淬火钢，但不宜加工有色金属
6	粗车——半精车——粗磨——精磨	IT6～7	0.4～0.1	
7	粗车——半精车——粗磨——精磨——超精加工（或轮式超精磨）	IT5	0.1～R_z0.1	
8	粗车——半精车——精车——金刚石车	IT6～7	0.4～0.025	主要用于要求较高的有色金属加工
9	粗车——半精车——粗磨——精磨——超精磨或镜面磨	IT5以上	0.025～R_z0.05	主要用于极高精度的外圆加工
10	粗车——半精车——粗磨——精磨——研磨	IT5以上	0.1～R_z0.05	

表 3-2　内孔加工方案

序号	加工方案	公差等级	表面粗糙度 R_a 值/μm	适用范围
1	钻	IT11～12	12.5	加工未淬火钢及铸铁的实心毛坯，也可用于加工有色金属
2	钻——铰	IT9	3.2～1.6	
3	钻——铰——精铰	IT7～8	1.6～0.8	
4	钻——扩	IT10～11	12.5～6.3	同上，但孔径大于15～20mm
5	钻——扩——铰	IT8～9	3.2～1.6	
6	钻——扩——粗铰——精铰	IT7	1.6～0.8	
7	钻——扩——机铰——手铰	IT6～7	0.4～0.1	
8	钻——扩——拉	IT7～9	1.6～0.1	大批大量生产（精度由拉刀的精度而定）
9	粗镗（或扩孔）	IT11～12	12.5～6.3	除淬火钢外各种材料，毛坯有铸出孔或锻出孔
10	粗镗（粗扩）——半精镗（精扩）	IT8～9	3.2～1.6	
11	粗镗（扩）——半精镗（精扩）——精镗（铰）	IT7～8	1.6～0.8	
12	粗镗（扩）——半精镗（精扩）——精镗——浮动镗刀精镗	IT6～7	0.8～0.4	
13	粗镗（扩）——半精镗——磨孔	IT7～8	0.8～0.2	主要用于淬火钢也可用于未淬火钢，但不宜用于有色金属
14	粗镗（扩）——半精镗——粗磨——精磨	IT6～7	0.2～0.1	
15	粗镗——半精镗——精镗——金钢镗	IT6～7	0.4～0.05	主要用于精度要求高的有色金属加工
16	钻——（扩）——粗铰——精铰——珩磨；钻——（扩）——拉——珩磨；粗镗——半精镗——精镗——珩磨	IT6～7	0.2～0.025	精度要求很高的孔
17	以研磨代替上述方案中的珩磨	IT6级以上		

表 3-3　平面加工方案

序号	加工方案	公差等级	表面粗糙度 R_a 值/μm	适用范围
1	粗车——半精车	IT9	6.3～3.2	端面
2	粗车——半精车——精车	IT7～IT8	1.6～0.8	
3	粗车——半精车——磨削	IT8～IT9	0.8～0.2	
4	粗刨（或粗铣）——精刨（或精铣）	IT8～IT9	6.3～1.6	一般不淬硬平面（端铣表面粗糙度较细）
5	粗刨（或粗铣）——精刨（或精铣）——刮研	IT6～IT7	0.8～0.1	精度要求较高的不淬硬平面
6	以宽刃刨削代替上述方案刮研	IT7	0.8～0.2	

（续）

序号	加工方案	公差等级	表面粗糙度 R_a 值/μm	适用范围
7	粗刨（或粗铣）——精刨（或精铣）——磨削	IT7	0.8～0.2	精度要求高的淬硬平面或不淬硬平面
8	粗刨（或粗铣）——精刨（或精铣）——粗磨——精磨	IT6～IT7	0.4～0.02	
9	粗铣——拉	IT7～IT9	0.8～0.2	大量生产，较小的平面（精度视拉刀精度而定）
10	粗铣——精铣——磨削——研磨	IT6 级以上	0.1～R_z0.05	高精度平面

2. 工序的划分

在数控机床上加工零件，工序一般相对集中，要求在一次装夹中尽可能完成大部分或全部工序，一般工序划分有以下几种方式。

（1）按安装次数划分工序　以一次安装完成的那一部分工艺内容为一道工序。该方法一般适合于加工内容不多的工件，加工完毕就能达到待检状态。

（2）按所用刀具划分工序　以同一把刀具完成的那一部分工艺内容为一道工序。这种方法适用于工件的待加工表面较多，机床连续工作时间较长，加工程序的编制和检查难度较大等情况。在专用数控机床和加工中心上常用这种方法。

（3）按粗、精加工划分工序　考虑工件的加工精度要求、刚度和变形等因素来划分工序时，可按粗、精加工分开的原则来划分工序，即以粗加工中完成的那部分工艺内容为一道工序，精加工中完成的那部分工艺内容为另一道工序。一般来说，在一次安装中不允许将工件的某一表面粗、精不分地加工至精度要求后再加工工件的其他表面。

（4）按加工部位划分工序　以完成相同型面的那一部分工艺内容为一道工序。有些零件加工表面多而复杂，构成零件轮廓的表面结构差异较大，可按其结构特点（如内形、外形、曲面或平面等）划分成多道工序。

对于数控车削加工来说以下两种原则使用较多：

（1）按所用刀具划分工序　采用这种方式可提高车削加工的生产效率。

（2）按粗、精加工划分工序　采用这种方式可保证数控车削加工的精度。

3. 加工顺序的安排

加工顺序安排得合理与否，将直接影响到零件的加工质量、生产率和加工成本。

（1）加工顺序的安排　在数控机床加工过程中，由于加工对象复杂多样，特别是轮廓曲线的形状及位置千变万化，加上材料不同、批量不同等多方面因素的影响，在对具体零件制定加工顺序时，应该进行具体分析和区别对待，灵活处理。只有这样，才能使所制定的加工顺序合理，从而达到质量优、效率高和成本低的目的。

安排加工顺序的一般原则有：先粗后精、先近后远、先主后次、基面先行、先内后外、内外交叉等。下面针对数控车削的特点对这些原则进行详细地叙述。

1）先粗后精。为了提高生产效率并保证零件的精加工质量，在切削加工时，应先安排粗加工工序，在较短的时间内，将精加工前大量的加工余量（如图 3-17 中的虚线内所示部分）去掉，同时尽量满足精加工的余量均匀性要求。当粗加工工序安排完后，应接着安排换刀后进行的半精加工和精加工。其中，安排半精加工的目的是当粗加工后所留余量的均匀性满足不了精加工要求时，安排半精加工作为过渡性工序，以便使精加工余量小而均匀。在安排可以一刀或多刀进行的精加工工序时，其零件的最终轮廓应由最后一次进给连续加工而成。

2）先近后远。这里所说的远与近，是按加工部位相对于对刀点的距离大小而言的。在一般情况下，特别是在粗加工时，通常安排离对刀点近的部位先加工，离对刀点远的部位后加工，以便缩短刀具移动距离，减少空行程时间。对于车削加工，先近后远有利于保持毛坯件或半成品件的刚性，改善其切削条件 。

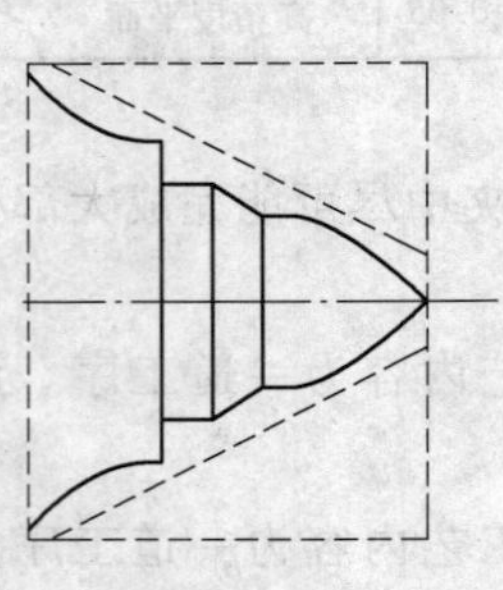

图 3-17　先粗后精示例

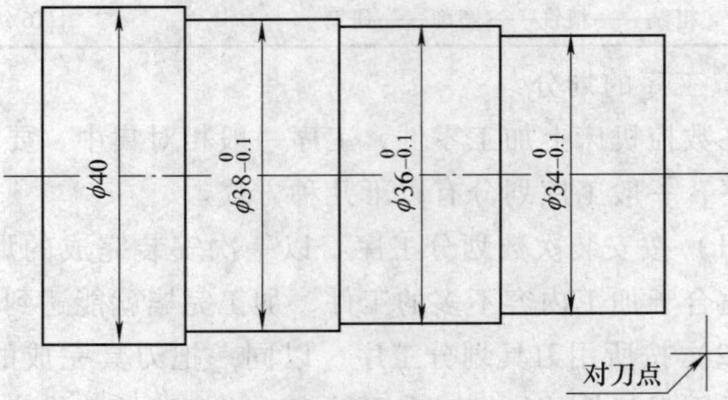

$\phi40$　$\phi38_{-0.1}^{\ 0}$　$\phi36_{-0.1}^{\ 0}$　$\phi34_{-0.1}^{\ 0}$

对刀点

图 3-18　先近后远示例

例如，当加工图 3-18 所示零件时，如果按 ϕ38mm→ϕ36mm→ϕ34mm 的顺序安排车削，不仅会增加刀具返回对刀点所需的空行程时间，而且还可能使台阶的外直角处产生毛刺（飞边）。对这类直径相差不大的台阶轴，当第一刀的背吃刀量（图中最大背吃刀量可为 3mm 左右）未超限时，宜按 ϕ34mm→ϕ36mm→ϕ38mm 的顺序先近后远地安排车削。

3）先主后次。先安排零件的装配基面和工作表面等主要表面的加工，后安排如键槽、紧固用的光孔和螺纹孔等次要表面的加工。由于次要表面加工工作量小，又常与主要表面有位置精度要求，所以一般放在主要表面的半精加工之后，精加工之前进行。

4）基面先行。用作精基准的表面，要首先加工出来。所以，第一道工序一般是进行定位面的粗加工和半精加工（有时包括精加工），然后再以精基面定位加工其他表面。例如轴类零件加工时，总是先加工中心孔，再以中心孔为精基准加工外圆表面和端面。

5）先内后外、内外交叉。对既有内表面（内型腔），又有外表面需加工的零件，安排加工顺序时，应先进行内外表面粗加工，后进行内外表面精加工。切不可将零件上一部分表面（外表面或内表面）加工完毕后，再加工其他表面（内表面或外表面）。

上述原则并不是一成不变的，对于某些特殊情况，则需要采取灵活可变的方案。

（2）数控加工工序与普通工序的衔接　这里所说的普通工序是指常规的加工工序、热处理工序和检验等辅助工序。数控加工工序前后一般都穿插有其他普通工序，如衔接不好就容易产生矛盾。较好的解决办法是建立工序间的相互状态要求，如要不要预留加工余量，留多少，定位面与孔的精度要求及形位公差，对前道工序的技术要求，对毛坯的热处理要求等，都需要前后兼顾，统筹衔接。

七、数控加工工序的设计

数控加工工序设计的主要任务是进一步将本工序的加工内容、工艺装备、进给路线、定位夹紧方式、切削用量等具体确定下来，为编制加工程序做好充分准备。

（一）工装设备的选择

工艺装备主要包括夹具、刀具和量具等。

1．夹具的选择

数控机床夹具有一系列新的要求：

1）推行标准化、系列化和通用化。

2）发展组合夹具和拼装夹具，以降低生产成本。

3）提高精度。

4）提高夹具的高效自动化水平。

根据所使用的机床不同，用于数控机床的通用夹具通常可分为以下几种：

（1）数控车床夹具　数控车床夹具主要有三爪自定心卡盘、四爪单动卡盘、花盘等。

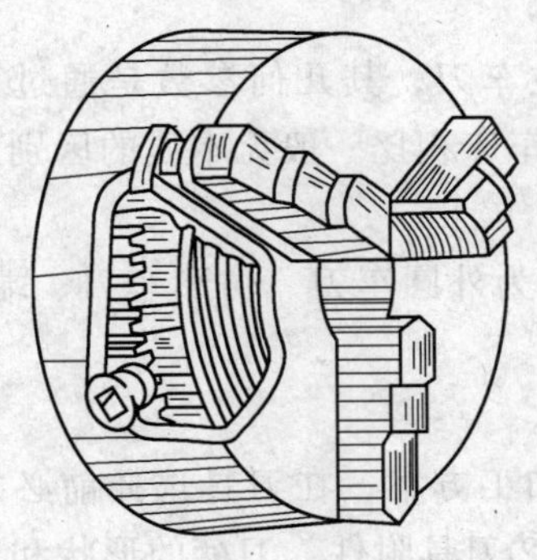

图 3-19　三爪自定心卡盘

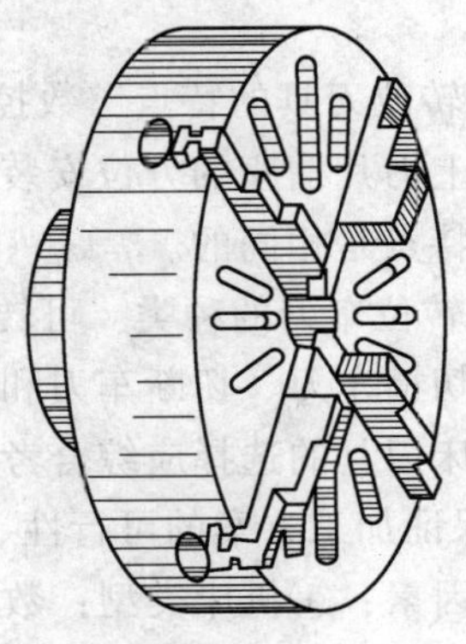

图 3-20　四爪单动卡盘

三爪自定心卡盘如图 3-19 所示，可自动定心，装夹方便，应用较广，但它夹紧力较小，不便于夹持外形不规则的工件。

四爪单动卡盘如图 3-20 所示，其四个爪都可单独移动，安装工件时需找正，夹紧力大，适用于装夹毛坯及截面形状不规则和不对称的较重、较大的工件。

花盘通常用于装夹不对称和形状复杂的工件，装夹工件时需反复校正和平衡。

（2）数控铣床夹具　数控铣床常用夹具是平口钳（见图 3-21），先把平口钳固定在工作台上，找正钳口，再把工件装夹在平口钳上，这种方式装夹方便，应用广泛，适于装夹形状规则的小型工件。

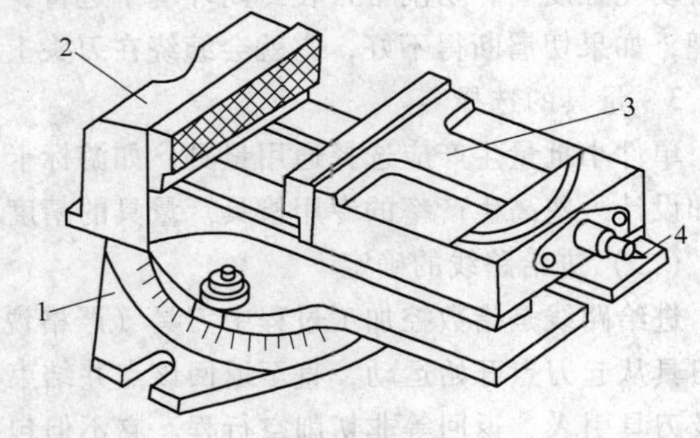

图 3-21　平口钳

1—底座　2—固定钳口　3—活动钳口　4—螺杆

（3）加工中心夹具　数控回转工作台是各类数控铣床和加工中心的理想配套附件，有立式工作台、卧式工作台和立卧两用回转工作台等不同类型产品。立卧两用回转工作台在使用过程中可分别以立式和水平两种方式安装于主机工作台上。工作台工作时，利用主机的控制系统或专门配套的控制系统，完成与主机相协调的各种必须的分度回转运动。

除以上通用夹具外，数控机床夹具还常采用拼装夹具、组合夹具、可调夹具。

在数控机床上零件的安装方法与普通机床一样，要尽量选用已有的通用夹具装夹，且应注意减少装夹次数，尽量做到在一次装夹中能把零件上所有待加工表面都加工出来。零件定位基准应尽量与设计基准重合，以减少定位误差对尺寸精度的影响，夹具的精度应与加工精度相适应。

2. 刀具的选择

数控机床所使用的刀具与普通机床所用的刀具相比，在刀具的类型、材料、切削刃结构与参数及切削方式等方面均无多大差别。但是，为适应数控机床加工中的高速强力切削的要求，对刀具的刚性和寿命要求较普通加工严格。

目前数控机床用刀具主要是可转位刀片的机夹刀具，下面对数控车床可转位刀具作简要的介绍。

（1）可转位刀具的特点　数控车床所采用的可转位车刀，其几何参数是通过刀片结构形状和刀体上刀片槽座的方位安装组合形成的，与通用车床相比一般无本质的区别，其基本结构、功能特点是相同的。

（2）可转位车刀的种类　可转位车刀按其用途可分为外圆车刀、仿形车刀、端面车刀、内圆车刀、切槽车刀、切断车刀和螺纹车刀等。

数控车床刀具的选择应综合考虑机床、工件等情况。

1）为保证加工方案的可行性、经济性，获得最佳加工方案，在刀具选择前必须确定与机床有关的因素：①机床类型：数控车床、车削中心。②刀具附件：刀柄的形状和直径，左切或右切刀柄。③主轴功率。④工件夹持方式。

2）考虑以下与工件有关的因素：①工件形状：稳定性。②工件材质：硬度、塑性、韧性、可能形成的切屑类型。③毛坯类型：锻件、铸件等。④工艺系统刚性：机床夹具、工件、刀具等。⑤表面质量。⑥加工精度。⑦背吃刀量和进给量。⑧刀具寿命。

（3）断屑槽　数控车床对刀片的断屑槽有较高的要求，原因很简单，就是因为数控车床自动化程度高，切削常常在封闭环境中进行，所以在车削过程中很难对大量切屑进行人工处理，如果切屑断得不好，它就会缠绕在刀头上，既可能挤坏刀片，也会把切削表面拉伤。

3. 量具的选择

单件小批量生产应选择通用量具，如游标卡尺和百分尺等，大批大量生产应选择各种量规和设计一些高生产率的专用检具。量具的精度必须与加工精度相适应。

（二）进给路线的确定

进给路线是指数控加工过程中刀具（严格说是刀位点）相对于被加工零件的运动轨迹。即刀具从起刀点开始运动，直至返回该点并结束加工程序所经过的路径，包括切削加工的路径及刀具引入、返回等非切削空行程。它不但包括了工步的内容，也反映出工步顺序。

由于精加工的进给路线基本上都是沿其零件轮廓顺序进行的，因此确定进给路线时的工作重点是确定粗加工及空行程的进给路线。

1. 确定进给路线的原则

在确定进给路线时，主要应遵循以下原则：

1）保证被加工工件的精度和表面质量。

2）尽量缩短进给路线，减少刀具的空行程，提高生产率。

3）最终轮廓由一次进给完成。

此外，确定进给路线时，还要考虑工件的形状与刚度、加工余量的大小，机床与刀具的刚度等情况。

2. 数控车削加工时进给路线的确定

结合数控车削的特点，下面将对车削加工时进给路线的确定进行具体分析。

（1）加工路线与加工余量的关系　下面分两种情况进行分析。

1）对大余量毛坯进行阶梯切削时的加工路线。图 3-22 所示为车削大余量工件的两种加工路线，图 3-22a 所示是错误的阶梯切削路线，图 3-22b 所示为按 1～5 的顺序切削，每次切削所留余量相等，是正确的阶梯切削路线。因为在同样背吃刀量的条件下，按图 3-22a 所示方式加工所剩的余量过多。

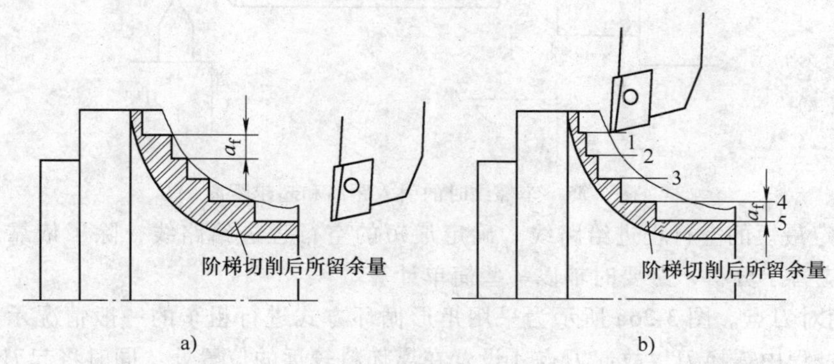

图 3-22　车削大余量毛坯的阶梯路线

根据数控加工的特点，还可以放弃常用的阶梯车削法，改用依次从轴向和径向进刀、顺工件毛坯轮廓进给的路线，如图 3-23 所示。

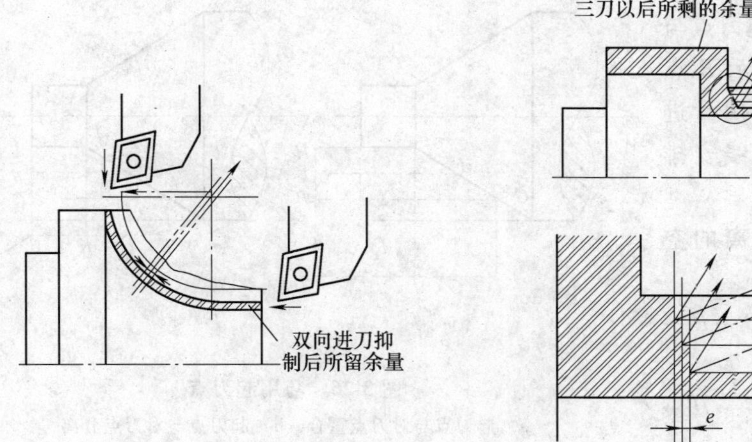

图 3-23　双向进刀进给路线图　　图 3-24　分层切削时刀具的终止位置

2）分层切削时刀具的终止位置。当某表面的余量较多需分层多次进给切削时，从第二刀开始就要注意防止进给到终点时背吃刀量的猛增。如图 3-24 所示，设以 90°主偏角刀分层车削外圆，合理的安排应是每一刀的切削终点依次提前一小段距离 e（如可取 $e=0.05$mm）。如果 $e=0$，则每一刀都终止在同一轴向位置上，主切削刃就可能受到瞬时的重负荷冲击。当刀具的主偏角大于 90°，但仍然接近 90°时，也宜作出层层递退的安排，经验表明，这对延长粗加工刀具的寿命是有利的。

（2）刀具的切入、切出　在数控机床上进行加工时，要安排好刀具的切入、切出路线，尽量使刀具沿轮廓的切线方向切入、切出。尤其是车螺纹时，必须设置升速段 $\delta1$ 和降速段 $\delta2$（见图 3-25），这样可避免因车刀升降而影响螺距的稳定。

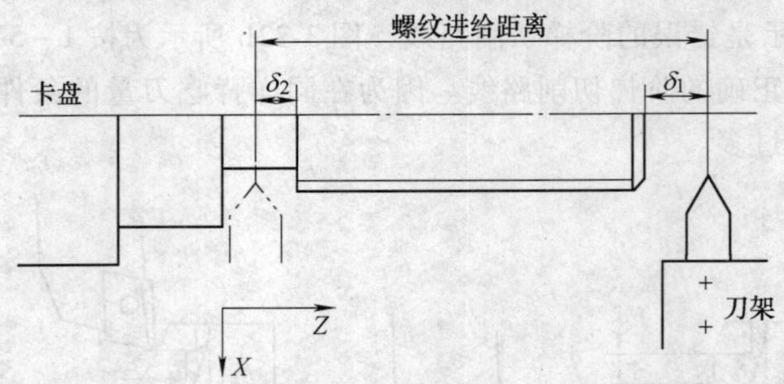

图 3-25　车螺纹时的引入距离和超越距离

（3）确定最短的空行程进给路线　确定最短的空行程进给路线，除了依靠大量的实践经验外，还应善于分析，必要时辅以一些简单计算。

1）巧用对刀点。图 3-26a 所示为采用矩形循环方式进行粗车的一般情况示例，考虑到精车等加工过程中需换刀，故起刀点 A 设置在离坯料较远的位置处，同时将起刀点与其对刀点重合在一起，按三刀粗车的走刀路线安排如下：

第一刀为 $A\rightarrow B\rightarrow C\rightarrow D\rightarrow A$；

第二刀为 $A\rightarrow E\rightarrow F\rightarrow G\rightarrow A$；

第三刀为 $A\rightarrow H\rightarrow I\rightarrow J\rightarrow A$。

图 3-26b 则是巧将起刀点与对刀点分离，并设于图示 B 点位置，仍按相同的切削用量进行三刀粗车，其进给路线安排如下：

起刀点与对刀点分离的空行程为 $A\rightarrow B$；

第一刀为 $B\rightarrow C\rightarrow D\rightarrow E\rightarrow B$；

第二刀为 $B\rightarrow F\rightarrow G\rightarrow H\rightarrow B$；

第三刀为 $B\rightarrow I\rightarrow J\rightarrow K\rightarrow B$。

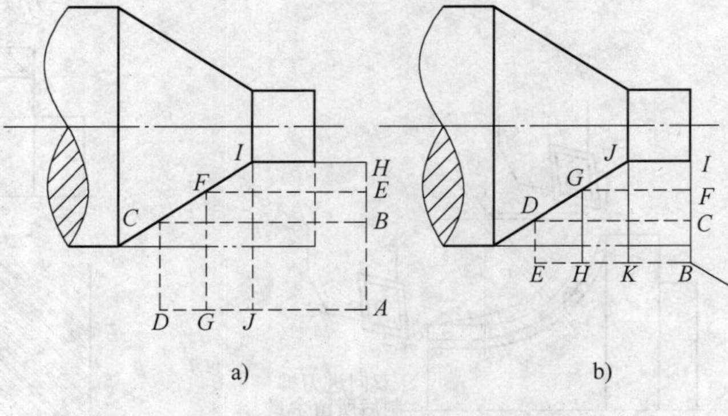

显然，图 3-26b 所示的进给路线短。

a)　b)

图 3-26　巧用起刀点

a）起刀点与对刀点重合　b）起刀点与对刀点分离

2）巧设换刀点。为了考虑换刀的方便和安全，有时将换刀点也设置在离坯件较远的位置处（如图 3-26 中 A 点），那么当换第二把刀后，进行精车时的空行程路线必然也较长。如果将第二把刀的换刀点也设置在图 3-26b 中的 B 点位置上，则可缩短空行程距离。

3）合理安排“回零”路线。在手工编制较复杂轮廓的加工程序时，为使其计算过程尽量简化，既不易出错，又便于校核，编程者（特别是初学者）有时将每一刀加工完后的刀具终点通过执行“回零”（即返回对刀点）指令，使其全都返回到对刀点位置，然后再进行后续程序。这样会增加进给路线的距离，从而大大降低生产效率。因此，在合理安排“回零”路线时，应使其前一刀终点与后一刀起点间的距离尽量减短甚至为零，即可满足进给路线为最短的要求。

（4）确定最短的切削进给路线　切削进给路线短，可有效地提高生产效率，降低刀具损耗等。在安排粗加工或半精加工的切削进给路线时，应同时兼顾到被加工零件的刚性及加工的工艺性等要求，不要顾此失彼。

图 3-27 为粗车工件时几种不同切削进给路线的安排示例。其中，图 3-27a 表示利用数控系统具有的封闭式复合循环功能而控制车刀沿着工件轮廓进行进给，图 3-27b 为利用数控加工程序循环功能安排的“三角形”进给路线，图 3-27c 为利用数控加工矩形循环功能而安排的“矩形”进给路线。对以上三种切削进给路线，经分析和判断后可知矩形循环进给路线的进给长度总和最短。因此在同等条件下，其切削所需时间（不含空行程）最短，刀具的损耗最小。另外，矩形循环加工的程序段格式较简单，所以这种进给路线的安排，在制定加工方案时应用较多。

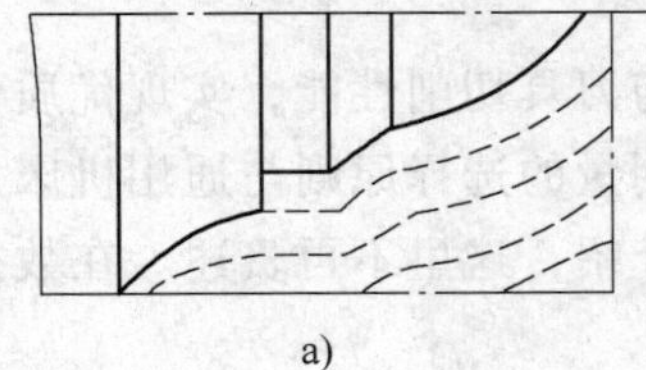
a）

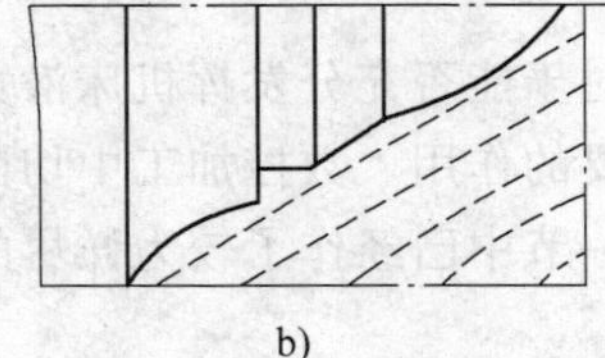
b）

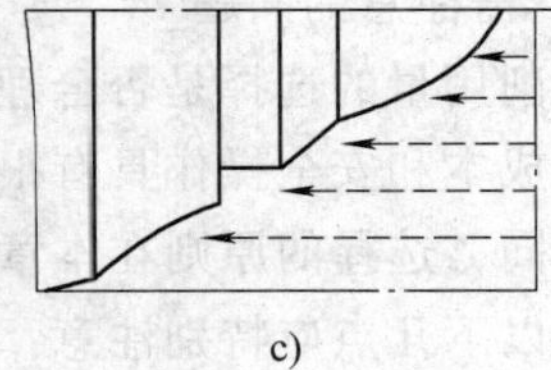
c）

图 3-27　进给路线示例

a）沿工件轮廓进给　b）“三角形”进给　c）“矩形”进给

（三）对刀点和换刀点的确定

1. 对刀点与对刀

在数控编程中，确定程序原点是非常重要的，因为工件原点是零件加工时刀具相对零件运动的“基准点”，这一点往往是刀具加工的起点，有时也是刀具加工的终点。程序原点是零件安装好后，通过“对刀”找正确定下来的。

所谓对刀，是指使“刀位点”与“对刀点”重合的操作。

刀位点是指刀具的定位基准点，如图 3-28 所示，对于立铣刀和丝锥来说，刀位点是刀具轴线与底面的交点，球头铣刀的刀位点一般取为球心，钻头的刀位点是钻尖，车刀、镗刀的刀位点是刀尖，注意切断刀有左右两个刀位点。

对刀点是指通过对刀确定刀具与工件相对位置的基准点。对刀点可以设在工件上，也可以设在与工件的定位基准有一定关系的夹具某一位置上。其选择原则是：

1）所选的对刀点应使程序编制简单。

2）对刀点应选在容易找正、便于确定零件加工原点的位置。

3）对刀点应选在加工过程中检查方便、可靠的位置。

4）对刀点的选择应有利于提高加工精度。

当对刀精度要求较高时，对刀点应尽量选在零件的设计基准或工艺基准上，对于以孔定位的工件，一般取孔的中心作为对刀点。对刀点往往与工件原点重合。若二者不重合，在设置机床零点偏置时，应当考虑到两者的差值。

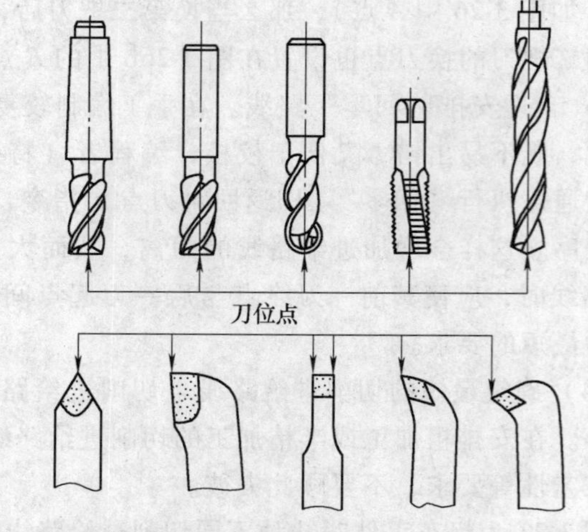

图 3-28　常用刀具的刀位点

2. 换刀点

换刀点是为加工中心、数控车床等采用多刀加工的机床而设置的，因为这些机床在加工过程中要自动换刀，在编程时应考虑选择合适的换刀位置。对于手动换刀的数控铣床，也应确定相应的换刀位置。为防止换刀时碰伤零件、刀具或夹具，换刀点常常设置在被加工零件的轮廓之外，并留有一定的安全量。

（四）切削用量的确定

1. 需注意的问题

切削用量的选择是否合理，对于能否充分发挥机床潜力与刀具切削性能，实现优质、高产、低成本和安全操作具有很重要的作用。数控加工中切削用量的选择原则与通用机床加工基本相同，选择的原则在本章第一节中已经作了较为详尽的介绍，这里不再赘述。在数控加工中，以下几点应特别注意：

1）螺纹车削尽可能采用高速车削，以实现优质、高效生产。

2）目前，一般的数控车床都具有恒线速度功能，当加工工件直径有变化时，尽可能采用恒线速度进行加工。这样既可以提高加工表面质量，又可以充分发挥刀具的性能，提高生产效率。

3）尽可能使刀具能完成一个零件或一个工作班次的加工工作，大件精加工尤其注意避免中间换刀，确保刀具能完成一次加工。

4）采用高速加工机床进行加工时，切削用量的选择原则不同于传统切削加工。高速加工的基本设想就是使加工进给速度超过热传导速度，从而将切削热与工件隔离，确保工件不升温或少升温。因此，高速加工总是选取很高的进给速度，并采用很高的切削速度以便与高进给速度相匹配，同时选取较小的背吃刀量。

2. 车削用量的选择

（1）背吃刀量的选择　粗加工时（表面粗糙度 R_a50 ~ 12.5μm），在允许的条件下，尽量一次切除该工序的全部余量，以减少进给次数。但对于加工余量大，一次进给会造成机床功率或刀具强度不够；或加工余量不均匀，引起振动；或刀具受冲击严重出现打刀这几种情况，需要采用多次进给。如分两次进给，则第一次背进给量尽量取大，一般为加工余量的 2/3 ~ 3/4 左右，第二次背吃刀量尽量取小些，第二次背吃刀量可取加工余量的 1/3 ~ 1/4 左右。

半精加工时（表面粗糙度 R_a6.3 ~ 3.2μm），背吃刀量一般为 0.5 ~ 2 mm。精加工时

(表面粗糙度 R_a1.6～0.8μm)，背吃刀量为 0.1～0.4 mm。数控车削时所留的精车余量一般比普通车削时所留余量小。

(2) 进给量的选取　进给量的选取应该与背吃刀量和主轴转速相适应。在保证工件加工质量的前提下，可以选择较高的进给速度（2000 mm /min 以下)，在切断、车削深孔或精车时，应选择较低的进给速度。当刀具空行程特别是远距离“回零”时，可以设定尽量高的进给速度。

粗车时，一般取进给量 f=0.3～0.8mm/r，精车时常取 f=0.1～0.3 mm /r，切断时取 f=0.05～0.2 mm /r。

3. 主轴转速的确定

(1) 光车外圆时主轴转速　光车外圆时主轴转速应根据零件上被加工部位的直径、零件和刀具材料以及加工性质等条件所允许的切削速度来确定。

切削速度确定后，用公式 $n=1000\ v_c/\pi d$ 计算主轴转速 n (r/min)。

(2) 车螺纹时主轴的转速　在车削螺纹时，车床的主轴转速将受到螺纹螺距 P（或导程）的大小、驱动电动机的升降频特性，以及螺纹插补运算速度等多种因素影响，故对于不同的数控系统，推荐使用不同的主轴转速选择范围。大多数经济型数控车床车螺纹时推荐的主轴转速 n (r/min) 为

$$n \leqslant (1200/P) - k \quad (5-1)$$

式中，P 为被加工螺纹螺距（mm)；k 为保险因数，一般取为 80。

4. 机床功率的校核

切削功率 $P_c = F_c \times v \times 10^{-3}/60$

式中，F_c 为主切削力（N)。

机床有效功率 $P'_E = P_E\,\eta$

式中，P_E 为机床电动机功率；η 为机床传动效率。

若 $P_c < P'_E$，则选择的切削用量可在指定的机床上使用。若 $P_c << P'_E$，则机床功率没有得到充分发挥，这时可以规定较低的刀具寿命或采用切削性能更好的刀具材料，以提高切削速度使切削功率增大，以便充分利用机床功率，达到提高生产率的目的。若 $P_c > P'_E$，则选择的切削用量不能在指定的机床上使用，这时可调换功率较大的机床或根据所限定的机床功率降低切削用量（主要是降低切削速度)，这样虽使机床功率得到充分利用，但刀具的性能却未能充分发挥。

实际生产中，在没有经验数据的情况下，可以通过查阅切削用量手册来确定切削参数。表 3-4、表 3-5、表 3-6 给出了车削用量的参考值，供实际应用时参考。

表 3-4　硬质合金外圆车刀切削速度的参考值

工件材料	热处理状态	切削速度 v_c/m·min^{-1}		
		a_p=0.3～2mm f=0.08～0.3mm/r	a_p=2～6mm f=0.3～0.6mm/r	a_p=6～10mm f=0.6～1mm/r
低碳钢易切钢	热轧	140～180	100～120	70～90
中碳钢	热轧	130～160	90～110	60～80
	调质	100～130	70～90	50～70

（续）

工件材料	热处理状态	切削速度 v_c/m·min^{-1}		
		a_p = 0.3 ~ 2mm f = 0.08 ~ 0.3mm/r	a_p = 2 ~ 6mm f = 0.3 ~ 0.6mm/r	a_p = 6 ~ 10mm f = 0.6 ~ 1mm/r
合金结构钢	热轧	100 ~ 130	70 ~ 90	50 ~ 70
	调质	80 ~ 110	50 ~ 70	40 ~ 60
工具钢	退火	90 ~ 120	60 ~ 80	50 ~ 70
灰铸铁	<190HBW	90 ~ 120	60 ~ 0	50 ~ 70
	190 ~ 225HBW	80 ~ 110	50 ~ 70	40 ~ 60
铜及铜合金		200 ~ 250	120 ~ 180	90 ~ 120
铝及铝合金		300 ~ 600	200 ~ 400	150 ~ 200
铸铁合金		100 ~ 180	80 ~ 150	60 ~ 100

注：切削钢及灰铸铁时，刀具寿命约为60min。

表 3-5 硬质合金车刀粗车外圆及端面的进给量

工件材料	车刀刀杆尺 $B \times H$/mm	工件直径 d/mm	背吃刀量 a_p/mm				
			≤3	>3 ~ 5	>5 ~ 8	>8 ~ 12	>12
			进给量 f/mm·r^{-1}				
碳素结构钢、合金钢以及耐热钢	16 × 25	20	0.3 ~ 0.4	—	—	—	—
		40	0.4 ~ 0.5	0.3 ~ 0.4	—	—	—
		60	0.5 ~ 0.7	0.4 ~ 0.6	0.3 ~ 0.5	—	—
		100	0.6 ~ 0.9	0.5 ~ 0.7	0.5 ~ 0.6	0.4 ~ 0.5	—
		400	0.8 ~ 1.2	0.6 ~ 0.8	0.6 ~ 0.8	0.5 ~ 0.6	—
	20 × 30 25 × 25	20	0.3 ~ 0.4	—	—	—	—
		40	0.4 ~ 0.5	0.3 ~ 0.4	—	—	—
		60	0.5 ~ 0.7	0.5 ~ 0.7	0.4 ~ 0.6	—	—
		100	0.8 ~ 1.0	0.7 ~ 0.9	0.5 ~ 0.7	0.4 ~ 0.7	—
		400	1.2 ~ 1.4	1.0 ~ 1.2	0.8 ~ 1.0	0.6 ~ 0.9	0.4 ~ 0.6
铸铁及铜合金	16 × 25	40	0.4 ~ 0.5	—	—	—	—
		60	0.5 ~ 0.9	0.5 ~ 0.8	0.4 ~ 0.6	—	—
		100	0.9 ~ 1.2	0.7 ~ 1.0	0.6 ~ 0.8	0.5 ~ 0.7	—
		400	1.2 ~ 1.4	1.0 ~ 1.2	0.8 ~ 1.0	0.6 ~ 0.9	—
	20 × 30 25 × 25	40	0.4 ~ 0.5	—	—	—	—
		60	0.5 ~ 0.9	0.5 ~ 0.8	0.4 ~ 0.7	—	—
		100	0.9 ~ 1.3	0.8 ~ 1.2	0.6 ~ 1.0	0.5 ~ 0.8	—
		140	1.2 ~ 1.8	1.2 ~ 1.6	1.0 ~ 1.3	0.9 ~ 1.1	0.7 ~ 0.9

注：1. 加工断续表面及有冲击的工件时，表内进给量应乘因数 k = 0.75 ~ 0.85。
2. 在无外皮加工时，表内进给量应乘因数 k = 1.1。
3. 加工耐热钢及其合金时，进给量≤1mm/r。
4. 加工淬硬钢时，进给量应减小。当钢的硬度为 44 ~ 56HRC 时，乘因数 k = 0.8；当钢的硬度为 57 ~ 62 HRC 时，乘因数 k = 0.8。

表 3-6　车削时按表面粗糙度选择进给量的参考值

工件材料	表面粗糙度 $R_a/\mu m$	切削速度范围 $v_c/m \cdot min^{-1}$	刀尖圆弧半径 r_ε/mm		
			0.5	1.0	2.0
			进给量 $f/mm \cdot r^{-1}$		
铸铁、青铜、铝合金	>5~10	不限	0.25~0.40	0.4~0.50	0.50~0.60
	>2.5~5		0.15~0.25	0.25~0.40	0.40~0.60
	>1.25~2.5		0.10~0.15	0.15~0.20	0.20~0.35
碳钢及合金钢	>5~10	<50	0.30~0.50	0.45~0.60	0.55~0.70
		>50	0.40~0.55	0.55~0.65	0.65~0.70
	>2.5~5	<50	0.18~0.25	0.25~0.30	0.30~0.40
		>50	0.25~0.30	0.30~0.35	0.30~0.50
	>1.25~2.5	<50	0.10	0.11~0.15	0.15~0.22
		50~100	0.11~0.16	0.16~0.25	0.25~0.35
		>100	0.16~0.20	0.20~0.25	0.25~0.35

注：r_ε=0.5mm，用于12mm×12mm以下刀杆；r_ε=1mm，用于30mm×30mm以下刀杆；r_ε=2mm，用于30mm×45mm及以上刀杆。

八、编程误差及其控制

数控加工误差是由多种因素造成的，包括机床误差、定位误差、对刀误差、编程误差等。机床误差由数控系统误差、进给系统误差等产生；定位误差在当工件在夹具上定位、夹具在机床上定位时产生的。对刀误差在确定刀具与工件的相对位置时产生。编程误差由逼近误差、圆整误差组成，逼近误差是在用直线段或圆弧段逼近非圆曲线的过程中产生的；圆整误差是在数据处理时，将坐标值四舍五入圆整成整数而产生的误差。

在上述误差中，影响较大的是进给误差和定位误差。要求编程误差较小，通常控制为零件公差的10%~20%。

九、数控加工工艺文件的编制

工艺规程制定后，以表格（或卡片）形式记录下来的技术文件就是工艺文件。工艺文件不仅是进行生产准备、数控加工和产品验收的依据，也是操作者遵守和执行的规程，同时还为产品零件重复生产积累了必要的工艺资料，进行技术储备。这些技术文件是对数控加工的具体说明，目的是让操作者更明确加工程序的内容、装夹方式、各个加工部位所选用的刀具及其他技术问题。该文件包括了编程任务书、数控加工工序卡、数控刀具卡片、数控加工程序单等。表3-7、表3-8、表3-9是常用文件格式，具体的文件格式可根据企业实际情况自行设计。

1. 数控加工编程任务书

编程任务书阐明了工艺人员对数控加工工序的技术要求、工序说明和数控加工前应保证的加工余量，是编程员与工艺人员协调工作和编制数控程序的重要依据之一，见表3-7。

表 3-7 数控加工编程任务书

年 月 日

工艺处	数控编程任务书	产品零件图号		任务书编号
		零件名称		
		使用数控设备		共 页，第 页

主要工序说明及技术要求：

编程收到日期				经手人			
编制		审核		编程		审核		批准	

2. 数控加工工序卡

数控加工工序卡与普通加工工序卡相似，也记录加工工艺内容，所不同的是数控加工工序卡的工序简图中应注明编程原点与对刀点，要有编程说明及切削参数的选择等，它是操作人员进行数控加工的主要指导性工艺资料。工序卡应按已确定的工步顺序填写，见表 3-8。如果工序加工内容比较简单，也可采用表 3-9 数控加工工艺卡片的形式。

表 3-8 数控加工工序卡片

单 位	数 控 加 工 工 序 卡 片	产品名称或代号				零 件 名 称		零 件 图 号
工序简图		车 间				使用设备		
		工艺序号				程序编号		
		夹具名称				夹具编号		
工步号	工 步 作 业 内 容	加工面	刀具号	刀补量	主轴转速	进给速度	切削深度	备 注
编 制	审 核	批 准		年 月 日		共 页		第 页

表 3-9 数控加工工艺卡片

单位名称		产品名称或代号			零件名称		零件图号	
工序号	程序编号	夹具名称			使用设备		车 间	
工步号	工 步 内 容		刀具号	刀具规格	主轴转速	进给速度	切削速度	备注

（续）

工步号	工步内容	刀具号	刀具规格	主轴转速	进给速度	切削速度	备注
编制		审核	批准		年 月 日	共 页	第 页

3．数控加工进给路线图

在数控加工中，要注意防止刀具在运动过程中与夹具或工件发生意外碰撞，为此必须明确告诉操作者刀具运动路线（如从哪里下刀、在哪里抬刀、哪里是斜下刀等）。这在上述工艺文件中难以说明或表达清楚，故常采用进给路线图加以说明。

为简化进给路线图，一般可采用统一约定的符号来表示。不同的机床可以采用不同的图例与格式，图3-29为一种常用格式。

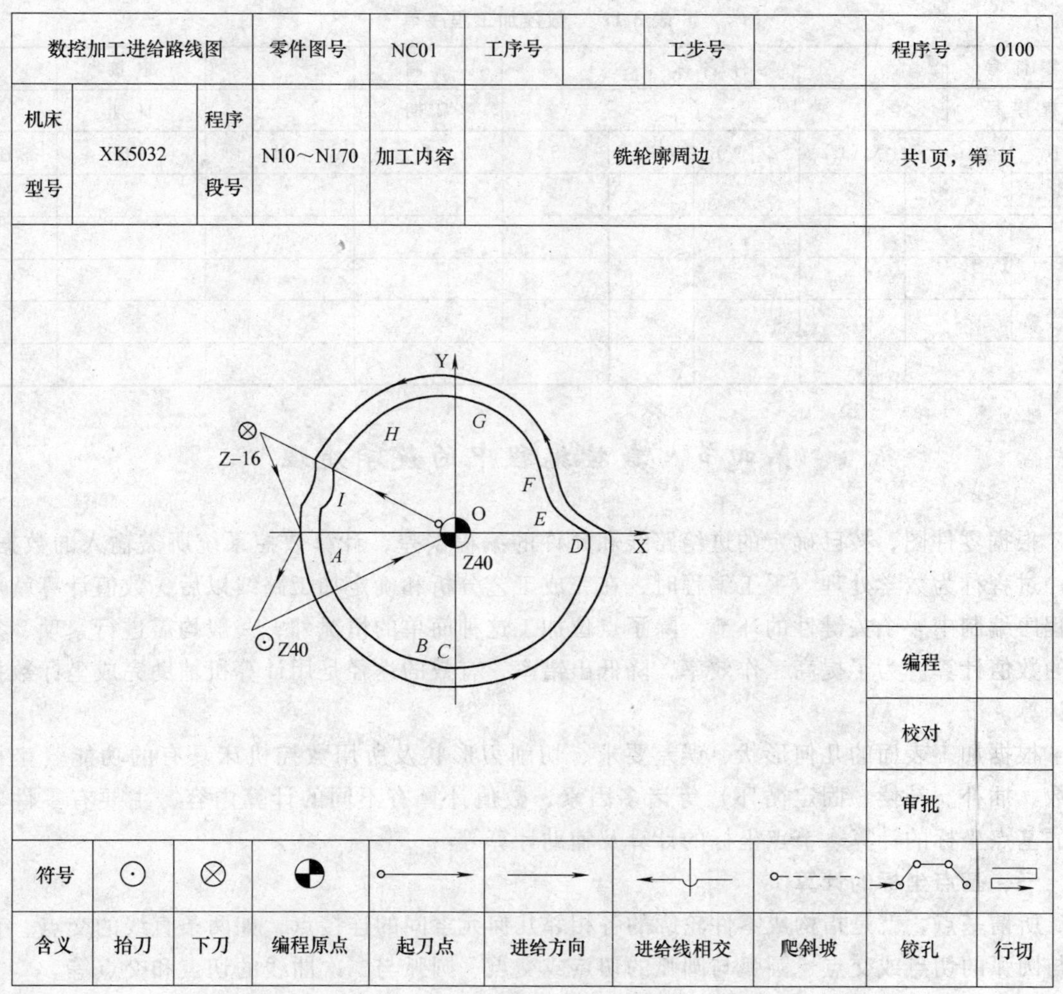

图3-29 数控加工进给路线图

4．数控刀具卡片

数控加工刀具卡主要反映刀具名称、编号、规格、长度等内容，它是组装刀具、调整刀具的依据，见表 3-10。

5．数控加工程序单

数控加工程序单是编程员根据工艺分析情况，按照机床特点的指令代码编制的。它是记录数控加工工艺过程、工艺参数的清单，有助于操作员正确理解加工程序内容，见表 3-11。

表 3-10　数控加工刀具卡片

<table>
<tr><td colspan="2">产品名称或代号</td><td colspan="2"></td><td>零件名称</td><td colspan="2"></td><td colspan="2">零件图号</td><td></td></tr>
<tr><td>序号</td><td>刀具号</td><td colspan="2">刀具规格名称</td><td>数量</td><td colspan="4">加工表面</td><td>备注</td></tr>
<tr><td></td><td></td><td colspan="2"></td><td></td><td colspan="4"></td><td></td></tr>
<tr><td></td><td></td><td colspan="2"></td><td></td><td colspan="4"></td><td></td></tr>
<tr><td></td><td></td><td colspan="2"></td><td></td><td colspan="4"></td><td></td></tr>
<tr><td colspan="2">编制</td><td></td><td>审核</td><td></td><td>批准</td><td colspan="2"></td><td>共页</td><td>第页</td></tr>
</table>

表 3-11　数控加工程序单

<table>
<tr><td>零件号</td><td colspan="2"></td><td colspan="2">零件名称</td><td></td><td>编制</td><td></td><td>审核</td><td></td></tr>
<tr><td>程序号</td><td colspan="5"></td><td>日期</td><td></td><td>日期</td><td></td></tr>
<tr><td>N</td><td>G</td><td>X（U）</td><td>Z（W）</td><td>F</td><td>S</td><td>T</td><td>M</td><td>CR</td><td>备注</td></tr>
<tr><td></td><td></td><td></td><td></td><td></td><td></td><td></td><td></td><td></td><td></td></tr>
<tr><td></td><td></td><td></td><td></td><td></td><td></td><td></td><td></td><td></td><td></td></tr>
<tr><td></td><td></td><td></td><td></td><td></td><td></td><td></td><td></td><td></td><td></td></tr>
<tr><td></td><td></td><td></td><td></td><td></td><td></td><td></td><td></td><td></td><td></td></tr>
<tr><td></td><td></td><td></td><td></td><td></td><td></td><td></td><td></td><td></td><td></td></tr>
</table>

第四节　数控编程中的数学处理

根据零件图，按已确定的进给路线和允许的编程误差，计算数控系统所需输入的数据，这一过程称为数学处理。手工编程时，在完成工艺分析和确定加工路线以后，数值计算就成为程序编制中一个关键性的环节。除了点位加工这种简单的情况外，一般均需进行繁琐、复杂的数值计算。为了提高工作效率，降低出错率，有效的途径是用计算机辅助完成坐标数据的计算。

根据加工表面的几何形状、误差要求、切削刃形状及所用数控机床具有的功能（坐标轴数、插补、补偿、固定循环）等诸多因素，数值计算有不同的计算内容，主要有零件轮廓的基点坐标的计算、节点坐标的计算及辅助计算等。

一、基点坐标的计算

所谓基点，就是指构成零件轮廓的各相邻几何元素间的连接点，如两条直线的交点、直线与圆弧的切点或交点、圆弧与圆弧的切点或交点、圆弧与二次曲线的切点和交点等。

一般来说，基点坐标数据可采用手工处理，即根据图样原始尺寸，利用三角函数、解析几何等数学工具，即可求出具体数值。但需注意数据计算精度应与图样加工精度要求相适应，一般最高精确到机床最小设定单位即可。

例 3-2 图 3-30 所示为一五角星，从设计角度考虑标出了外接圆尺寸，这已完全可以将五角星形状确定。但从工艺编程角度考虑，则必须求出 1、2、…、10 等五角星各边的交点，其中 1、2、3、4、5 等即为基点。

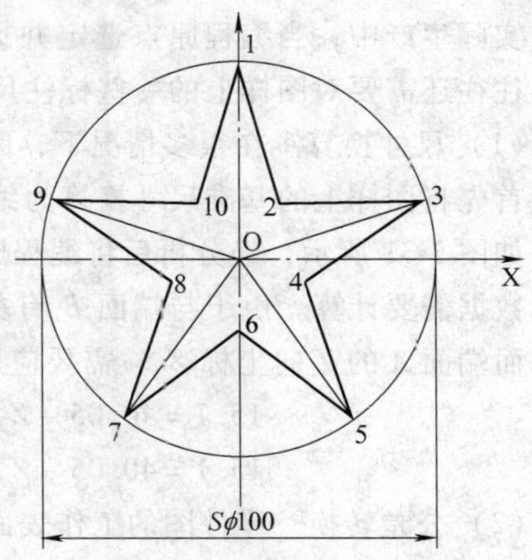

图 3-30 轮廓基点坐标计算

图 3-30 中除点 1 的坐标可直接获得（即 $X_1 = 0$，$Y_1 = 50$）外，其余点 2 ~ 10 的坐标均需经过计算得到。如图 3-30 所示，五角星各顶点关于 Y 轴对称，因此只需求出第一、四象限各基点的坐标，第二、三象限各基点坐标即可根据对称性获得。

分析可知，五角星各顶点与中心连线间夹角为 360°/5 = 72°，原点 O 和点 3 的连线与 X 轴的夹角为 18°，则

$$X_3 = |\overline{O3}| \times \cos 18° = 50 \times \cos 18° = 47.5528$$

$$Y_3 = |\overline{O3}| \times \sin 18° = 50 \times \sin 18° = 15.4508$$

对于点 2，其 Y 坐标同点 3，即 $Y_2 = 15.4508$，而 $X_2 = (Y_1 - Y_2)\tan 18° = (50 - 15.4508)\tan 18° = 11.2257$

同理，可逐个求得其余各点的坐标值。

二、节点坐标的计算

当被加工零件的轮廓形状与机床的插补功能不一致时，如在只有直线和圆弧插补功能的数控机床上加工椭圆、双曲线、抛物线、阿基米德螺线或用一系列坐标点表示的曲线等非圆曲线时，就要用直线或圆弧逼近它们，即将这些非圆曲线按等间距或等弧长分割成许多小段，用直线或圆弧逼近这些小段，从而取代非圆曲线，逼近直线或圆弧小段与曲线的交点或切点称为节点。编程时要根据所允许的误差计算出各线段的长度和节点的坐标值。

节点坐标的计算相对比较复杂，方法也很多，是手工编程的难点。因此，通常对于复杂的曲线、曲面加工，尽可能采用自动编程，以减少误差，提高程序的可靠性，减轻编程人员的工作负担。

节点坐标的计算方法很多，一般可根据轮廓曲线的特性及加工精度要求等选择。若轮廓曲线的曲率变化不大，可采用等步长法计算插补节点；若轮廓曲线曲率变化较大，可采用等误差法计算插补节点；当加工精度要求较高时，可采用逼近程度较高的圆弧逼近插补法计算插补节点。节点的数目主要取决于轮廓曲线特性、逼近线段形状及允许误差等，对于同一曲线，在相同的允许误差要求下，采用圆弧逼近法与直线逼近法相比，可以有效减少节点数目。而允许的误差越小，节点数则越多。这些计算方法可以参阅有关资料，这里不作深入介绍。

三、辅助计算

如前所述，编程人员在拿到图样进行编程时，首先要作必要的工艺分析处理，并在零件图上选择编程原点，建立编程坐标系。理论上讲，编程原点可以任意选取。但具体编程时，在保证加工要求的前提下，总希望选择的原点有利于简化编程加工，尽可能实现直接利用图

样尺寸编程，以减少数据计算。

实际生产中，当编程原点选定并据此建立编程坐标系后，为了方便编程并实现优化加工，往往还需要对图样上的一些标注尺寸进行适当的转换或计算，通常包括以下内容。

（1）尺寸换算　在很多情况下，因图样上的尺寸基准与编程所需要的尺寸基准不一致，故应首先将图样上的基准尺寸换算为编程坐标系中的尺寸，再进行下一步的数学处理工作。

如图 3-31 所示，经分析后将编程原点设在工件右端面与轴线交点处。则端面 A、B 的 Z 坐标数据需要计算。由于与端面 B 有关的轴向尺寸未注公差，可直接采用基本尺寸进行计算；而端面 A 的 Z 向坐标 Z_A，需要应用工艺尺寸链进行计算，根据尺寸链计算公式得

$$15.1 = 40.05 - Z_{\mathrm{Amin}}，则 Z_{\mathrm{Amin}} = 24.95$$

$$15.1 = 40.05 - Z_{\mathrm{Amax}}，则 Z_{\mathrm{Amax}} = 25$$

（2）公差转换　零件图的工作表面或配合表面一般都注有公差，公差带位置各不相同。图 3-31a 中，有 8 处尺寸注有公差要求，其公差带均为单向偏置。数控加工与传统加工一样存在诸多误差影响因素，总会产生一定的加工误差。如果按零件图样公称尺寸进行编程，加工后的零件尺寸将会出现两种情况，其一是大于公称尺寸，其二是小于公称尺寸。从理论上讲，两种情况出现的概率各为 0.5，这意味着加工后的零件会有 50% 不合格的可能性，其中一部分已经是废品（如外圆尺寸小于下偏差），而另一部分还可以通过补充加工进行修正（如外圆尺寸大于上偏差），上述两种情况的出现都将带来不必要的经济损失。

因此，需将公差尺寸进行转换，取其极限尺寸的中值进行编程，从而最大限度地减少不合格品的产生，提高数控加工效率和经济效益。

图 3-31a 中零件尺寸经上述各项换算转换后，即形成图 3-31b 所示的零件尺寸。

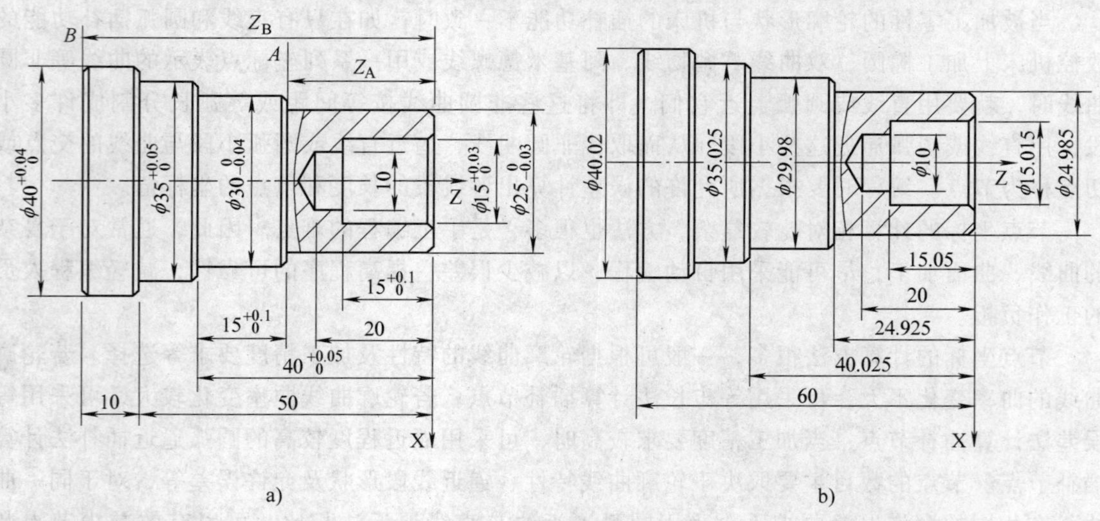

图 3-31　标注尺寸的换算

（3）粗加工及辅助程序段的数值计算　数控加工与传统加工一样，一般不可能一次进给将零件所有余量切除，通常需要粗、精加工多次进给，以逐步切除余量并提高精度，当余量较大时就要增加进给次数。手工编程时需要得到进给路线上各步间连接点的坐标信息，因此当按照工艺要求规划好加工路线后，还需求出进给路线上和相关点的坐标信息，包括刀具从对刀点到切入点或从切出点返回到对刀点的坐标信息。对于粗加工进给路线上的坐标信

息，一般不需要太高的精度，为了方便计算，通常可利用一些已知特征点作一些必要的简化处理。

四、手工编程中采用 CAD 软件辅助图解法

由例 3-2 可见，在手工编程中对图形进行数学处理，若采用传统的手工计算方法，效率低，数据可靠性低，故手工计算方法只能处理一些较简单的图形数据。因此，对于一些较复杂图形的数据计算建议采用 CAD 软件辅助图解法，下面以绘图软件 AutoCAD 为例介绍该法。

绘图软件 AutoCAD 的应用现在已较普及，在手工编程过程中，可以利用 AutoCAD 的 INQUARY（查询）、CALCULATE（计算）等命令快速准确地求出各点的坐标，以代替复杂的数学运算。下面以一实例来介绍具体的操作方法。

利用 AutoCAD 软件求解图 3-29 所示的基点坐标值，步骤如下：

第一步：利用 AutoCAD 软件按比例画出零件图形。

第二步：将 AutoCAD 软件的用户坐标系（UCS）的原点（ORIGIN）移至零件的编程原点（O）处。操作方法有：下拉菜单 TOOLS→MOVE UCS→鼠标左键拾取编程原点 O，或下拉菜单 TOOLS→NEW UCS→ORIGIN→鼠标左键拾取编程原点 O。

第三步：下拉菜单 TOOLS→INQUIRY→ID POINT→鼠标左键拾取点 1，则在命令行（COMMAND）处显示点 1 在编程坐标系中的坐标值，如图 3-32 所示，即求得编程所需的数据。用同样的方法可得到其余点 2 ~ 10 的坐标值；或者使用下拉菜单 TOOLS→INQUIRY→LIST→鼠标左键分别拾取 1、2、3、…、10 各点，则分别显示出各点的坐标值。

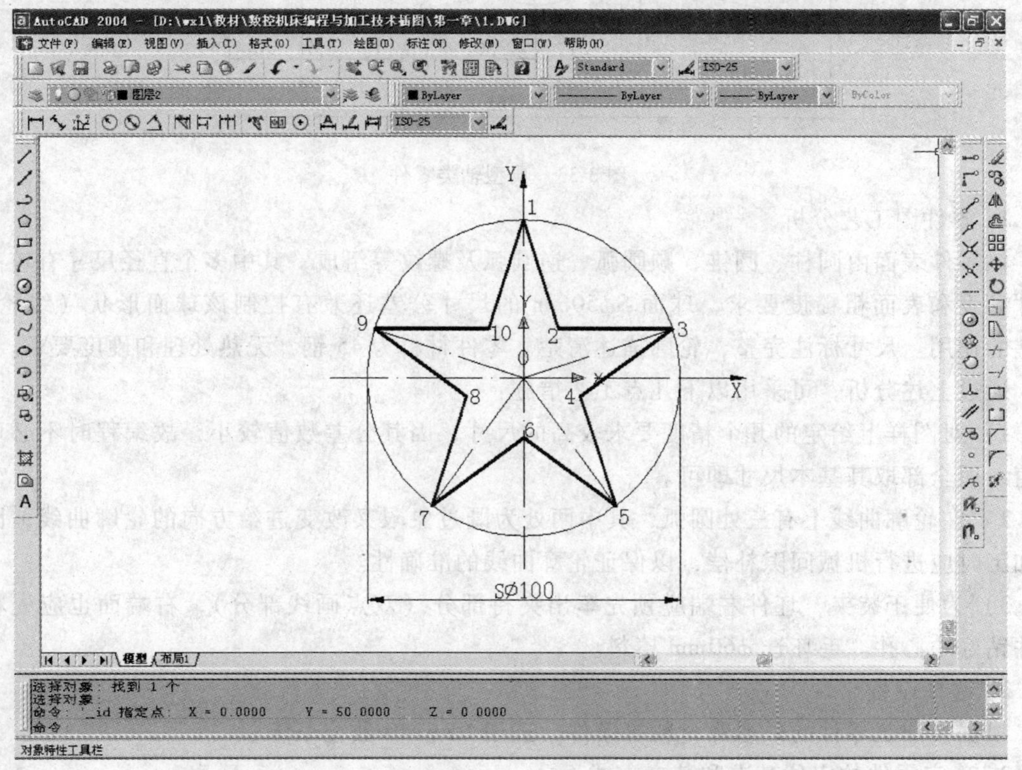

图 3-32　基点坐标 CAD 图解法

同理，对于分层切削、行切法、环切法、以及处理刀具半径的补偿问题等，都可以先用AutoCAD软件中的OFFSET命令对零件轮廓进行适当的偏移，生成所需的刀具加工轨迹，再用上述的方法可求出各编程点的坐标值，提高手工编程的效率和准确性。

采用CAD图解法进行数值计算，工作效率高、数据可靠、校验方便，但在使用中需注意查询数据精度的设定与求解精度的要求要相适应。目前，CAD软件在企业、学校已经相当普及，要将其作为一个工具，充分发挥使用者所拥有的资源和掌握的知识，将其应用到相关工作中。

第五节　数控加工工艺设计实例

图3-33所示轴类零件，材料为45钢，无热处理和硬度要求，试对该零件进行数控车削工艺分析。

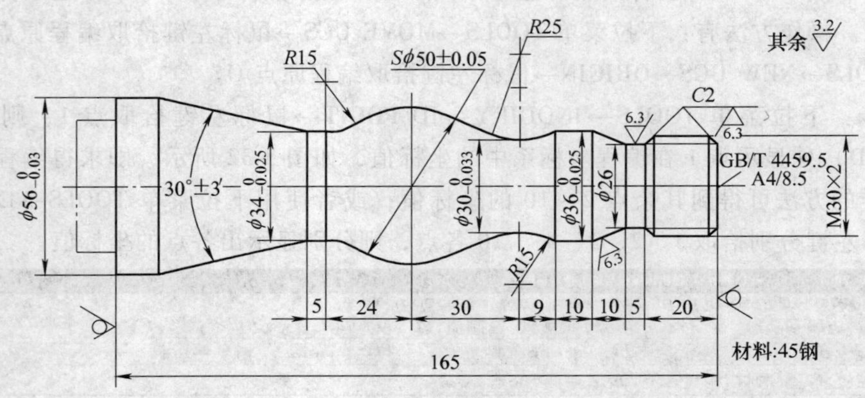

图3-33　典型轴类零件

1. 零件图工艺分析

该零件表面由圆柱、圆锥、顺圆弧、逆圆弧及螺纹等组成，其中多个直径尺寸有较高的尺寸精度和表面粗糙度要求，球面Sϕ50mm的尺寸公差还兼有控制该球面形状（线轮廓）误差的作用。尺寸标注完整，轮廓描述清楚。零件材料为45钢，无热处理和硬度要求。

通过上述分析，可采用以下几点工艺措施：

1）对图样上给定的几个精度要求较高的尺寸，因其公差数值较小，故编程时不必取平均值，而全部取其基本尺寸即可。

2）在轮廓曲线上有三处圆弧，其中两处为既过象限又改变进给方向的轮廓曲线，因此在加工时应进行机械间隙补偿，以保证轮廓曲线的准确性。

3）为便于装夹，坯件左端应预先车出夹持部分（双点画线部分），右端面也应先粗车出并钻好中心孔。毛坯选ϕ60mm棒料。

2. 选择设备

根据被加工零件的外形和材料等条件，选用CK6140数控车床。

3. 确定零件的定位基准和装夹方式

确定坯料轴线和左端大端面（设计基准）为定位基准。

左端采用三爪自定心卡盘定心夹紧，右端采用活动顶尖支承的装夹方式。

4. 确定加工顺序及进给路线

加工顺序按从粗到精、从近到远（从右到左）的原则确定，即先从右到左进行粗车（留 0.25mm 精车余量），然后从右到左进行精车，最后车削螺纹。

5. 选择刀具

1）选用 ϕ4mm 中心钻钻削中心孔。

2）粗车端面选用 90°硬质合金右偏刀，为防止副后刀面与工件轮廓干涉（可用作图法检验），副偏角不宜太小，选 $K'_\gamma = 35°$。

3）精车选用 90°硬质合金右偏刀，车螺纹选用硬质合金 60°外螺纹车刀，刀尖圆弧半径应小于轮廓最小圆角半径，取 $r_\varepsilon = 0.15 \sim 0.2$mm。

将所选定的刀具参数填入数控加工刀具卡片中（见表 3-12），以便编程和操作管理。

表 3-12 数控加工刀具卡片

产品名称或代号		×××		零件名称	典型轴		零件图号	×××
序号	刀具号	刀具规格名称		数量	加工表面			备 注
1	T01	ϕ4mm 中心钻		1	钻 ϕ4mm 中心孔			
2	T02	硬质合金 90°外圆车刀		1	车端面及粗车轮廓			右偏刀
3	T03	硬质合金 90°外圆车刀		1	精车轮廓			右偏刀
4	T04	硬质合金 60°外螺纹车刀		1	车螺纹			
编 制		×××	审 核	×××	批 准	×××	共 1 页	第 1 页

6. 选择切削用量

（1）背吃刀量的选择　轮廓粗车循环时选 $a_p = 3$mm，精车 $a_p = 0.25$mm；螺纹粗车时选 $a_p = 0.4$ mm，精车 $a_p = 0.1$mm。

（2）主轴转速的选择　车直线和圆弧时，查表 3-1，选粗车切削速度 $v_c = 90$m/min，精车切削速度 $v_c = 120$m/min。然后利用公式 $v_c = \pi dn/1000$ 计算主轴转速 n（粗车直径 $D = 60$ mm，精车工件直径取平均值），粗车时 $n = 500$r/min、精车时 $n = 1200$ r/min。车螺纹时，参照式 $n \leqslant (1200/P) - k$（5-1），计算得主轴转速 $n = 320$r/min。

（3）进给速度的选择　查表 3-5、表 3-6，选择粗车、精车每转进给量，再根据加工的实际情况确定粗车每转进给量为 0.4mm/r，精车每转进给量为 0.15mm/r，最后根据公式 $v_f = nf$ 计算粗车、精车进给速度分别为 200 mm/min 和 180mm/min。

综合前面分析的各项内容，并将其填入表 3-13 所示的数控加工工艺卡片，此表是编制加工程序的主要依据和操作人员配合数控程序进行数控加工的指导性文件，主要内容包括：工步顺序、工步内容、各工步所用的刀具及切削用量等。

表 3-13 数控加工工艺卡片

单位名称	×××	产品名称或代号	零件名称	零件图号
		×××	典型轴	×××
工序号	程序编号	夹具名称	使用设备	车 间
001	×××	三爪自定心卡盘、活动顶尖	CK6140 数控车床	数控中心

（续）

工步号	工步内容		刀具号	刀具规格/mm		主轴转速/$r \cdot min^{-1}$/	进给速度/$mm \cdot min^{-1}$	背吃刀量/mm	备注
1	钻中心孔		T01	$\phi 4$		500			
2	车端面及粗车轮廓		T02	20×20		500	200	3	
3	精车轮廓		T03	20×20		1200	180	0.25	
4	车螺纹		T04	20×20		320	3		
编制	×××	审核	×××	批准	×××	年 月 日		共 页	第 页

思考题与习题

3-1 简要说明切削用量三要素选择的原则。

3-2 确定进给路线时应考虑哪些问题？

3-3 数控编程开始前，进行工艺分析的目的是什么？

3-4 数控加工工艺与传统加工工艺相比有哪些特点？

3-5 数控加工工艺包含哪些内容？

3-6 数控加工的数值计算有何意义？

3-7 什么是基点？什么是节点？

3-8 基点和节点的计算方法有哪些？各有什么特点？

第四章　数控车床的程序编制

掌握金属切削类数控机床的编程，不仅要有扎实的金属切削知识和加工工艺知识，还要掌握所用数控机床的规格、性能以及数控系统所具备的功能、编程指令及其编程格式等知识，才能快速准确地编制出各种零件的加工程序。因此，在编程之前，要参照具体机床的用户手册或编程手册，了解数控机床系统的功能及有关参数。本书将以在切削加工中常用的数控车床、数控铣床和加工中心为例展开介绍其编程指令和方法。

本章将介绍数控车床的功能、分类和基本结构，并主要以配置广州数控设备厂的GSK980T系统的数控车床为例，介绍其常用的编程指令和编程方法，还将对比介绍华中HNC-21T系统的编程指令和编程方法。

第一节　数控车床的功能与分类

一、数控车床的功能

数控车床是由普通车床发展而来的，是目前国内使用极为广泛的一种数控机床，约占数控机床总数的25%。

车削加工一般是通过工件旋转和刀具进给完成切削过程的，数控车床不仅能够完成在普通车床上完成的工艺内容（如轴类、盘类等回转体零件的内外圆柱面、圆锥面、圆弧和各种螺纹等工序的切削加工），而且由于数控系统和进给伺服系统的引入，还可以加工各种非解析的内外回转表面，例如图4-1所示手柄表面就由自由曲线形成的回转面。而近年来研制出的数控车削中心，在一次装夹中可以完成更多的加工工序，提高了加工质量和生产效率，因此特别适宜加工复杂形状的回转类零件。

数控车床加工灵活、通用性强、能适应产品品种和规格频繁变化，能够满足多品种、小批量、生产自动化的要求，因此被广泛应用于机械制造业，例如汽车制造厂、发动机制造厂、零配件制造行业等。

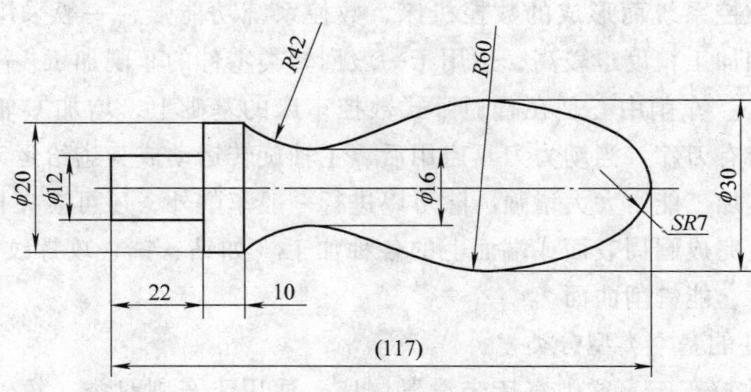

图 4-1　自由曲线形成的回转面

二、数控车床的分类

随着数控车床制造技术的不断发展，目前数控车床品种繁多、规格不一，对其分类可以采用不同的方法。

1. 按主轴的位置分类

（1）卧式数控车床　卧式数控车床的主轴轴线处于水平位置，如图 4-2 所示，用于轴向尺寸较长或小型盘类零件的车削加工。其主运动为工件的旋转，进给运动为刀具的纵向、横向移动，能够加工各种回转成形面。卧式数控车床又可分为数控水平导轨卧式车床和数控倾斜导轨卧式车床，倾斜导轨结构可以使车床具有更大的刚性，并易于排除切屑。

（2）立式数控车床　立式数控车床的主轴轴线处于垂直位置的数控车床，如图 4-3 所示，用于回转直径较大、轴向尺寸相对较小的盘类零件的车削加工，尤其是针对汽车及零配件行业加工制动鼓、制动盘、轮体、曲轴、传动轮、轮毂、变速器、传送齿轮、卡环、滑轮等盘类零件具有很高的精度和效率。

相对而言，卧式数控车床的结构形式多、加工功能丰富而且应用广泛。

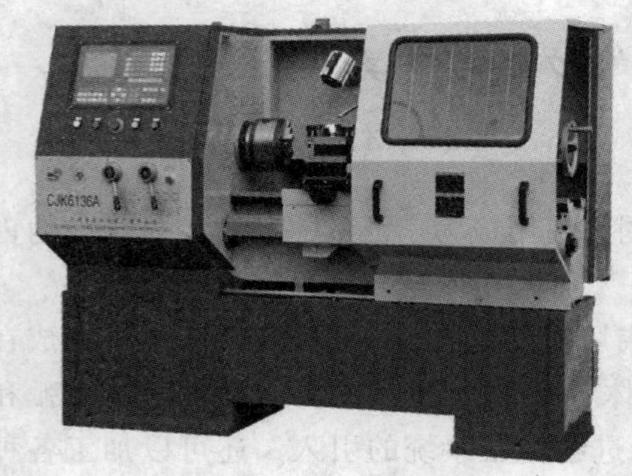

图 4-2　卧式数控车床

图 4-3　立式数控车床

2. 按机床的使用功能分类

（1）简易数控车床（经济型数控车床）　简易数控车床一般是用单片机进行控制，机械部分是在普通车床的基础上改进设计的，成本较低，但自动化程度和功能都比较差，车削加工精度也不高，适用于要求不高的回转类零件的车削加工。

（2）全功能型数控车床（多功能型数控车床）　根据车削加工要求在结构上进行专门设计并配备通用数控系统而形成的数控机床，数控系统功能强，一般采用闭环或半闭环控制，自动化程度和加工精度也较高，适用于一般回转类零件的车削加工。

（3）车削中心　车削中心是在普通卧式数控车床的基础上，增加 C 轴和动力头，更高级的数控车床还带有刀库。当动力刀具启用后，主轴旋转运动成为进给运动，刀具旋转变成了主运动，这使其加工能力大大增强，除可以进行一般车削外，还可装夹自驱动的钻头、铣刀、丝锥等刀具，完成圆周表面或端面上的各种加工（如钻、铣、攻螺纹等）；而且在具有插补功能的情况下，能铣削曲面。

3. 按装夹零件的基本类型分类

（1）卡盘式数控车床　这类车床未设置尾座，适用于车削盘类、短轴类零件。其夹紧方式多为电动或液压控制，卡盘多具有可调卡爪或不淬火卡爪（即软卡爪）。

（2）顶尖式数控车床　这类车床设置有普通尾座或数控尾座，适合车削较长的轴类零件及直径不太大的盘、套类零件。

4. 按数控系统控制的轴数分类

（1）两轴控制的数控车床　此类车床上只有一个刀架，如四工位卧式自动转位刀架或多工位转塔式自动转位刀架。

（2）四轴控制的数控车床　此类车床床身上安装有两个独立的滑板和刀架，也称为双刀架四坐标数控车床。其上每个刀架的切削进给量是分别控制的，因此两刀架可以同时切削同一工件的不同部位，既扩大了加工范围，又提高了加工效率，适合于加工曲轴、飞机零件等形状复杂、批量较大的零件。

（3）六轴控制的数控车床　六轴控制的数控车床具有同轴线的左右两个主轴和前后配置的两个刀架，可在一台数控系统的控制下同时加工出两个工序相同或不同的零件，便于实现工序特别复杂的零件车削全过程的自动化。

5. 其他分类

按数控系统的不同控制方式等指标，数控车床可分为直线控制数控车床、轮廓控制数控车床等；按刀架数量可分为单刀架数控车床和双刀架数控车床；按刀架的配置位置的不同可分为前置刀架式数控车床和后置刀架式数控车床等等。

目前，我国使用较多的是中小规格两坐标连续控制数控车床。不过根据国际数控机床产业发展的趋势和我国“十一五”国民经济发展要求，我国数控车床产业的重点是高速、精密数控车床，车削中心类及四轴以上联动的复合加工机床，主要满足航天航空、仪器仪表、电子信息和生物工程等产业的需要。

三、数控车床的结构

数控车床品种很多，结构各异，但在许多方面仍有共同之处。下面以 CJK6140D 经济型数控车床为例，介绍数控车床的基本结构。

1. CJK6140D 型数控车床的结构布局

CJK6140D 型数控车床的外形如图 4-4 所示，它为卧式经济型数控车床，配有 GSK980TA 数控系统，主要由床身、主轴箱、床鞍板、中滑板、方刀架、尾座、安全保护系统、冷却系统、数控装置等部分组成。

主轴箱采用全齿轮集中传动，由交流主电动机通过齿轮变速装置驱动主轴转动，经过主轴变速手柄之间的各种搭配，得到车床主轴的 24 级正、反转速。由于本数控车床不具备程控主轴变速功能，故主轴转速的变换必须在停车时手动操作。主轴箱中还装有编码器，在车削螺纹时必须停车，使用编码器手柄接通编码器与主轴的传动，为延长编码器的使用寿命，不用时应断开编码器与主轴的传动。主轴卡盘的夹紧与松开也由人工手动操作。

床身为水平结构，床身导轨上支承着床鞍、中滑板，分别安装有 X 轴和 Z 轴的伺服进给传动装置。中滑板上装有自动转位的电动方刀架，刀架上可同时手动装夹 4 把刀具。刀具的运动是分别由交流伺服电动机通过滚珠丝杠驱动床鞍或中滑板运动完成，而刀架的回转运动是由交流伺服电动机通过蜗轮和蜗杆驱动方刀架转动来完成。

床身导轨右方安装有尾座，用于装夹长轴类工件或钻头等刀具。尾座套筒孔底部装有工具止动块，防止装入锥孔中的工具转动。在松开尾座套筒压紧手柄后，尾座利用 4 个带着弹性支座的滚动轴承，使整个部件浮在床身导轨上，从而减轻了尾座在床身导轨上移动时的推

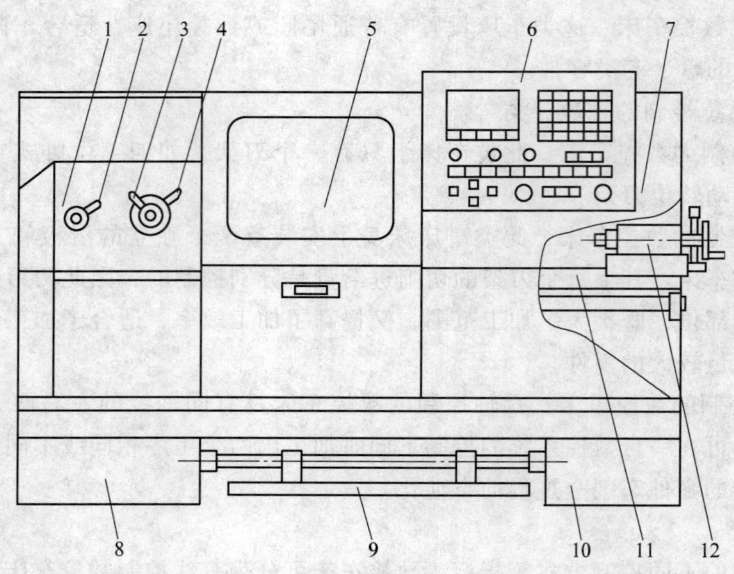

图 4-4　CJK6140D 型数控车床外形图

1—主轴箱　2—编码器手柄　3、4—主轴变速手柄　5、7—车床防护门　6—操作面板
8—前床腿　9—脚踏刹车　10—后床腿　11—床身　12—尾座

动力。

车床主电动机放在前床腿中，冷却泵放在后床腿中，并配有两扇可移动防护门，车床的操作面板安装在右侧防护门上，同时车床还具有脚踏急停刹车装置。

2. CJK6140D 型数控车床的主要技术参数（见表 4-1）

表 4-1　CJK6140D 型数控车床主要技术参数

数控系统型号	GSK980TA	
加工范围	床身最大回转直径	ϕ400mm
	床鞍最大回转直径	ϕ220mm
	最大车削直径	ϕ370mm
	最大加工长度	700mm
主轴	主轴转速	9～1600r/min（24 Steps）
	主轴孔径	ϕ52mm

数控系统型号	GSK980TA	
刀架	刀位数量	4
	刀具转换时间	2s
	X 轴行程	175mm
	Z 轴行程	830mm
进给	X 轴进给速度	3～1500mm/min
	Z 轴进给速度	6～3000mm/min
	脉冲当量	X 向 0.005mm，Z 向 0.01mm
电动机功率	主轴电动机	7.5kW
	X、Z 轴伺服电动机	0.6kW（X 轴和 Z 轴）

四、数控车床的自动换刀装置

自动换刀装置是一套独立、完整的部件，它的作用是按照加工需要自动地更换刀具。

自动换刀装置的结构取决于机床的类型、工艺范围及刀具的种类和数量等，主要有自动转位刀架和带刀库的自动换刀装置两种结构形式。

普通数控车床一般都配置有各种形式的自动转位的单刀架，如四工位卧式自动转位刀架或多工位转塔式自动转位刀架，如图 4-5 所示。

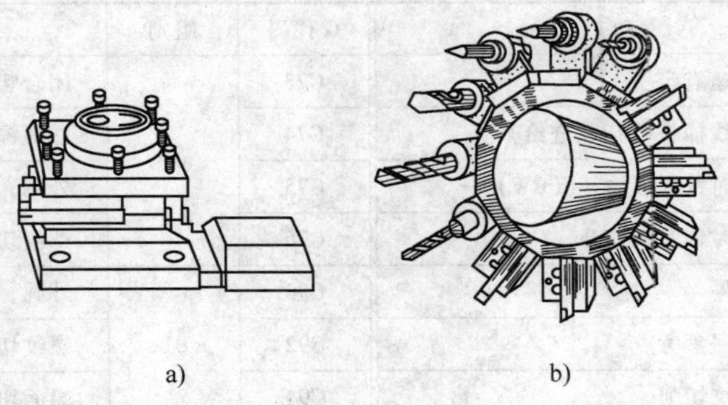

图 4-5　自动转位刀架
a）四工位刀架　b）转塔式刀架

有的数控车床采用两个刀架（即双刀架配置），实行四坐标控制，少数数控车床也采用刀库形式的自动换刀装置。

第二节　数控车床的编程特点

数控车床的编程特点如下：

1）在一个程序段中，根据图样上标注的尺寸，可以采用绝对值编程（目标点坐标以地址 X、Z 表示）或增量值编程（目标点坐标以地址 U、W 表示），也可以采用两者混合编程（即目标点坐标以 X、W 或 U、Z 表示）。

2）在径向编程时，有直径值、半径值编程两种方法：直径值编程时，X（U）均以直径量表示；半径值编程时，X（U）均以半径值表示。但由于被车削零件的径向尺寸在图样上和测量时，都是以直径值表示，所以一般采用直径值编程，本章中举例都是以直径值编程的。

3）由于车削加工时毛坯常用棒料或锻料，加工余量较大，一个表面往往需要进行多次反复的加工，所以为了简化程序，数控系统采用了不同形式的固定循环，可进行多次重复循环切削。

4）在数控车编程时，常将车刀刀尖看做一个点，而实际的刀尖通常是一个半径不大的圆弧。为了提高工件的加工精度，在编制锥面、圆弧、曲线等的程序时，需要对刀具半径进行补偿。

第三节　GSK980T 系统的数控车床编程指令概述

在第二章已经介绍过，数控编程中有 G、M、S、T、F 等指令，这些指令是编制程序的基础，在数控车床编程中也要使用它们。

一、准备功能（G 指令）

表 4-2 是 GSK980T 数控系统常用的 G 指令。从表中可看出，在数控车床上用了更多的标准中未指定的指令。

表 4-2　GSK980T 数控系统常用的 G 指令表

G 代码	组别	功　能	G 代码	组别	功　能
G00	01	快速点定位	G73	00	闭合粗车循环
* G01	01	直线插补（切削进给）	G74	00	端面深孔加工循环
G02	01	顺时针圆弧插补（CW）	G75	00	外圆，内圆切槽循环
G03	01	逆时针圆弧插补（CCW）	G76	00	螺纹切削复合循环
G04	00	准停	G90	01	外圆，内圆车削循环
G28	00	返回参考点	G92	01	螺纹切削循环
G32	01	螺纹切削	G94	01	端面切削循环
G50	00	坐标系设定	G96	02	恒线速开
G65	00	宏程序命令	G97	02	恒线速关
G70	00	精加工循环	* G98	03	每分钟进给
G71	00	外圆，内圆粗车循环	G99	03	每转进给
G72	00	端面粗车循环			

注：1. 带有 * 记号的 G 指令，当电源接通时，系统处于这个 G 指令的状态。

2. 表中的 G 指令以组别可区分为两类：属于 00 组者为非模态指令，属于非 00 组者为模态指令。

3. 如果使用了 G 指令表中未列出的 G 指令，则出现报警（NO.010），或使用了不具有选择功能的 G 指令，也会报警。

4. 在同一个程序段中可以使用几个不同组的 G 指令，如果在同一个程序段中使用了两个以上的同组 G 指令时，后一个 G 指令有效。

二、辅助功能（M 指令）

表 4-3 是 GSK980T 系统的常用 M 指令表。

表 4-3　GSK980T 系统的常用 M 指令表

M 代码	模　态	功　能	M 代码	模　态	功　能
M00		程序暂停	M09	*	切削液关
M03	*	主轴正转	M30		程序结束
M04	*	主轴反转	M98		子程序调用
M05	*	主轴停止	M99		子程序结束
M08	*	切削液开			

注：表中标有“*”记号的 M 指令为模态指令。

三、主轴功能（S 指令）

S 指令用于表示机床主轴的转速，它有代码法和直接指定法两种表示方法，前面章节已有介绍，这里不再赘述。

配置了 GSK980T 系统的 CK6140D 型数控车床，只能用 S1 和 S2 来分别表示某一机械挡位的低速和高速。

四、刀具功能（T 指令）

在数控车床上进行粗车、半精车、精车、车螺纹、切沟槽等加工时，应对加工中所需要的每一把刀具分配一个号码（由刀具在刀架上位置决定），通过在程序中指定所需的刀具号码，机床就自动选择了相应的刀具。指令格式为：

T _ _ _ _ （四位表示法）

其中：指令 T 后的前两位数字表示刀具号，后两位数字表示刀具补偿号。

例如：T0101 表示选择 1 号刀，用 1 号刀具补偿，T0304 表示选择 3 号刀，用 4 号刀具补偿。

说明：

1）刀具号和刀具补偿号不必相同，但为了使用方便常使它们保持一致。

2）刀具补偿包括形状补偿和磨耗补偿。

五、进给功能（F 指令）

F 指令用于设定刀具相对于工件的进给速度，它为模态指令，有两种表示模式：

（1）每分钟进给（G98 指令）　进给速度由每分钟刀具移动的距离来设定（单位：mm/min），指令格式为：G98 F _，例如，G98 F150 表示刀具的进给速度为 150mm/min。

（2）每转进给（G99 指令）　进给速度由主轴每转一转刀具移动的距离来设定（单位：mm/r），在数控车床上这种指令方式应用较多。指令格式为：G99 F _，例如，G99 F0.2 表示刀具的进给速度为 0.2mm/r。

第四节　GSK980T 系统的数控车床编程

一、工件坐标系的设定

1. 设定坐标系指令（G50）

格式：G50 X _ Z _

功能：通过刀具当前点的位置及指令的 X、Z 坐标值来反推建立工件坐标系。

说明：坐标值 X、Z 指刀位点（即刀具当前位置）在工件坐标系中相对工件原点的绝对坐标值，可编写在加工程序的开头，也可以直接在操作面板上输入并执行。执行 G50 指令时，机床不动作，即 X、Z 轴均不移动。采用 G50 指令设定的工件坐标系不具有记忆功能，当机床关机后，设定的坐标系立即消失。在执行该指令前，刀具必须位于 G50 指定的位置。鉴于此，这种方法现较少使用。

如图 4-6 所示，若刀具刀位点相对工件原点 X 向和 Z 向尺寸分别为 100mm（直径值）和 100mm，则工件坐标系设定指令为：G50 X100. Z100. 。

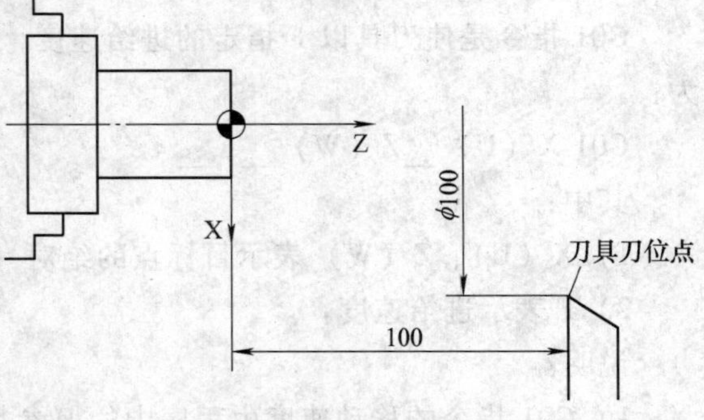

图 4-6　G50 指令设定工件坐标系

2. 刀具形状补偿功能

原理：以机械零点为参考点，通过对刀找出工件原点在机械坐标系中的机械坐标值，把此值作为刀具补偿量直接输入到机床的刀具形状补偿中，通过调用此值来使坐标系产生偏移，从而建立工件坐标系。即无补偿时，进给轨迹的原点为机床参考点；当调用补偿值时，进给轨迹的原点偏移至工件原点。

注意：在使用这种方法时，在程序开头出现移动指令程序段之前，必须先有调用刀补的程序段。在使用 GSK980T 系统时，我们常用此种方法。

应用刀具形状补偿功能对刀的程序段如下：

O0001	程 序 名
N10 T0101	调用刀具及刀具补偿
N20 G97 G99 M03 S600	主轴恒转速，刀具每转进给，设定主轴转速 600r/min
N40 G00 X45. Z2.	快速进刀
…	

二、基本指令（G00、G01、G02、G03、G04、G28、G32）

1. 快速点定位指令（G00）

G00 指令是使刀具以快速移动速度，从当前点移动定位到所指定的位置。指令格式为：

G00 X（U）__Z（W）__

式中：

1）X、Z 表示目标点的绝对坐标值。

2）U、W 表示目标点相对于前一点的增量值。

说明：

1）G00 指令的移动速度由控制系统参数设定，与 F 指定的进给速度无关。

2）只有一个坐标时，刀具将沿该方向运动；有两个坐标时，刀具将先以 1∶1 步数两坐标联动，然后单坐标运动，即此时实际刀具路径通常是一条通过中间点的折线，如图 4-7 所示。因此，考虑刀具路径时应注意避免刀具与障碍物相碰。

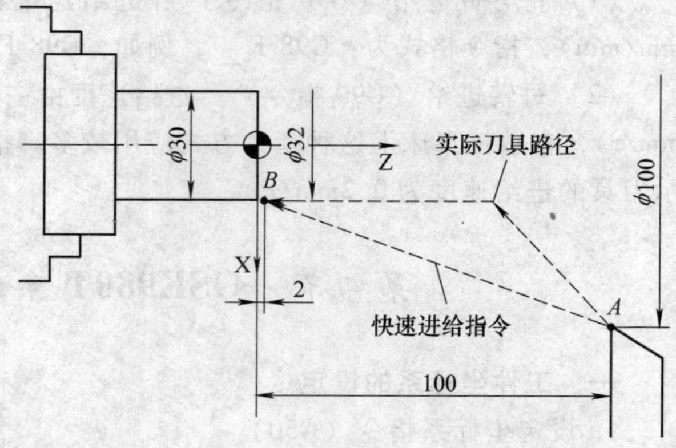

图 4-7　G00 指令快速进刀

3）G00 指令只能用于空行程进给（非切削状态）。

例如：如图 4-7 所示，刀具要快速从 *A* 点移动到 *B* 点的位置，用 G00 指令编程为：

绝对值方式：G00 X32. Z2.　　　增量值方式：G00 U－68. W－98.

2. 直线插补指令（G01）

G01 指令是使刀具以 F 指定的进给速度，沿直线从刀具当前点移动到目标点。指令格式为：

G01 X（U）__Z（W）__F__

其中：

1）X（U）、Z（W）表示目标点的绝对（增量）坐标值。

2）F 表示进给速度。

说明：

1）G01 指令的移动速度由程序中的 F 参数指定。

2）G01 指令可用于车削内外圆柱面及内外圆锥面。

例如：车削图 4-8 所示外圆柱，用 G01 指令编程为：

绝对值方式：G01 X30. Z－40. F0.2　　　增量值方式：G01 U0 W－42. F0.2

例如：车削图 4-9 所示外圆锥面，用 G01 指令编程为：

绝对值方式：G01 X50. Z－40. F0.2　　增量值方式 G01 U21. W－42. F0.2

注意：Z 向起刀点在 Z2. 处，X 向起刀点为 X29 在锥度的延长线上。

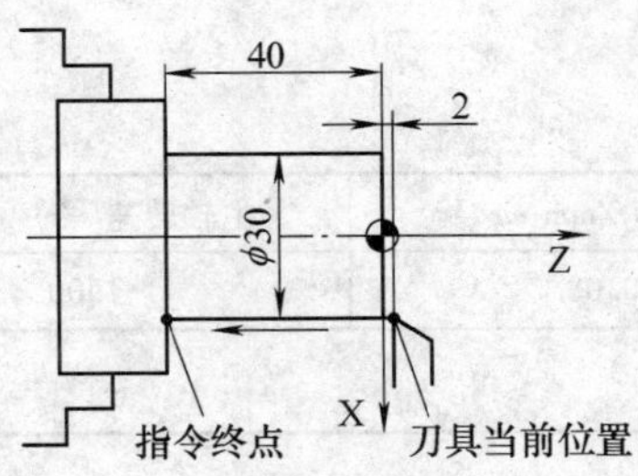

图 4-8　G01 指令切削外圆柱

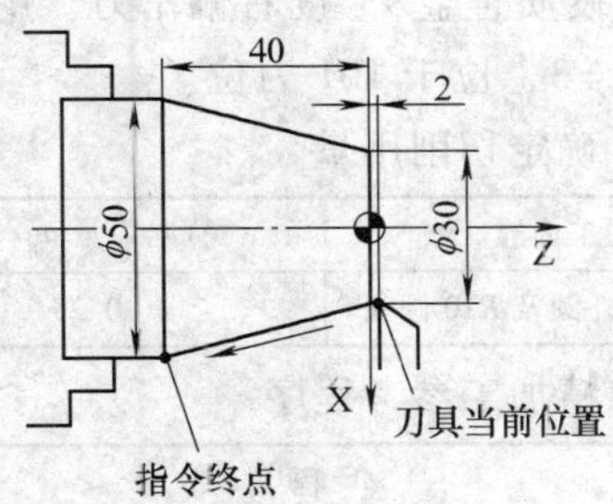

图 4-9　G01 指令切削外圆锥面

3. 圆弧插补指令（G02/G03）

该指令使刀具以 F 指定的进给速度，从刀具当前点沿着圆弧移动到目标点。G02 指令为顺时针圆弧插补，G03 指令为逆时针圆弧插补。

圆弧顺逆的判断方法：向着垂直于圆弧所在平面（如 XOZ）的另一坐标轴（Y）的负方向看去，顺时针圆弧用 G02 指令，逆时针圆弧用 G03 指令，如图 4-10 所示。指令格式为：

G02/G03 X（U）＿Z（W）＿R＿F＿

或：G02/G03 X（U）＿Z（W）＿I＿K＿F＿

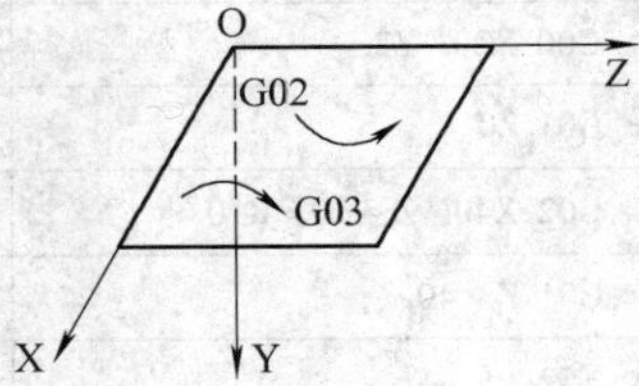

图 4-10　圆弧顺逆判别

其中：

1）X（U）、Z（W）表示圆弧目标点绝对（增量）值坐标。

2）R 表示圆弧半径（不带正负号）。

3）I、K 分别是圆心相对于圆弧起点在 X、Z 向的增量坐标，I、K 为半径值编程，带正负号，当与坐标轴同向时，取正值，反之取负值；当 I、K 值为零时，该代码可以省略。

4）F 表示进给速度。

注意：当 I、K、R 同时被指定时，R 指令优先，I、K 值无效。

例如：如图 4-11 所示，可用以下四种方式分别编写出圆弧插补程序段：

① 绝对值方式、R 编程：G02 X40. Z－10. R10. F0.2

② 绝对值方式、IK 编程：G02 X40. Z－10. I10. F0.2

③ 增量值方式、R 编程：G02 U20. W－10. R10. F0.2

④ 增量值方式、IK 编程：G02 U20. W－10. I10. F0.2

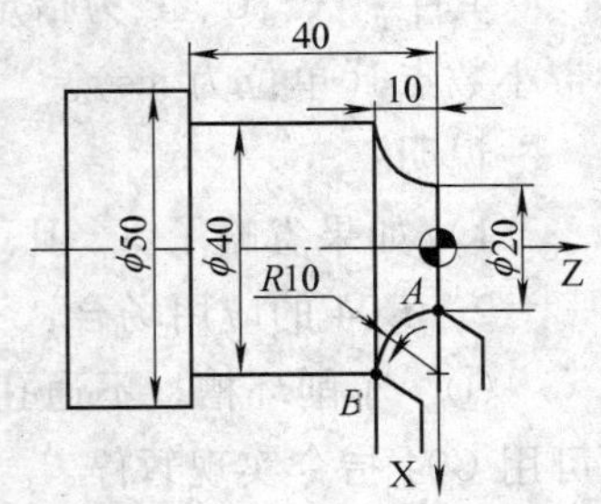

图 4-11　G02 指令圆弧插补

例 4-1　编写图 4-11 所示零件的精加工程序，已知毛坯尺寸为 ϕ50mm×60mm，材料为 45 号钢。

（1）工艺分析　该零件由外圆柱面及圆弧面组成。零件材料为 45 钢，切削性能较好，无热处理和硬度要求。

（2）加工过程

1）车端面并对刀，设置编程原点在右端面中心处。

2）精车各外圆柱面及圆弧面。

（3）选择刀具

选取硬质合金93°度右偏车刀，用于粗、精车零件各面，刀尖圆角半径 $R=0.4$mm，刀尖位置 $T=3$，位于T01刀位。

（4）确定切削用量

加工内容	背吃刀量 a_p/mm	进给量 f/mm · r^{-1}	主轴转速 s/r · min^{-1}
精车 $\phi40$ 外圆及 $R10$ 圆弧	0.25	0.08	1500

（5）精加工参考程序

程　序		说　明
用绝对值编程	用增量值编程	
O0001	O0001	程序名
T0101	T0101	调用外圆车刀
G97 G99 M03 S1500 F0.08	G97 G99 M03 S1500 F0.08	主轴恒转速，刀具每转进给，主轴转速1500r/min，进给速度0.08mm/r
G00 X20. Z2.	G00 X20. Z2.	快速进刀
G01 Z0	G01 W－2.	进给至圆弧起点
G02 X40. Z－10. R10.	G02 U20. W－10. R10.	顺圆弧加工
G01 Z－40.	G01 W－30.	圆柱表面加工
X52.	U12.	轴肩加工
G00 X100. Z100.	G00 X100. Z100.	快速退刀至安全换刀位置
M05	M05	主轴停转
M30	M30	程序结束

4. 切削暂停指令（G04）

G04指令可使刀具作短时的停顿。指令格式为：

G04 X（U）__或 G04 P__

其中，X、U、P为指定的暂停时间，其中X、U允许带小数点（单位为s），P不允许带小数点（单位为ms）。

说明：

1）如果省略了X、U、P，可看做是准确停。

2）G04的应用场合：

① 车削环槽、不通孔、台阶轴时，要求刀具在很短时间内实现无进给光整加工，此时可用G04指令实现暂停。

② 使用G96指令车削工件轮廓后，再用指令G97车削螺纹时，可暂停适当时间，使主轴转速稳定后再车削螺纹，以保证螺距的加工精度要求。

例如：若要暂停2s，则可写成如下几种格式：

G04 X2. 或 G04 U2. 或 G04 P2000

5. 自动回机械零点指令（G28）

G28指令是使刀具以快速定位（G00）方式从当前位置返回机械零点，或经过某一中间点再回到机械零点，如图 4-12 和图 4-13 所示。指定中间点的目的是使刀具沿着一条安全路径返回机械零点。指令格式为：

G28 X（U）_Z（W）_

其中，X（U）、Z（W）表示中间点的绝对（增量）值坐标。

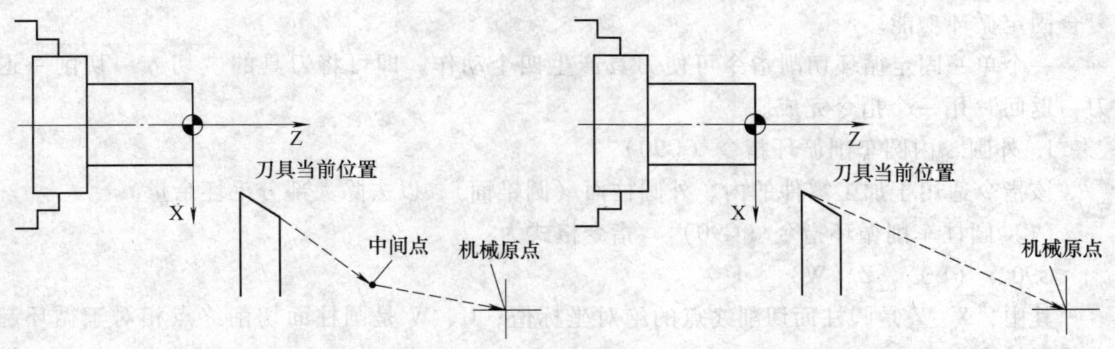

图 4-12　经过中间点返回机械零点　　　　图 4-13　从当前位置返回机械零点

注意：使用 G28 指令时，须先取消刀具补偿（T__00）指令，否则会发生不正确的动作。

例如：如图 4-12 所示，若刀具从当前位置经过中间点（30，50）返回参考点，则可用指令：G28 X30. Z50.。如图 4-13 所示，若刀具从当前位置直接返回参考点，这时相当于中间点与刀具当前位置重合，则可用增量方式指令为：G28 U0 W0。

6. 螺纹切削指令（G32）

该指令用于车削等螺距（导程）的直螺纹、锥螺纹、端面螺纹，能使刀具在直线移动的同时主轴旋转按一定的关系保持同步（即主轴转一周，刀具移动一个导程）。指令格式为：

G32 X（U）__Z（W）__F__

其中，X（U）、Z（W）表示螺纹终点的绝对（增量）坐标值；F 表示长轴方向的导程（公制螺纹切削）。

说明：

1）不能用 G01 指令加工螺纹。原因是 G01 指令不能保证刀具与主轴旋转之间的同步关系，故用 G01 指令加工螺纹时会产生乱牙现象。

2）主轴应恒转速控制（G97）。切削螺纹时，为能加工到螺纹小径，车削时 X 轴的直径值是逐次减少的。若使用恒线速控制（G96），则工件旋转时，其转速会随切削点直径的减小而增大，这会使 F 导程指定的值产生变动（F 单位是 r/min，会随转速而变化），从而发生乱牙现象。

3）车螺纹时进给速度倍率无效，固定为 100%。

4）车螺纹时主轴速度倍率有效，但如在车削螺纹过程当中改变了主轴倍率，由于升降速的原因将不能车出正确的螺纹。

三、单一固定循环指令（G90、G92、G94）

前面所介绍的 G 指令，如 G00、G01、G02、G03、G32 等，都是单一基本指令，它们的特点是一个指令只能使刀具产生一个动作。

加工一个工件轮廓，从棒料毛坯到轮廓成形，一般都要经过多次粗车，然后再精车成形。也即刀具常常要反复地执行相同的动作，才能车到工件要求的尺寸。如果采用基本指令编程，需一段又一段地编写加工程序，非常繁琐。为了简化程序，数控装置可以用一个程序段指定刀具作反复切削，这就是固定循环功能。车削固定循环功能分为单一固定循环功能和复合固定循环功能。

一个单一固定循环切削指令可使刀具产生四个动作，即可将刀具的“切入→切削→退刀→返回”用一个指令完成。

1. 外圆、内圆车削循环指令（G90）

该指令适用于加工零件的内、外圆柱面（圆锥面），以去除大部分毛坯余量。

（1）圆柱车削循环指令（G90）　指令格式为：

G90 X（U）__Z（W）__F__

其中，X、Z 是圆柱面切削终点的绝对坐标值；U、W 是圆柱面切削终点相对于循环起点的增量坐标值。

说明：G90 指令圆柱车削循环的进给轨迹如图 4-14 所示，当刀具在 *A* 点（循环起点）定位后，执行 G90 循环指令，则刀具由 *A* 点以 G00 方式径向移动至 *B* 点，再以 G01 的方式沿轴向切削进给至 *C* 点（切削终点），再切削至 *D* 点，最后以 G00 方式返回 *A* 点，完成一循环切削。

注意：使用 G90 循环指令前，刀具必须先定位至循环起点，再执行循环切削指令，且完成一循环切削后，刀具仍要回到此循环起点。循环起点既是程序循环的起点，又是程序循环的终点。因此，要注意正确选择该点的位置，一般宜选在离开工件或毛坯 1～2mm 的地方。

（2）锥体车削循环指令（G90）　指令格式为：

G90 X（U）__Z（W）__R__F__

其中，X（U）、Z（W）含义与圆柱车削循环指令相同；R 为圆锥起点与终点的半径之差，带“±”号，即锥面起点坐标大于切削终点坐标时为正，反之为负。

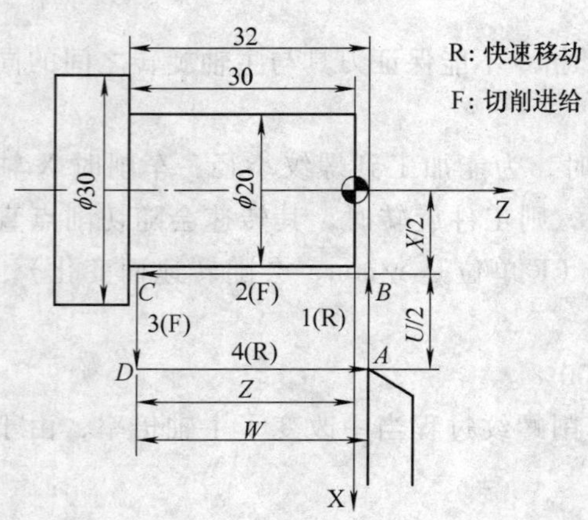

图 4-14　G90 指令圆柱面切削循环

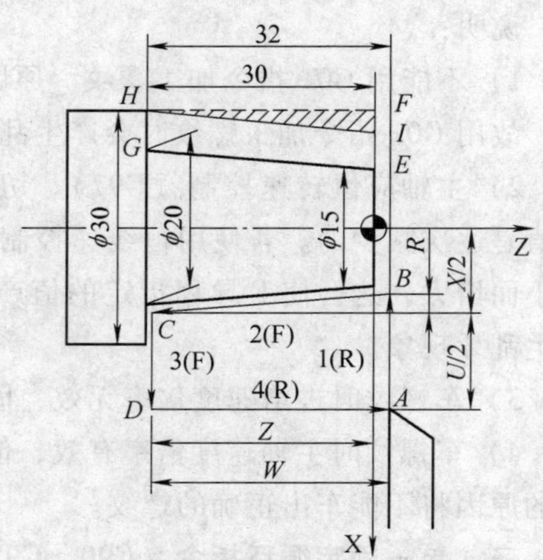

图 4-15　G90 指令圆锥面切削循环

说明：

1）指令的运动轨迹如图 4-15 所示，类似于圆柱面切削循环。

2）锥体循环车削时应注意循环起点的选择：一般应在离工件 X 向 1～2mm、Z 向 1～2mm 处。但此时要注意 R 值的计算，如图 4-15 所示，若 Z 向起刀点在 Z2.0 上，为了避免产生锥度误差，应在锥度的延长线上起刀，此时 $R \neq 7.5-10=-2.5$，而是 $R=-\left(\frac{20-15}{2}\times 32\right)/30=-2.667$。

3）对于锥面加工的背吃刀量，应参照最大加工余量来确定，即以图 4-15 中的 *EF* 段的长度来进行平均分配。如果按 *GH* 段长度分配背吃刀量的大小，则在加工过程中会使第一次循环开始处的背吃刀量过大，如图中 *HIF* 区域所示，即此时在切削开始处的背吃刀量为 2.5mm。

2. 端面车削循环指令（G94）

该指令可用于对直端面和锥度端面进行循环切削。

（1）直端面切削循环指令（G94）　指令格式为：

G94 X（U）__Z（W）__F__

其中，各地址代码的含义与 G90 相同。

说明：G94 指令直端面切削循环的运动轨迹如图 4-16 所示，当刀具在 *A* 点（循环起点）定位后，执行 G94 循环指令，则刀具由 *A* 点开始沿“*A*→*B*→*C*→*D*→*A*”完成一个循环，*C* 点是切削终点。

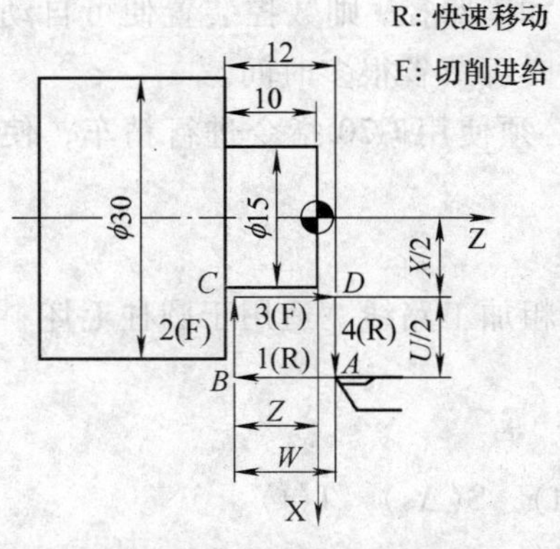

图 4-16　G94 指令切削直端面循环

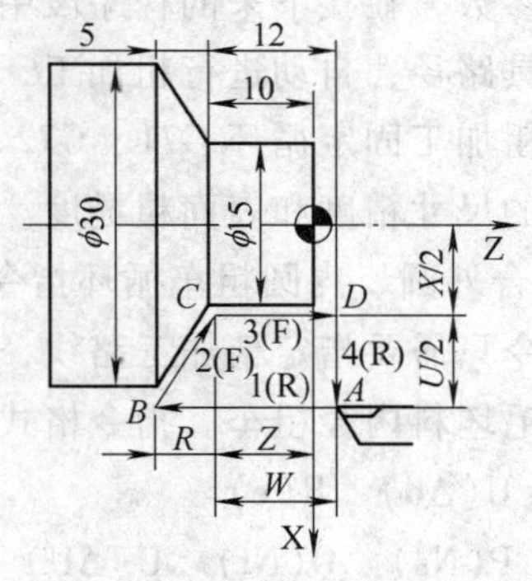

图 4-17　G94 指令切削锥度端面循环

（2）锥度端面切削循环指令（G94）　指令格式为：

G94 X（U）__Z（W）__R__F__

说明：G94 指令锥度端面切削循环的运动轨迹如图 4-17 所示，类似于直端面切削循环。式中 R 为圆锥起点与终点的 Z 向值之差。

3. 螺纹切削循环指令（G92）

该指令适用于对直螺纹和锥螺纹进行循环切削，可以不需要退刀槽。指令格式为：

G92 X（U）__Z（W）__R__F__

其中，X（U）、Z（W）为切削终点的绝对（增量）坐标值；F 为公制螺纹导程；R 为锥螺纹起点（图 4-19 中的 *B* 点）与终点（图 4-19 中的 *C* 点）的半径之差值，R 的正负判断方法与 G90 相同，当切削直螺纹时 R＝0，可以省略。

说明：G92 指令直螺纹切削循环的运动轨迹如图 4-18 所示，与 G90 圆柱车削循环类似；G92 指令锥螺纹切削循环的运动轨迹如图 4-19 所示，类似于 G90 锥体车削循环指令。

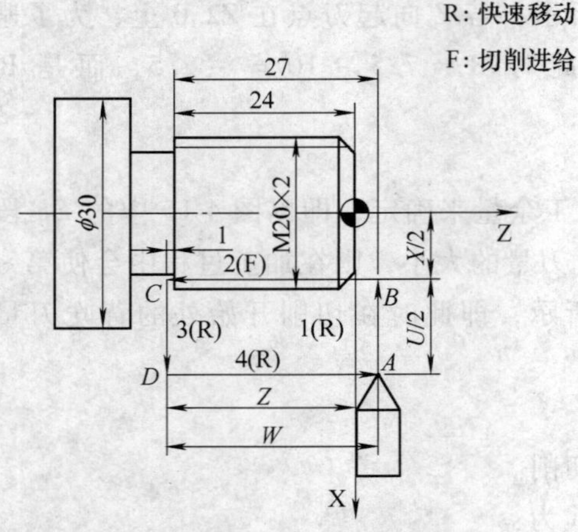

图 4-18　G92 指令切削直螺纹循环

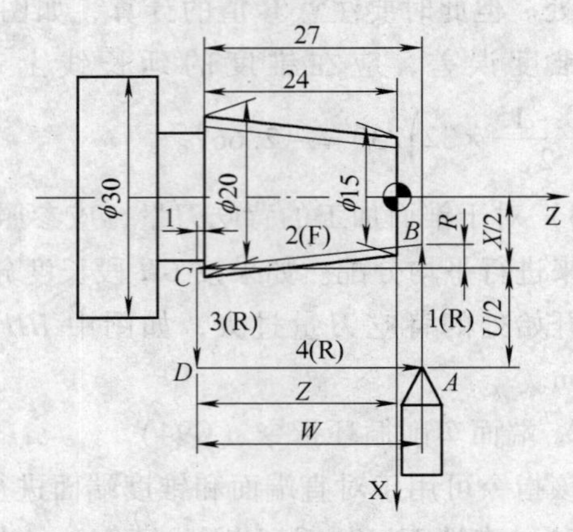

图 4-19　G92 指令切削锥螺纹循环

四、复合固定循环指令（G71、G72、G73、G70、G74、G75、G76）

前面介绍的单一固定循环指令只能进行一次矩形或一次直角梯形的循环，那么针对于粗车还需多次进给的情况下，利用单一固定循环指令来进行编程就显得很繁琐了。为此，数控系统还提供了复合固定循环指令，只需依指令格式设定粗车时每次的背吃刀量、精车余量、进给量等参数，在接下来的程序段中给出精加工时的加工路径，则数控装置便可自动计算出粗车的刀具路径，自动进行粗加工，因此在编制程序时可节省很多时间。

使用粗加工固定循环 G71、G72、G73 指令后，必须使用 G70 指令进行精车，使工件达到所要求的尺寸精度和表面粗糙度。

1. 复合外圆、内圆粗车循环指令（G71）

该指令只需要指定精加工路线，系统会自动给出粗加工路线，适用于圆柱毛坯料外圆粗车和圆孔毛坯料内径粗车。指令格式为：

G71　U(Δd)　R(e)

G71　P(Ns)　Q(Nf)　U(ΔU)　W(ΔW)　F(Δf)　S(Δs)　T(t)

N(Ns)…
…S(s)　F(f)
…

由顺序号 Ns～Nf 的程序段来实现对 $A \to A' \to B$（见图 4-20）之间的精加工路线的描述。精加工形状的第一个程序段和最后一个程序段必须带行号。

N(Nf)…

其中，各项的意义如下：

1）Δd：每次切削的背吃刀量，即 X 轴向的进刀（切深），无正负号，半径指定。

2）e：退刀量，无正负号，半径指定。

3）Ns：指定精加工路线的第一个程序段的顺序号。

4）Nf：指定精加工路线的最后一个程序段的顺序号。

5）ΔU：X 轴方向精加工余量，直径指定。

6）ΔW：Z 轴方向精加工余量。

7）Δf：粗车时的进给量。

8）Δs：粗车时的主轴功能（一般在 G71 之前已设定，故大都省略）。

9）t：粗车时所用的刀具（一般在 G71 之前已设定，故大都省略）。

10）s、f：分别为精车时的主轴功能和进给量。

说明：

1）在 G71 指令粗车循环过程中，顺序号 Ns 至 Nf 中的任何 F、S、T 功能均无效，只有 G71 指令中或之前指定的 F、S、T 功能才有效。

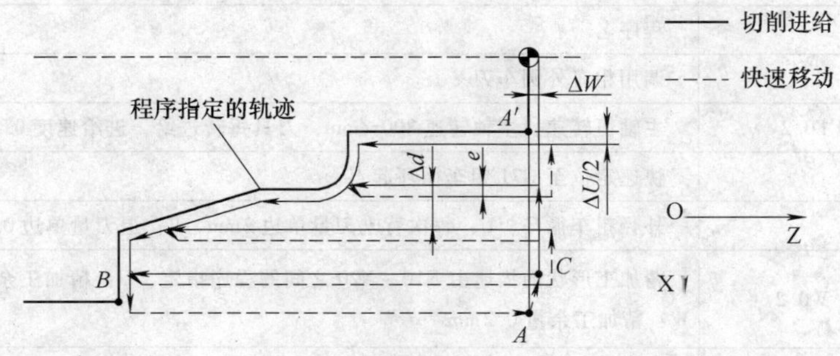

图 4-20　G71 指令复合粗车循环轨迹

2）G71 指令的刀具循环路径如图 4-20 所示：顺序号 Ns ~ Nf 的程序段描述 $A \to A' \to B$ 之间的精加工形状，按照 G71 指定的加工参数，自动生成粗加工路径并控制刀具完成粗车，且最后会沿着轮廓粗车一次，即相当于进行平行于精加工表面的半精车（此时刀具沿精加工表面分别留出 ΔU 和 ΔW 的加工余量），再快速退回到循环起点 A，结束粗车循环所有动作。

3）当使用 G71 指令粗车内孔轮廓时，须注意径向精车余量 ΔU 为负值。

使用 G71 指令还应注意以下两点：

1）顺序号为 Ns 的程序段中，只能使用 G00 或 G01 指令，且不能含有 Z 轴指令。

2）在顺序号为 Ns ~ Nf 程序段中，X 轴、Z 轴尺寸必须都是单调增大或减小，即不可有内凹的轮廓外形。

例 4-2　试编制图 4-21 所示零件的加工程序，已知毛坯为 ϕ35mm × 80mm 棒料，材料为 45 钢。

（1）工艺分析　该零件由外圆柱面、外圆锥面及圆弧面组成。零件材料为 45 钢，切削性能较好，无热处理和硬度要求。

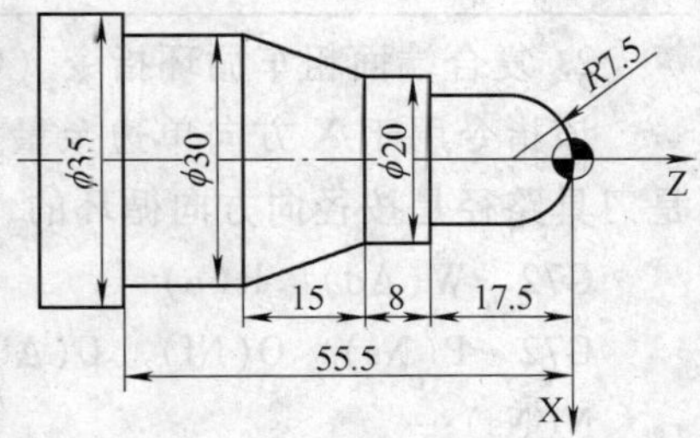

图 4-21　G71 指令粗车复合循环实例

（2）加工过程

1）对刀，设置编程原点在右端面中心处。

2）用 G71 指令编程粗车外形，X 向单边留余量 0.25，Z 向留余量 0.2。

3）用 G70 指令编程精车外形。

（3）选择刀具　选取硬质合金 93°度右偏车刀，用于粗精车零件各面，刀尖圆角半径 R

=0.4mm，刀尖位置 T=3，位于 T01 刀位。

（4）确定切削用量

加工内容	背吃刀量 a_p/mm	进给量 f/mm · r^{-1}	主轴转速 s/r · min^{-1}
粗车各外形面	2	0.2	800
精车各外形面	0.25	0.08	1500

（5）采用 G71、G70 指令编程

程序如下：

程　序	说　明
O0001	程序名
T0101	调用粗车外圆车刀
G97 G99 M03 S800 F0.2	主轴恒转速，主轴转速 800r/min，刀具每转进给，进给速度 0.2mm/r
G00 X37. Z2.	快速定位至 G71 粗车循环起点
G71 U2. R0.5	外径粗车循环，U：每次背吃刀量单边 2mm，R：退刀量单边 0.5mm
G71 P10 Q20 U0.5 W0.2	精加工形状的描述由 N10～N20 之间的程序指定，U：精加工余量（双边 0.5mm），W：精加工余量 0.2mm
N10 G00 X0	精车路线的第一个程序段不能有 Z 轴的移动
G01 Z0 F0.08	精车进给速度 0.08mm/r
G03 X15. Z -7.5 R7.5	
G01 Z -17.5	
X20.	
Z-25.5	
X30. Z-40.5	
Z-55.5	
N20 X37.	N10～N20 为外径循环轮廓程序
M03 S1500	精车主轴转速：1500r/min
G70 P10 Q20	G70 为精车循环指令，其用法和含义见后述
G00 X100. Z100.	退至安全距离
M05	主轴停转
M30	程序结束

2. 复合端面粗车循环指令（G72）

该指令用于 X 方向单边余量大于 Z 方向余量时的粗车，与 G71 指令类似，不同之处就是刀具路径是按径向方向循环的，即该指令是沿 Z 向进行分层切削的。指令格式为：

G72　W(Δd)　R(e)

G72　P(Ns)　Q(Nf)　U(ΔU)　W(ΔW)　F(Δf)　S(Δs)　T(t)

N(Ns)…

…S(s)　F(f)

…

N　(Nf)…

其中，Δd 为 Z 向吃刀量，半径指定；其余各项之意义与 G71 相同。

说明：

1）G72 指令的进给轨迹如图 4-22 所示，从外径方向往轴心方向车削端面循环，该轨迹与 G71 轨迹类似，不同之处在于该循环是沿 Z 向进行分层车削的。

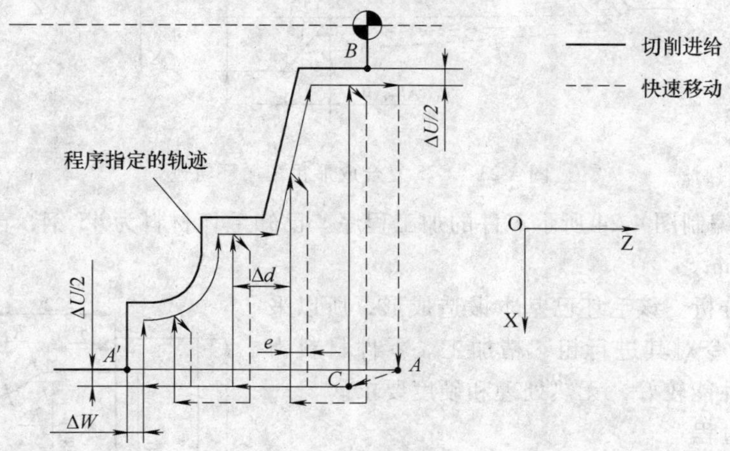

图 4-22　G72 指令复合粗车循环轨迹

2）ΔU、ΔW 的符号原理同 G71。

使用 G72 指令的注意事项：

1）顺序号 Ns 的程序段中，只能使用 G0 或 G1 指令，且不能含有 X 轴指令。

2）在顺序号 Ns ~ Nf 程序段中，X 轴、Z 轴必须都是单调增大或减小。

3. 复合成型粗车循环指令（G73）

该指令适用于毛坯轮廓形状与零件轮廓形状基本接近时的粗车，如铸件、锻件或已粗车成形的工件（半成品）等。对于不具备类似成形条件的工件，如采用 G73 进行编程加工，则反而会增加在车削过程中的空行程。指令格式为：

G73　U(Δi)　W(Δk)　R(d)

G73　P(Ns)　Q(Nf)　U(ΔU)　W(ΔW)　F(Δf)　S(Δs)　T(t)

N(Ns)…

…S(s)　F(f)

…

N(Nf)…

其中：

1）Δi：X 轴方向退刀总距离及方向，半径指定。

2）Δk：Z 轴方向退刀总距离及方向。

3）d：分割次数，等于粗车次数，单位为 1000 次。

4）其余各项含义与 G71 相同。

说明：G73 的进给轨迹如图 4-23 所示：刀具从循环起点 *A* 开始，快速退刀至点 *C*，在 X 向的退刀量为 ΔU/2 + Δi，在 Z 向的退刀量为 ΔW + Δk，然后按照 G73 指定的加工参数，沿着轮廓形状自动生成粗加工路线，由给定的粗车次数车削至循环结束后，快速退回至循环起点 *A* 处。

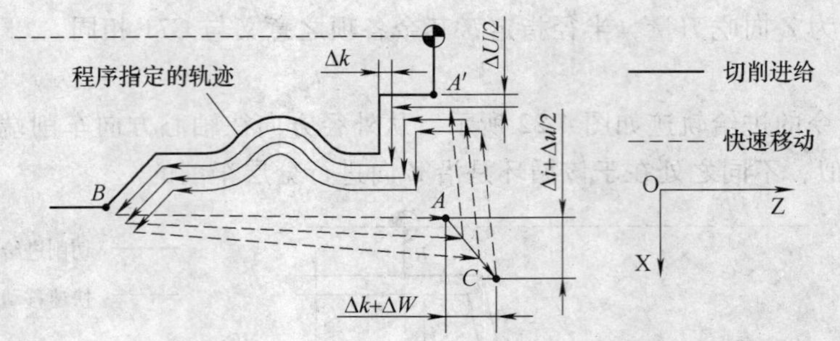

图 4-23　G73 复合成形粗车循环轨迹

例 4-3　试编制图 4-24 所示零件的加工程序。已知毛坯材料为 45 钢，已基本锻造成形，加工余量为 12mm。

(1) 工艺分析　该毛坯已基本锻造成形，所以采用 G73、G70 指令对其进行粗、精加工。零件材料为 45 号钢，切削性能较好，无热处理和硬度要求。

(2) 加工过程

1) 对刀，设置编程原点在右端面中心处。

2) 用 G73 指令编程对该零件进行粗加工，X 向单边余量为 0.25mm，Z 向余量为 0.2mm。

3) 用 G70 指令编程进行精加工。

(3) 选择刀具

选取硬质合金刀尖角度为 30°度的右偏车刀，用于粗精车零件各面，刀尖圆角半径 $R=0.4$mm，刀尖位置 $T=3$，位于 T01 刀位。

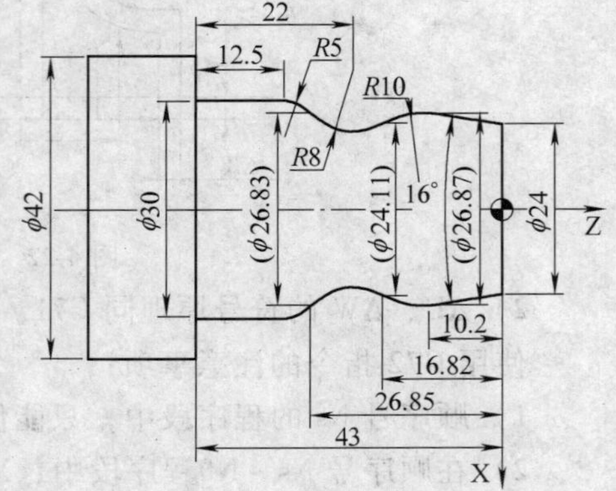

图 4-24　G73 指令粗车成形复合循环实例

(4) 确定切削用量

加工内容	背吃刀量 a_p/mm	进给量 f/mm · r^{-1}	主轴转速 s/r · min^{-1}
粗车各外形面	≤2.5	0.2	600
精车各外形面	0.25	0.08	1500

(5) 采用 G73、G70 指令编程

程序如下：

程　序	说　明
O0003	程序名
T0101	调用外圆车刀
G97 G99 M03 S600 F0.2	主轴恒转速，刀具每转进给，主轴转速 600r/min，进给速度 0.2mm/r
G00 X44. Z3.	快速定位至 G73 粗车循环起点
G73 U12. W0 R0.006	复合成型粗车循环，U：X 轴方向退刀单边 12mm，W：Z 轴方向退刀 0mm，R：粗车次数 6 次
G73 P10 Q20 U0.5 W0.2	U：精加工余量双边 0.5mm，W：精加工余量 0.2mm
N10 G0 X24. Z1.	

（续）

程　序	说　明
G01 Z0 F0.08	精车进给速度 0.08mm/r
X26.87 Z－10.2	
G03 X24.11 Z－16.82 R10.	
G02 X26.83 Z－26.85 R8.	
G03 X30. Z－30.5 R5.	
G01 Z－43.	
N20 X44.	N10～N20 闭合循环轮廓程序
M03 S1500	精车主轴转速：1500r/min
G70 P10 Q20	精车
G0 X100. Z100.	退至安全距离
M05	主轴停转
M30	程序结束

4. 精加工循环指令（G70）

当用 G71、G72、G73 指令粗车完毕后，须用 G70 指令进行精加工，即让刀具按粗车复合循环指令的精加工路线，切除粗加工中留下的余量。指令格式为：

G70　P（Ns）　Q（Nf）

其中：

1）Ns：指定精加工路线的第一个程序段的顺序号。

2）Nf：指定精加工路线的最后一个程序段的顺序号。

说明：G70 的运动轨迹为 Ns～Nf 程序段之间指定的路线。

注意：

1）必须在使用 G71、G72 或 G73 指令后，才可使用 G70 指令。

2）G70 指令指定 Ns～Nf 程序段之间不能调用子程序。

3）Ns～Nf 间的精车程序段所指令的 F 和 S 是供 G70 指令精车时使用的。

4）精车时的 S 也可位于 G70 指令前，在换精车刀时同时指令。

5）使用 G71、G72 或 G73 及 G70 指令的程序必须储存于 CNC 控制器的内存中，即有复合固定循环指令的程序不能通过计算机以边传送边加工的方式控制机床。

5. 复合端面深孔加工循环指令（G74）

该指令可用于切断、切槽或孔加工，可以使刀具进行自动退刀。指令格式为：

G74　R(e)

G74　X(U)　Z(W)　P(Δi)　Q(Δk)　R(Δd)　F(f)　S(S)　T(T)

其中：

1）e：每次沿 Z 方向切削 Δk 后的退刀量。

2）X：*B* 点的 X 方向绝对坐标值。

3）U：*A* 到 *B* 的增量。

4）Z：*C* 点的 *Z* 方向绝对坐标值。

5）W：*A* 到 *C* 的增量。

6）Δi：X 方向的每次循环移动量（μm），无符号，直径指定。

7）Δk：Z 方向的每次循环移动量（μm），无符号。

8）Δd：切削到终点时 X 方向的退刀量，直径指定，通常不指定，省略 X（U）和 Δi 时，则视为 0，即只是 Z 轴动作，此指令即为深孔钻循环指令。

说明：G74 指令的运动轨迹如图 4-25 所示，刀具从循环起点 *A* 开始，按照 G74 指定的加工参数，快速退回到循环起点，结束粗车循环所有动作，准备下个动作。

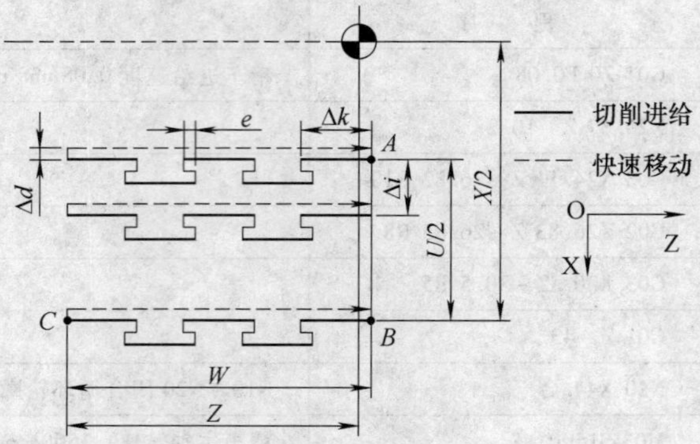

图 4-25　G74 复合端面深孔加工循环轨

6. 复合外圆、内圆切槽循环指令（G75）

该指令可用于切断、切槽或孔加工，可以使刀具进行自动退刀。指令格式为：

G75　R(e)

G75　X(U)　Z(W)　P(Δi)　Q(Δk)　R(Δd)　F(f)　S(S)　T(T)

其中：

1）e：每次沿 X 方向切削 Δi 后的退刀量。

2）X：*B* 点的 X 方向绝对坐标值。

3）U：*A* 到 *B* 的增量。

4）Z：*C* 点的 Z 方向绝对坐标值。

5）W：*A* 到 *C* 的增量。

6）Δd：切削到终点时 Z 方向的退刀量，通常不指定，省略 Z（W）和 Δk 时，则视为 0，也即只是 X 轴动作。

7）其余同 G74 指令中的参数。

说明：G75 的运动轨迹如图 4-26 所示，刀具从循环起点 A 开始，按照 G75 指定的加工参数，快速退回到循环起点，结束粗车循环所有动作，准备下个动作。

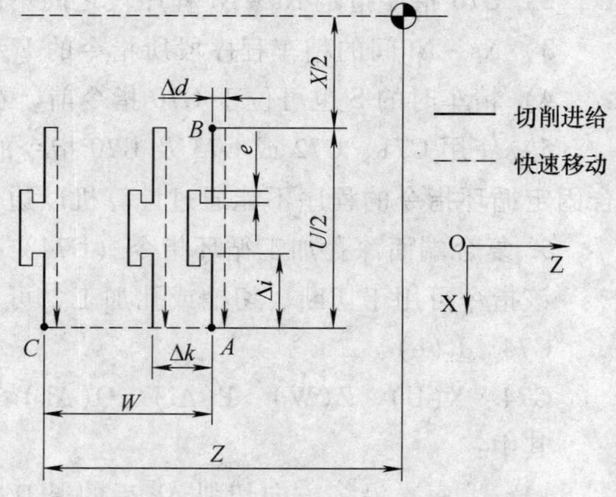

图 4-26　G75 指令复合外圆切槽循环轨迹

7. 复合螺纹切削循环指令（G76）

前面已介绍 G32 和 G92 两个车削螺纹指令。G32 指令需要 4 个程序段才能完成一次螺纹车削循环；G92 指令只需一个程序段可完成一次螺纹车削循环，程序长度比 G32 短，但仍须多次进刀方可完成螺纹车削；若使用 G76 指令，则一个指令即可自动完成多次螺纹车削循环。指令格式为：

G76　P(m)(r)(a)　Q(Δdmin)　R(d)

G76　X(U)　Z(W)　R(i)　P(k)　Q(Δd)　F(L)

其中：

1）m：最后精加工的重复次数。

2）r：螺蚊尾端倒角值，该值的大小在 0.0L ~ 9.9L（L 为螺纹导程）范围内，以 0.1L 为一档，用 00 ~ 99 两位数值指定。

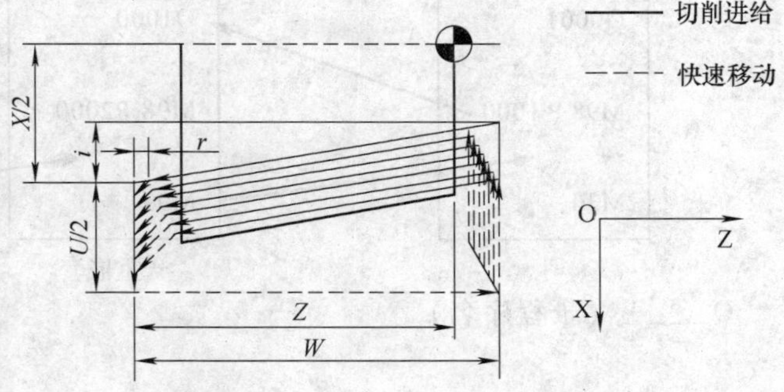

3）a：刀尖的角度（螺纹牙的角度），有 80°、60°、55°、30°、29°和 0° 6 种角度。

m、r、a 都必须用用两位数表示，同时由 P 指定，如 P021060 表示精车两次，尾端倒角值为一个螺距长，刀具角度为 60°。

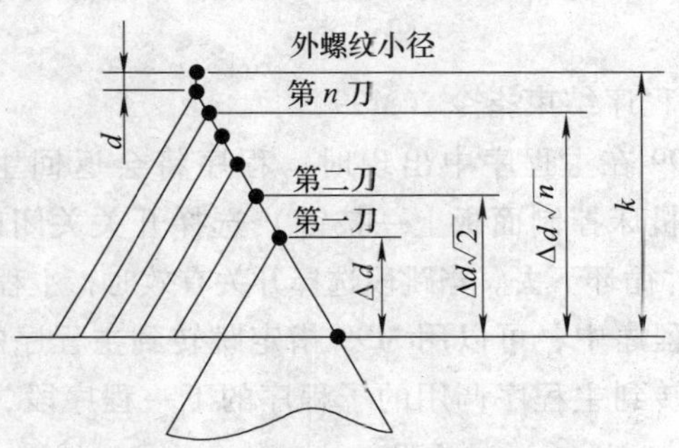

图 4-27　G76 指令螺纹循环轨迹及进刀轨迹

4）Δdmin：最小车削深度（μm），半径指定，车削过程中每次的车削深度为（$\Delta d\sqrt{n}-\Delta d\sqrt{n-1}$），当计算深度小于 Δdmin 时，则用 Δdmin 作为一次车削深度。

5）d：精加工余量。

6）i：螺纹锥度值，i = 0 或省略时为切削直螺纹。

7）k：螺纹牙高（μm），半径指定。

8）Δd：第一次车削深度（μm），半径指定。

说明：G76 指令的运动轨迹如图 4-27 所示，此循环加工，刀具为单侧刃加工，刀尖的负载可以减轻。另外，第一次切入量为 Δd，第 n 次为 $\Delta d\sqrt{n}$，每次的切削量是一定的。

G76 指令的编程应用可参见例 4-11。

五、子程序及其调用指令（M98、M99）

当在程序中含有某些固定顺序或重复出现的程序段时，可以将这些程序段编成一个子程序，让主程序重复调用，子程序的有效使用可以简化程序并缩短检查时间。

1. 子程序调用指令（M98）

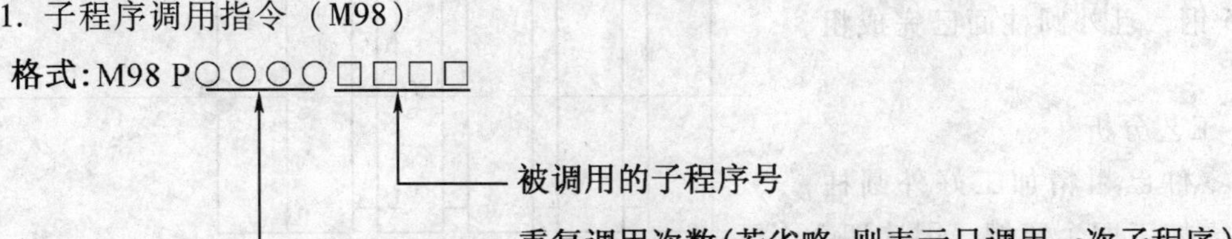

例如：M98 P50002 表示子程序名为 0002 的程序被调用 5 次。

子程序还可以再调用子程序，称为子程序嵌套。本数控系统可以调用二重子程序。

2. 子程序的格式

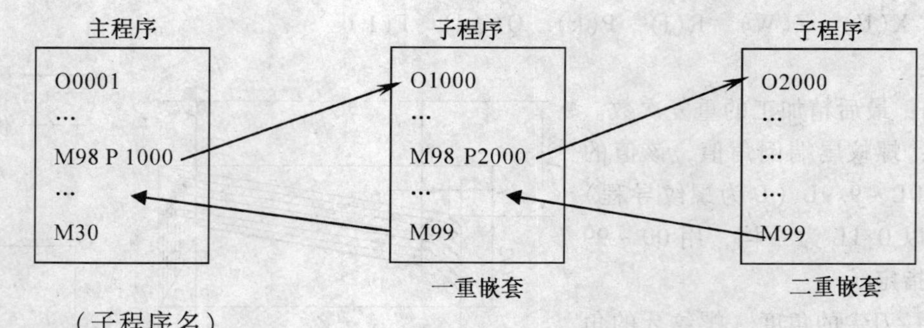

O____（子程序名）

…

M99（子程序结束，并返回主程序）

其中 M99 为子程序结束指令，用在子程序的最后一个程序段，表示子程序结束后返回主程序。

3. 子程序结束指令（M99）

当 M99 在主程序中出现时，程序将会返回主程序头。例如在主程序中加入“M99;”，当跳段（机床控制面板上一按键）选择开关关闭时，主程序执行 M99 并返回主程序头重新开始工作并循环下去。当跳段选择开关有效时，主程序跳过 M99，程序段执行下边的程序段。

在子程序中，可以用 M99 指定跳转到主程序的目的程序段，其格式为“M99 P__”，程序不是跳转到主程序调用的子程序的下一程序段，而是跳转到 P 后所指定的程序段，如：

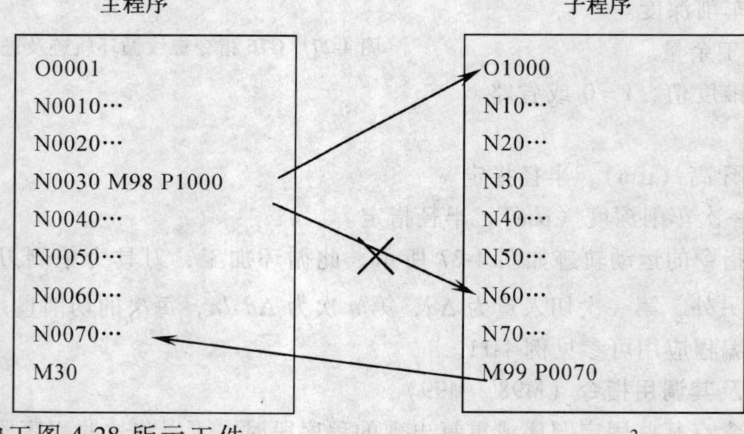

例 4-4 加工图 4-28 所示工件上的四个槽，试编程。已知毛坯材料为 45 钢，且外圆柱面已完成粗、精加工。

1. 工艺分析

该零件已粗精加工好外圆柱，我们只需加工四个窄槽，因这四个槽的槽宽及槽深都相同，且槽间距也相同，为了简便编程，在此我们采用子程序对其进行编程。

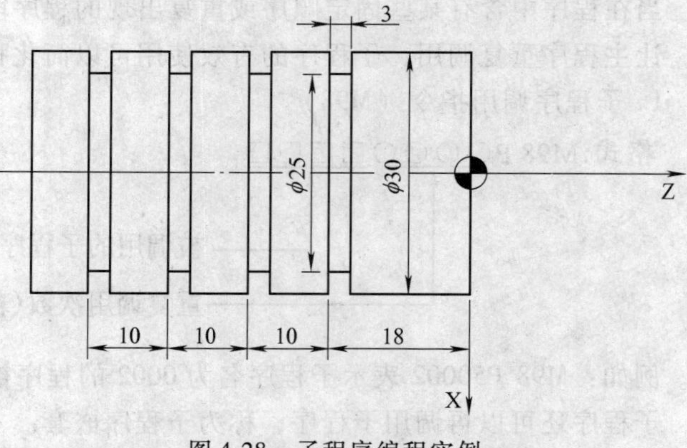

图 4-28 子程序编程实例

2. 选择刀具

选取宽为 3mm 的硬质合金外切槽车刀，位于 T02 刀位。

3. 确定切削用量

加工内容	背吃刀量 a_p/mm	进给量 f/mm·r^{-1}	主轴转速 s/r·min^{-1}
车槽	≤2.5	0.05	380

4. 参考程序

主程序：

程序	说明
O0001	主程序名
T0202	调用外切槽刀，刀宽 3mm，左刀尖编程
G97 G99 M03 S380 F0.05	主轴恒转速，转速 380r/min，刀具每转进给，进给速度 0.05mm/r
G00 X32. Z-8.	快进到子程序开始点
M98 P41000	调用子程序 O1000 四次
G00 X100. Z100.	快速退刀
M05	主轴停转
M30	程序结束

子程序：

程 序	说 明
O1000	子程序名
G00 W-10.	
G01 X25. F0.05	
X31. F1.0	
M99	子程序结束

六、圆头车刀的编程与补偿指令（G41、G42、G40）

（一）刀尖半径和假想刀尖的概念

1. 假想刀尖

上述编程例题均是假设车刀有一刀尖，在编写程序时以此假想刀尖点切削工件。在对刀时也是以假想刀尖进行对刀的，但假想刀尖实际上是不存在的，如图 4-29 所示的 P 点。

2. 刀尖半径

为了提高刀尖的强度和降低工件表面粗糙度，在实际车削加工中常将车刀的刀尖修磨成半径较小的圆弧，如图 4-29 所示。刀具在车削外圆柱面时用 A 点切削，车削端面时用 B 点切削，此时刀尖圆弧并不影响工件的尺寸及形状。但在车削圆锥面或圆弧时，是 A 点 ~ B 点之间的刀尖弧上的某一点在切削，会造成过切或欠切现象，影响工件的尺寸及形状精度，如图 4-30 所示，所以在编

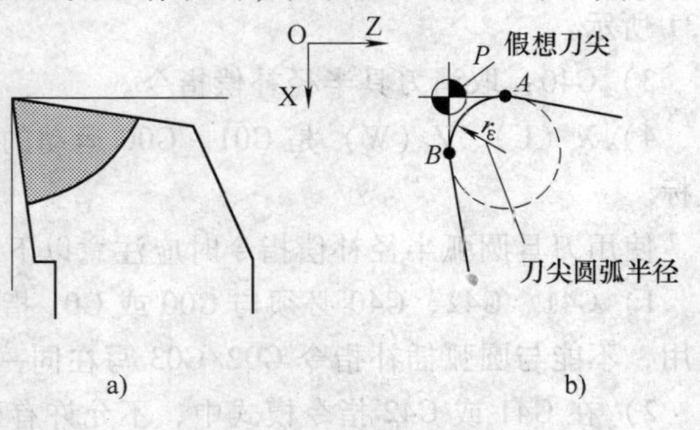

图 4-29 车刀刀尖放大图
a）刀尖 b）刀尖圆弧放大

制数控车削程序时，必须给予考虑。

（二）刀尖圆弧半径补偿的定义

由于在用圆头车刀进行圆锥面或圆弧切削时，会产生过切或欠切现象，但又为了确保工件的尺寸及形状精度，加工时是不允许刀具刀尖圆弧的圆心运动轨迹与被加工工件轮廓重合的，而应与工件轮廓偏移一个刀尖半径值，这种偏移就称为刀尖圆弧半径补偿。

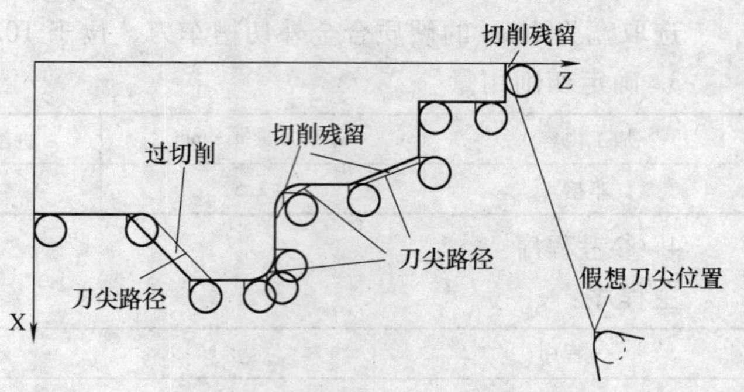

图 4-30　刀尖圆弧造成的过切与欠切

（三）刀尖圆弧半径补偿功能的编程

具有刀尖圆弧半径补偿功能的控制系统，在编程时不需要计算刀具中心的运动轨迹，只需按零件轮廓编程。使用刀具圆弧半径补偿指令，在控制面板上手工输入刀具的刀尖半径值，并且输入假想刀尖位置序号，数控装置便能自动地计算出刀尖中心轨迹，并按刀具圆弧的中心轨迹运动。即执行刀具圆弧半径补偿后，刀尖自动偏离工件轮廓一个刀尖半径值，从而加工出所要求的工件轮廓。

当刀具磨损或刀具重磨后，刀具半径变小或变大，这时只需要通过面板输入改变后的刀具半径，而不需要修改已编好的程序。

1. 刀尖圆弧半径补偿指令（G41、G42、G40）

格式：

…

G41/G42　G01/G00　X(U)__　Z(W)__

…

G40　G01/G00　X(U)__　Z(W)__

其中：

1）G41：刀具半径左补偿指令，即沿刀具运动方向看，刀具位于工件左侧时的刀具半径补偿，如图 4-31 所示。

2）G42：刀具半径右补偿指令，即沿刀具运动方向看，刀具位于工件右侧时的刀具半径补偿，如图 4-31 所示。

3）G40：取消刀具半径补偿指令。

4）X（U）、Z（W）是 G01、G00 运动的目标点坐标。

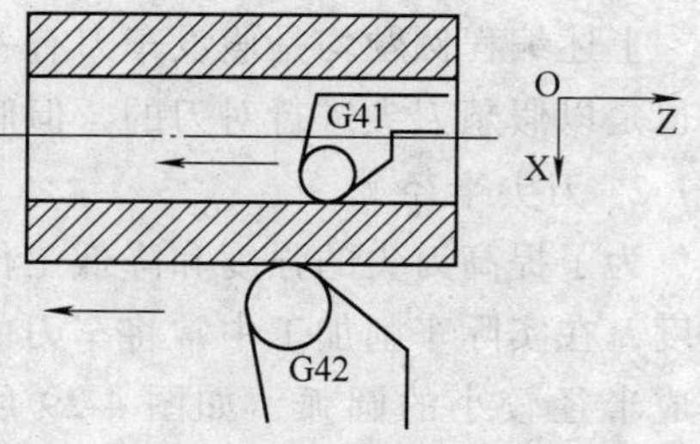

图 4-31　刀具半径补偿

使用刀具圆弧半径补偿指令时应注意以下几点：

1）G41、G42、G40 必须与 G00 或 G01 指令一起使用，不能与圆弧插补指令 G02/G03 写在同一个程序段中。

2）在 G41 或 G42 指令模式中，不允许有两段连续的非移动指令，否则刀具在前面程序段终点的垂直位置停止，会产生过切或欠切现象。

3）G41 或 G42 指令必须与 G40 指令成对使用。

4）在加工比刀尖半径小的凹圆弧时，会产生报警。

5）加工阶梯形状之工件时，若阶梯高小于刀尖半径，会产生报警。

6）在建立刀具半径补偿之前，刀具应远离零件轮廓适当的距离。

2. 假想刀尖位置序号

具备刀具半径补偿功能的数控系统，除利用刀具半径补偿指令外，还应根据刀具在切削时所装的位置，即刀具测量的象限，选择假想刀尖的方位。按假想刀尖的方位，确定补偿量。假想刀尖的方位有10（0～9）种位置可以选择，如图4-32所示。除0（或9）号外，数控车床的对刀均是以假想刀位点来进行的。也就是说，在刀具偏置存储器中设定的值，是通过假想刀尖点进行对刀后，所得的机床坐标系中的绝对坐标值。

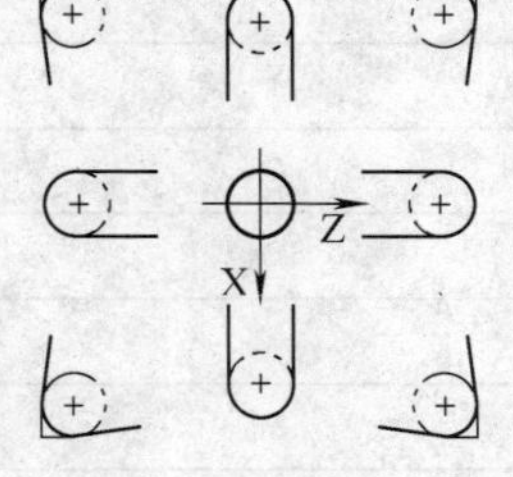

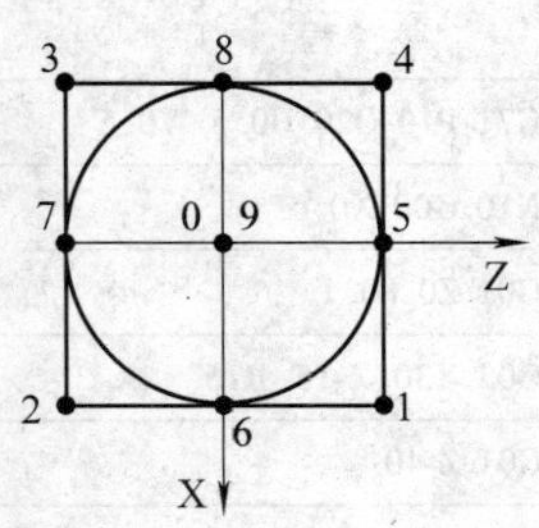

图4-32 假想刀尖的位置

例4-5 加工图4-33所示工件，试采用刀尖圆弧半径补偿编程。已知毛坯为ϕ40mm×60mm的棒料，材料为45钢。

1. 工艺分析

该零件由外圆柱面、及圆弧面组成。零件材料为45号钢，切削性能较好，无热处理和硬度要求。

2. 加工过程

1）对刀，设置编程原点在右端面中心处。

2）用G71指令编程粗车各外形，X向单边留余量0.25，Z向留余量0.2。

3）用G70指令编程精车各外形。

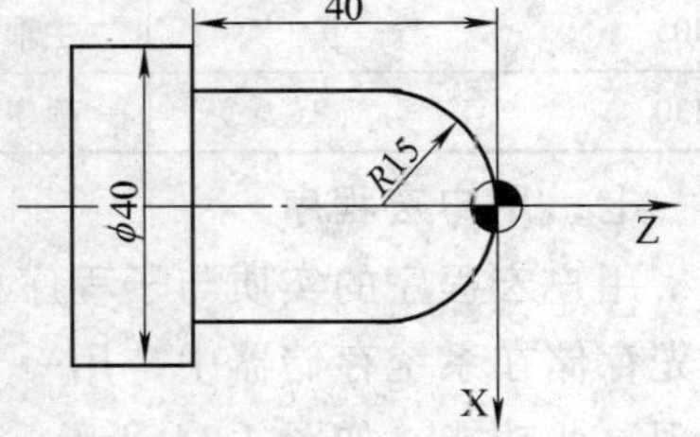

图4-33 刀具圆弧半径补偿实例件

3. 选择刀具

选取硬质合金93°度右偏车刀，用于粗精车零件各面，刀尖圆角半径R=0.4mm，刀尖位置T=3，位于T01刀位。

4. 确定切削用量

加工内容	背吃刀量 a_p/mm	进给量 f/mm·r^{-1}	主轴转速 s/r·min^{-1}
粗车各外形面	2	0.2	600
精车各外形面	0.25	0.1	1200

5. 参考程序

程　序	说　明
O0001	程序名
T0101	调用外圆刀
G97 G99 M03 S600 F0.2	主轴恒转速，转速600r/min，刀具每转进给，进给速度0.2mm/r
G00 X42. Z2.	快进到G71粗车循环起始点
G71 U2. R0.5	

（续）

程　　序	说　　明
G71 P10 Q20 U0.5 W0.5	
N10 G00 X0	
G01 Z0 F0.1	
G03 X30. Z-15. R15.	
G01 Z-40.	
N20 X42.	
G00 X100. Z100.	快速退刀
M05	主轴停转
M00	程序暂停
T0101	
M03 S1200	精车转速 1200r/min
G00 G42 X42. Z2.	快进，并调用刀具圆弧半径补偿
G70 P10 Q20	G70 精加工循环
G00 G40 X100. Z100.	快退，并取削刀具圆弧半径补偿
M05	主轴停转
M30	程序结束

七、用户宏程序

用户宏程序的实质与子程序相似，它也是把一组实现某种功能的指令，以子程序的形式预先存储在系统存储器中，用一个命令代表这些功能。主程序中只要写出该代表命令，就能实现这些功能。如图 4-34 所示，把这一组命令称为用户宏程序本体。用户宏程序本体有时也简称宏程序。调用宏程序的指令称为“用户宏程序指令”，或宏程序调用指令，简称宏指令。

用户宏程序最大特点是在用户宏程序本体中能使用变量，变量间可以赋值和运算。

GSK980T 系统提供了宏程序功能，可以使用变量进行算术运算和指令转移，但其算术运算能力只有赋值、加算和减算，不能解决非圆曲线的编程问题。而 GSK980T 系统的升级系统 GSK980TD 增加了算术运算能力的乘算、除算、平方根等，解决了非圆曲线的编程问题。下面以 GSK980TD 数控系统为例说明用户宏程序。

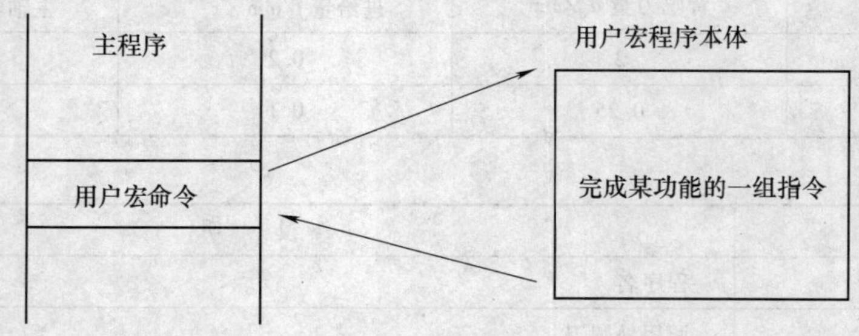

图 4-34　用户宏程序

（一）用户宏指令（M98）

用户宏指令是调用用户宏程序本体的命令。格式为：

M98 P ______

说明：P后面的数字为被调用的宏程序本体的程序号。

（二）用户宏程序本体

在用户宏程序本体中，可以使用一般的CNC指令，也可使用变量、运算及转移指令。

用户宏程序的本体，是以程序号O开始，用M99结束的程序。用户宏程序本体的构成为

O××××　　（宏程序号）

……
　　　　　（宏程序主体）
……

……

M99　　　　（宏程序结束）

（三）宏变量

1. 变量的使用方法

用变量可以指令用户宏程序本体中的地址值，可使用多个变量，这些变量用变量号来区别。变量值可以由主程序赋值或通过键盘输入设定，或者在执行用户宏程序本体时赋给计算出的值。

（1）变量的表示　用#号和其后的变量号来表示，格式如下：

#（i=200，202，203，204……）

例：#205，#209，#1005。

（2）变量的引用　用变量可以置换地址后的数值。如果程序中有"〈地址〉#i"或者"〈地址〉—#i"，则表示把变量值或者把变量值的负值作为地址值。例如

F#203——当#203=15时，则表示F15。

Z-#210——当#210=250时，则表示Z-250。

G#230——当#230=3时，则表示G03。

用变量置换变量号时，不用##200描述，而写为#9200，也就是#后面的"9"表示置换变量号。例如，当#200=205和#205=500时，X#9200表示X500，X-#9205表示X-500。

说明：

1）地址O和N不能引用变量，如不能用O#200和N#220编程。

2）如果超过了地址所规定的最大指令值，则不能使用。如#230=120时，M#230超过了最大指令值。

3）变量值可以显示在LCD画面上，也可以用按键给变量设定值。

2. 变量的种类

根据变量号的不同，变量分为公用变量和系统变量，它们的用途和性质都不同。

（1）公用变量（#200~#231）　公用变量在主程序以及由主程序调用的各用户宏程序中是公用的，即某一用户宏程序中使用的变量#i和其他宏程序使用的#i是相同的。因此，某一宏程序中运算结果的公用变量#i可以用于其他宏程序中。

系统中不规定公用变量的用途，用户可以自由使用。切断电源清除公用变量#200~#231，电源接通时全部为"0"。

（2）系统变量　此变量的用途在系统中是固定的，如接口输入信号#1000～#1015（选择机能一需配相应的选择件）。系统读取到作为接口信号的系统变量#1000～#1015 的值后，便可知道接口输入信号的状态。在此不作介绍。

（四）运算命令和转移命令（G65）

格式：G65 Hm　P #i　Q #j　R #k

其中：

1）m：表示运算命令或转移命令的功能，见表 4-4，范围为 01～99。

2）#i：存入运算结果的变量名或为转移的的顺序号。

3）#j：进行运算的变量名 1，也可以是常数。

4）#k：进行运算的变量名 2，也可以是常数。

说明：

1）变量值不含小数点，各变量值所表示的意义与各地址不带小数点所表示的意义是同样的，例如，若#100＝10，则 X#100＝0.01mm（毫米输入时）。

2）常数直接表示，不带#。

3）用 G65 指定的 H 代码，对偏置量的选择没有任何影响。表 4-4 所示是 G65 指令中的 H 代码及其功能。

表 4-4　G65 指令中的 H 代码及其功能

G 代码	H 代码	功　能	定　义	说　明
G65	H01	赋值	#i＝#j	
G65	H02	加算	#i＝#j＋#k	
G65	H03	减算	#i＝#j－#k	
G65	H04	乘算	#i＝#j×#k	运算命令
G65	H05	除算	#i＝#j÷#k	
G65	H21	平方根	$\#i=\sqrt{\#j}$	
G65	H22	绝对值	#i＝｜#j｜	
G65	H80	无条件转移	转向 N	
G65	H81	条件转移 1	IF#j＝#k，GOTON	
G65	H82	条件转移 2	IF#j≠#k，GOTON	
G65	H83	条件转移 3	IF#j＞#k，GOTON	转移命令
G65	H84	条件转移 4	IF#j＜#k，GOTON	
G65	H85	条件转移 5	IF#j≥#k，GOTON	
G65	H86	条件转移 6	IF#j≤#k，GOTON	
G65	H99	产生 P/S 报警	产生 500＋N 号 P/S 报警	

1. 运算命令

（1）变量的赋值（#i＝#j）　格式为：G65 H01 P#I Q#J；

例：

G65 H01 P#201 Q1005；　　（#201＝1005）

G65 H01 P#201 Q#210；　　（#201＝#210）

G65 H01 P#201 Q－#202；（#201＝－#202）

（2）加法运算（#I＝#J＋#K） 格式为：G65 H02 P#I Q#J R#K；

例：G65 H02 P#201 Q#202 R15； （#201＝#202＋15）

（3）减法运算（#I＝#J－#K） 格式为：G65 H03 P#I Q#J R#K；

例：G65 H03 P#201 Q#202 R#203； （#201＝#202－#203）

（4）乘法运算（#I＝#J×#K） 格式为：G65 H04 P#I Q#J R#K；

例：G65 H04 P#201 Q#202 R#203； （#201＝#202×#203）

（5）除法运算（#I＝#J÷#K） 格式为：G65 H05 P#I Q#J R#K

例：G65 H05 P#201 Q#202 R#203； （#201＝#202÷#203）

（6）平方根（$\#I=\sqrt{\#J}$） 格式为：G65 H21 P#I Q#J；

例：G65 H21 P#201 Q#202； （$\#201=\sqrt{\#202}$）

（7）绝对值（#I＝｜#J｜） 格式为：G65 H22 P#I Q#J

例：G65 H22 P#201 Q#202； （#201＝｜#202｜）

注意：

1）在使用宏程序运算指令中，当变量以角度形式指定时，其单位是0.001°。

2）在各运算中，当必要的Q，R没指定时，其值作为零参加运算。

3）在各运算中，小数部分全部舍去。

2. 转移命令

（1）无条件转移 格式为：G65 H80 Pn；

其中，n为顺序号。

例：G65 H80 P120；（转到N120程序段）

（2）条件转移 条件转移命令的功能是当条件式成立时，转到顺序号为n的程序段执行；条件式不成立时，则顺序执行下一个程序段。

条件式有＝、≠、＞、＜、≥、≤六种，据此条件转移命令也有六种形式。

1）条件转移1，条件式为：#J EQ #K（＝）。

格式为：G65 H81 Pn Q#J R#K；

例：G65 H81 P1000 Q#201 R#202；表示当#201＝#202时，转到N1000程序段，当#201≠#202时，顺序执行。

2）条件转移2，条件式为：#J NE #K（≠）。

格式为：G65 H82 Pn Q#J R#K；

例：G65 H82 P1000 Q#201 R#202；表示当#201≠#202时，转到N1000程序段，当#201＝#202时，程序顺序执行。

3）条件转移3，条件式为：#J GT #K（＞）。

格式为：G65 H83 Pn Q#J R#K；

例：G65 H83 P1000 Q#201 R#202；表示当#201＞#202时，转到N1000程序段，当#201≤#202时，程序顺序执行。

4）条件转移4，条件式为：#J LT #K（＜）。

格式为：G65 H84 Pn Q#J R#K；

例：G65 H84 P1000 Q#201 R#202；表示当#201 < #202 时，转到 N1000 程序段，当#201 ≥#202 时，程序顺序执行。

5）条件转移5，条件式为：#J GE #K（≥）。

格式为：G65 H85 Pn Q#J R#K；

例：G65 H85 P1000 Q#201 R#202；表示当#201 ≥ #202 时，转到 N1000 程序段，当#201 < #202 时，顺序执行。

6）条件转移6，条件式为：#J LE #K（≤）。

格式为：G65 H86 Pn Q#J R#K；

例：G65 H86 P1000 Q#201 R#202；表示当#201 ≤ #202 时，转到 N1000 程序段，当#201 > #202 时，顺序执行。

（3）发生 P/S 报警　格式为：G65 H99 Pi；

其中，i 为报警号 +500。

例：G65 H99 P15；表示发生 P/S 报警 515。

说明：

1）当转移地址的顺序号指定为正值时，开始是顺序方向然后是逆方向检索，指定负值时，开始是逆方向然后是正方向。

2）也可以用变量指定顺序号。如：G65 H81 P#200 Q#201 R#202；表示当条件满足时，程序转到#200 指定顺序号的程序段。

（五）关于用户宏程序本体的注意事项

1）运算、转移命令的地址 H、P、Q、R 必须写在 G65 之后，写在 G65 之前的地址只有 O、N。例：

N100 H02 G65 P#200 Q#201 R#202；（错误）

N100 G65 H01 P#200 Q10；（正确）

2）变量值在 -2^{32} ~ （$+2^{32}-1$）范围内。

3）宏程序的嵌套可到四重嵌套。

4）变量值只取整数，所以运算结果出现小数点时，小数点后的数值舍掉。

5）运算时请注意运算顺序。

（六）宏指令编程实例

例 4-6　如图 4-35 所示，此工件已粗加工完成，现欲用宏程序精加工，工件材料为 45 钢棒。

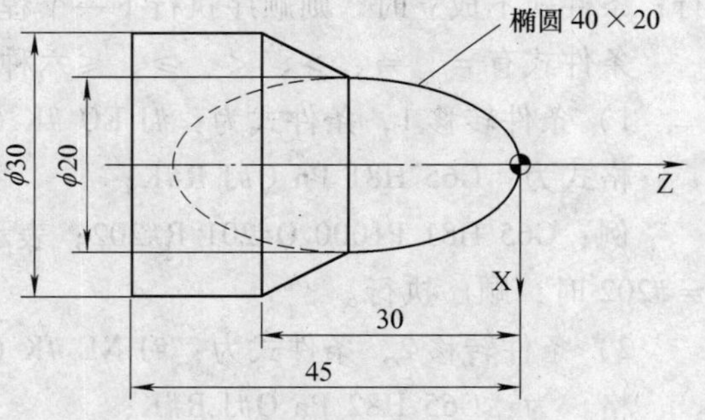

图 4-35　宏程序实例图

1. 选择刀具

选取硬质合金 93°度右偏车刀，用于精车零件各面，刀尖圆角半径 $R=0.4$mm，刀尖位置 T=3，位于 T01 刀位。

2. 确定切削用量

加工内容	背吃刀量 a_p/mm	进给量 f/mm · r^{-1}	主轴转速 s/r · min^{-1}
精车各外形面	0.5	0.1	1200

3. 参考程序

程　　序	说　　明
O0001	主程序名
N05 T0101	调用外圆精加工刀
N10 G97 G99	主轴恒转速，刀具每转进给
N15 M03 S1500 F0.08	转速1500r/min，进给速度0.08mm/r
N20 G00 X100. Z100.	退至换刀点
N25 G42 X32. Z2.	快进，并调用刀具圆弧半径补偿
N30 Z0	
N35 G01 X0	
N40 M98 P0002	调用椭圆宏程序
N45 G01 X30. Z-30.	
N50 Z-48.	
N55 X37.	
N60 G00 G40 X100.	退刀，并取消刀具圆弧半径补偿
N65 Z100.	退刀
N70 M05	主轴停止
N75 M30	主程序结束
O0002	椭圆宏程序名
N05 G65 H01 P#201 Q20000	长半轴
N10 G65 H01 P#202 Q10000	短半轴
N15 G65 H01 P#203 Q20000	Z轴起始尺寸
N20 G65 H84 P80 Q#203 R0	判断是否走到Z轴终点，是则跳到N80程序段
N25 G65 H04 P#204 Q#201 R#201	
N30 G65 H04 P#205 Q#203 R#203	
N35 G65 H03 P#206 Q#204 R#205	
N40 G65 H21 P#207 Q#206	
N45 G65 H04 P#208 Q10000 R#207	
N50 G65 H05 P#209 Q#208 R20000	
N55 G65 H04 P#210 Q2000 R#209	X轴变量
N60 G65 H03 P#211 Q#203 R20000	Z轴变量
N65 G01 X#210 Z#211	椭圆插补
N70 G65 H03 P#203 Q#203 R500	Z轴步距，每次0.5mm
N75 G65 H80 P20	跳转到N20程序段
N80 M99	

第五节　数控车床编程实例

一、简单形面的程序编制

任何机械零件图，无论简单与复杂，都是由若干单一几何要素组合而成，经常出现的有圆柱、圆锥、圆弧等。如果这些简单形面的加工工艺处理得当，安排复杂零件的加工工艺也就迎难而解了。

（一）圆锥面的车削

圆锥面的车削可分为车正锥和车倒锥两种情况，如图 4-36 所示。下面以车削正锥讨论其加工工艺及编程（倒锥车削原理类似正锥）。

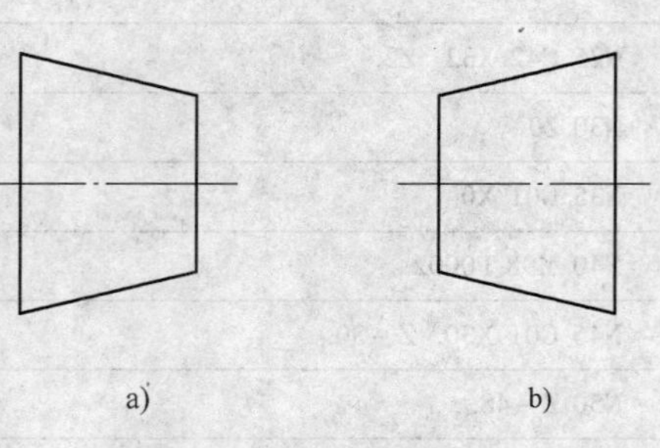

图 4-36　圆锥面的分类
a）正锥　b）倒锥

1. 车削圆锥面的进给路线分析

圆锥面的车削需要多次进给加工，其加工路线有三种（设圆锥大端直径为 D，小端直径为 d，锥长为 L）。

（1）射线法　这种进给路线的特点是每次车削的终点相同，如图 4-37 所示。用此种方法粗车圆锥面，只需确定每次背吃刀量 a_p，而不需计算每次进给的终点坐标值，编程较方便；但在每次切削中背吃刀量是变化的，且刀具切削运动的路线较长。

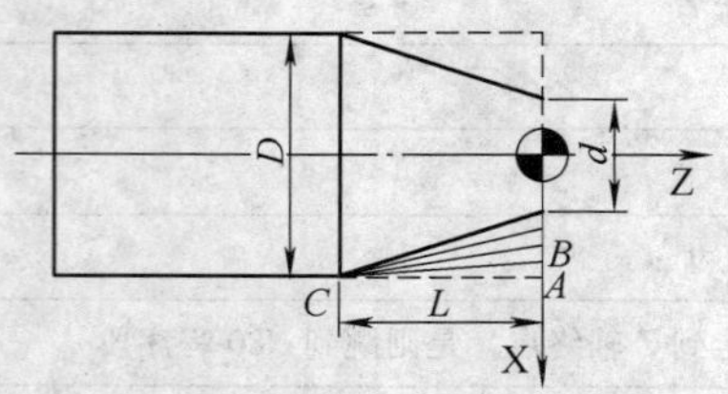

图 4-37　射线法

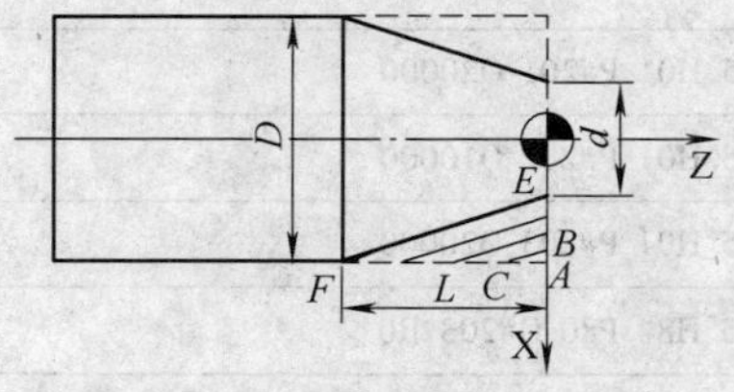

图 4-38　平行法

（2）平行法　这种进给路线的特点是每次车锥路线与锥体母线平行，如图 4-38 所示。用此种方法粗车圆锥面，刀具切削运动的路线较短，但需计算每次进给的终点坐标值（可由相似三角形计算得到）。终点距的计算如下：

$$\triangle ABC \backsim \triangle AEF,\ \overline{AB} = a_p,\ \overline{AE} = \frac{D-d}{2},\ AF = L$$

$$则\frac{\overline{AC}}{\overline{AB}} = \frac{\overline{AF}}{\overline{AE}},\ 可得\overline{AC} = \frac{L}{(D-d)\ /2} \times a_p$$

（3）台阶法　台阶法就是先将毛坯粗车成台阶状，再用一次进给精车出圆锥面，如图 4-39 所示。用此种方法粗车圆锥面，刀具切削运动的路线最短，但也要计算每次进给的终点坐标值，且其所留精加工余量不均匀，使精加工刀具受力不均匀，影响圆锥面的加工精度和表面质量。

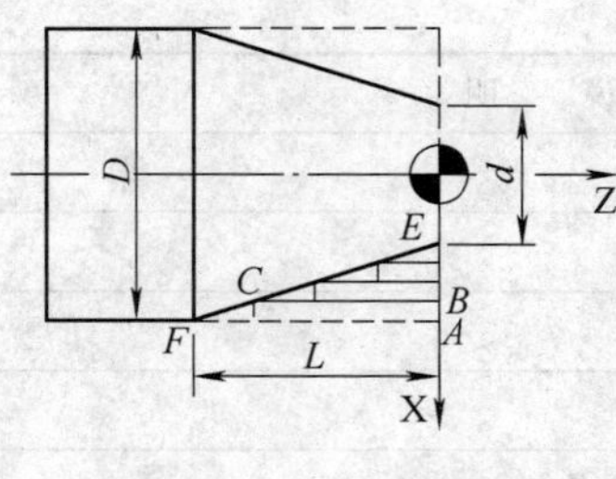

图 4-39 台阶法

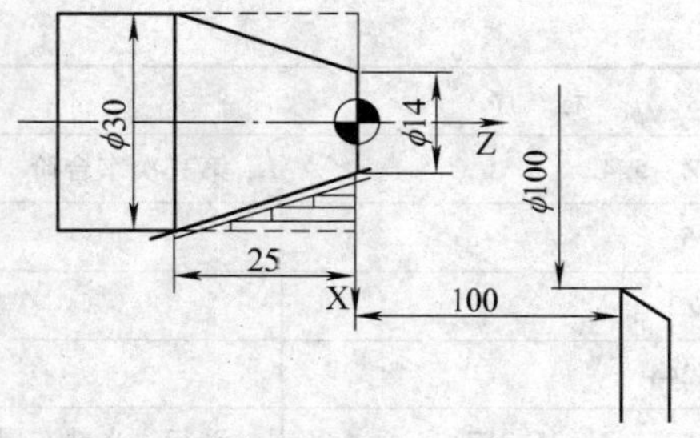

图 4-40 锥面车削实例

终点距的计算：$\triangle AEF \backsim \triangle BEC$，$AB = a_p$ $AE = \dfrac{D-d}{2}$，$BE = AE - AB$，$AF = L$，则$\dfrac{BC}{BE} = \dfrac{AF}{AE}$，可得 $BC = \dfrac{L}{(D-d)/2} \times \left(\dfrac{D-d}{2} - a_p\right)$。

2. 车锥编程举例

例 4-7 编制图 4-40 所示圆锥面的加工程序，粗加工采用车台阶法，每次背吃刀量约 2mm，已知毛坯为 ϕ30mm×50mm 的 45 钢棒料。

1. 工艺分析

由于台阶法粗车圆锥面所留精加工余量不均匀，因此在精加工圆锥面之前，用平行法再半精车一刀。圆锥面的车削编程一般是通过切削循环指令进行粗车和基本指令实现精车的。

2. 选择刀具

选取硬质合金 93°度右偏车刀，刀尖圆弧半径 r_ε =0.4mm，刀尖位置 T=3，位于 T01 刀位。

3. 确定切削用量

加工内容	背吃刀量 a_p/mm	进给量 f/mm · r^{-1}	主轴转速 s/r · min^{-1}
粗车圆锥面	2	0.2	800
精车圆锥面	0.25	0.08	1500

4. 编制程序

程 序	说 明
O0001	程序名
T0101	调用粗加工刀具
G97 G99 M03 S800 F0.2	主轴恒转速，转速 800r/min，刀具每转进给，进给速度 0.2mm/r
G00 X26. Z2.	快进
G01 Z-17.9	第一次车台阶
X26.5	
G00 Z2.	
X22.	
G01 Z-11.6	第二次车台阶
X22.5	
G00 Z2.	
X18.	

（续）

程　序	说　明
G01 Z－5.4	第三次车台阶
X18.5	
G00 Z2.	
X13.244	
G01 X31. Z－25.717	平行法半精车圆锥面，使精加工余量均匀
G00 X100.	快速退刀
Z100.	
T0202	调用精加工刀具
S1500 F0.08	转速1500r/min
G42 X6.359 Z2.	快进，并调用刀具圆弧半径补偿
G01 X31. Z－26.537	精车圆锥面
G00 G40 X100.	快速退刀，并取消刀具圆弧半径补偿
Z100.	
M05	
M30	

（二）球面的车削

1. 车削球面的进给路线分析

球面的车削同样也需要多次进给加工成形，其加工路线有以下三种。

（1）车圆法　车圆法的进给路线是不同半径的同心圆，如图4-41所示。用此种方法粗车圆弧，其精加工余量均匀且数值计算简单，编程方便，但刀具切削路线较长。

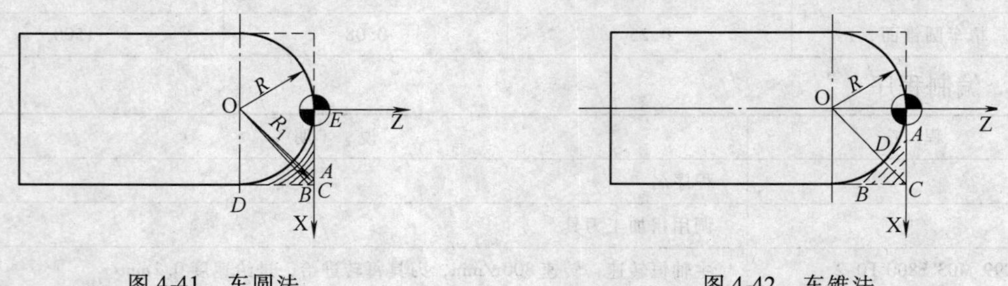

图4-41　车圆法　　　　图4-42　车锥法

终刀距的计算：连接OA、OB，则此时的圆弧半径$R_1=\overline{OA}=\overline{OB}$，$\overline{BD}=\overline{AE}=\sqrt{R_1^2-R^2}$，$\overline{BC}=\overline{AC}=R-\sqrt{R_1^2-R^2}$。

（2）车锥法　车锥法就是先按平行车锥法将毛坯循环车成锥状，再沿圆弧轮廓车削成形，如图4-42所示。用此种方法粗车圆弧，刀具切削路线短，但需确定车锥时的起点和终点，若确定不好则可能损伤圆弧表面或使余量过大。

连接OC交圆弧于D点，过D点作圆弧的切线AB，由图可知$\overline{OC}=\sqrt{2}R$，$\overline{CD}=\sqrt{2}R-R$，$\overline{AC}=\overline{BC}=0.585R$。即车锥圆锥时，加工路线不能过$AB$线。

（3）车台阶法　车台阶法是先粗车成台阶状，再用一次进给精车出圆弧，如图4-43所示。用此种方法粗车圆弧，刀具切削路线最短，但需确定每次进给的终点坐标值（即是求圆弧与直线的交点），数值计算较为繁锁，且其所留精加工余量不均匀。

终刀距的计算：连接 OD，由图所知，$\overline{AC}=a_p=\overline{BD}$，$\overline{BE}=\sqrt{R^2-(R-a_p)^2}$，$\overline{BC}=R-\overline{BE}=R-\sqrt{R^2-(R-a_p)^2}$。

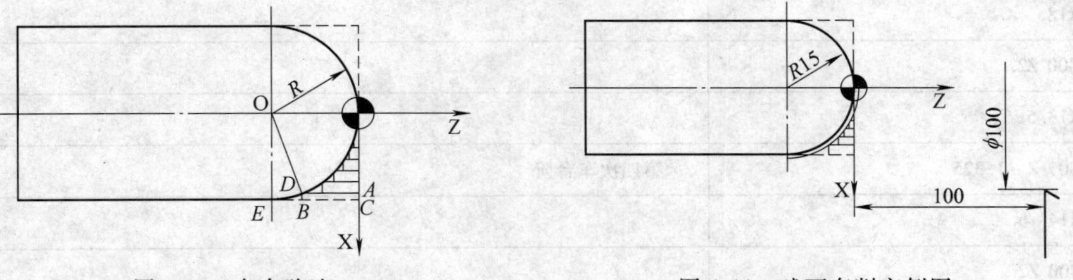

图 4-43　车台阶法　　　图 4-44　球面车削实例图

2. 球面车削编程举例

例 4-8　编制图 4-44 所示球面的加工程序，粗加工采用车台阶法，每次背吃刀量约 2mm。

1. 工艺分析

由于台阶法粗车球面所留精加工余量不均匀，因此在精加工球面之前，用同心圆法再半精车一刀。球面的车削编程一般是通过切削循环指令进行粗车，用基本指令实现精车。

2. 选择刀具

选取硬质合金 93°度右偏车刀，刀尖圆弧半径 $r_\varepsilon=0.4$mm，刀尖位置 T=3，位于 T01 刀位。

3. 确定切削用量

加工内容	背吃刀量 a_p/mm	进给量 f/mm·r^{-1}	主轴转速 s/r·min^{-1}
粗车圆锥面	2	0.2	800
精车圆锥面	0.25	0.08	1500

4. 编制程序

程　序	说　明
O0001	程序名
T0101	调用粗加工刀具
G97 G99 M03 S800 F0.2	主轴恒转速，转速 800r/min，刀具每转进给，进给速度 0.2mm/r
G00 X25.5 Z2.	快进
G01 Z-6.633	第一次车台阶
X26	
G00 Z2.	
X21.5	
G01 Z-4.183	第二次车台阶
X22.	
G00 Z2.	

（续）

程　序	说　明
X17. 5	
G01 Z－2. 51	第三次车台阶
X18.	
G00 Z2.	
X13. 5	
G01 Z－1. 325	第四次车台阶
X14.	
G00 Z2.	
X9. 5	
G01 Z－0. 508	第五次车台阶
X10.	
G00 Z2.	
X5. 5	
G01 Z0	
G03 X30. 5 Z－15. R15. 25	同心圆法粗车球面，使精加工余量均匀
G00 X100.	快速退刀
Z100.	
T0202	调用精加工刀具
S1500 F0. 08	转速 1500r/min
G42 X30. Z2.	快进，并调用刀具圆弧半径补偿
X0	
G01 Z0	
G03 X30. Z－15. R15.	精车球面
G00 G40 X100.	快速退刀，并取消刀具圆弧半径补偿
Z100.	
M05	
M30	

（三）螺纹的加工

1. 数控车床车削螺纹的控制原理

在数控车床上，螺纹是根据螺旋线的形成原理加工而成的，即车床主轴每转一转时，纵向床鞍（刀具）移动一个导程。

2. 螺纹的切削方法

螺纹的切削方法有直进法和斜进法两种。直进法车削螺纹时，螺纹车刀左右两侧切削刃都参加车削，切削力较大，而且排屑困难，故适合于车削螺距较小的三角形螺纹。车削较大螺距的螺纹时，为了减小车刀两个切削刃同时全部参加切削所产生的扎刀现象，可选用斜进法车削螺纹。G32、G92 指令采用的是直进式切削方法，G76 指令采用的是斜进式切削方法。

3. 普通螺纹相关尺寸

（1）车普通内螺纹前底孔直径 D'　直径 D'的计算公式为

$$D' \approx D - \varepsilon P$$

式中，D 为内螺纹的公称直径（mm）；P 为螺距（mm）；系数 ε 对脆性材料取为 1.05，一般材料取为 1。

（2）车普通外螺纹前外圆直径 d'　直径 d'的计算公式为

$$d' \approx d - 0.13P$$

式中，d 为外螺纹的公称直径（mm）；P 为螺距（mm）。

（3）牙型高度（实际背吃刀量）　$h = 0.64952P$（理论背吃刀量 $= 0.61343P$）。

注：计算因数 0.6495 是相对于 45 钢而言的，具体应结合工件的材质来取值：当工件材质较软，螺纹加工时材料受挤压所形成的高度较大，其因数可取大些。

4. 车螺纹时升、降速段的确定

由于伺服电动机由静止到匀速运动有一个加速过程（加速时间取决于主轴转速），反之则为降速过程，这样会使螺纹切削在开始及结束部分出现导程不正确的现象。因此，在螺纹刀接触材料前，其速度必须达到 100% 编程进给率，即必须设置适当的刀具引入距离（升速段）L_1 和刀具切出距离（降速段）L_2，如图 4-45 所示。常按下面公式计算理论上的进退刀距离（实际取值比计算值略大）：

$$L_1 = n \times P/400,\ L_2 = n \times P/1800$$

式中，n 为车螺纹主轴转速（r/min），P 为螺纹螺距或导程（mm）。

5. 车螺纹时主轴转速的确定

在车削螺纹时，车床的主轴转速将受到螺纹螺距 P（或导程）大小、驱动电动机升降频特性以及螺纹插补运算速度等多种因素的影响，故对于不同的数控系统，推荐不同的主轴转速选择范围。大多数经济型数控车床推荐车螺纹时的主轴转速 n（r/min）为

$$n \leqslant (1200/P) - K$$

式中，P 为螺纹螺距或导程（mm）；K 为保险因数，一般取为 80。

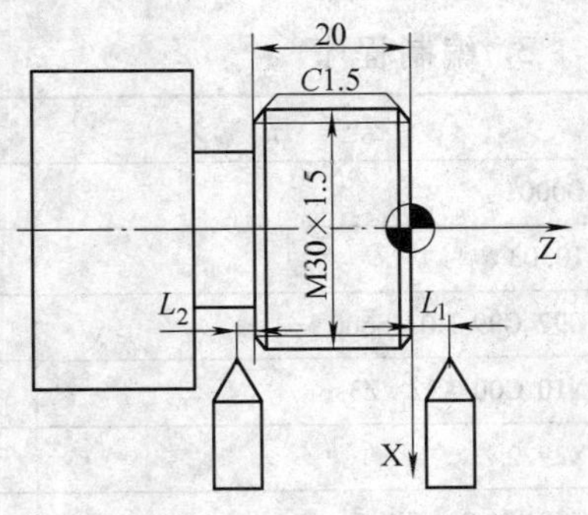

图 4-45　升、降速段示意图

6. 普通螺纹进给次数和背吃刀量的确定

螺纹甚至小螺距的螺纹是不能一次加工完成的，一次进给最多能加工出低质量的螺纹，最坏的情况是加工出不能使用的螺纹，而且刀具寿命也比预期短得多。为了提高螺纹车刀的寿命与保证螺纹的加工质量，应分多次进给切削加工螺纹，每次切削逐渐增加螺纹深度。

螺纹加工中的进给次数和背吃刀量会直接影响螺纹的加工质量，常用车削螺纹的进给次数和背吃刀量可参考表 4-5。

表 4-5　普通螺纹进给次数和背吃刀量的参考表　（单位：mm）

米制螺纹 $a_p = 0.6495P$								
螺距 P		1.0	1.5	2.0	2.5	3.0	3.5	4.0
背吃刀量 a_p		0.649	0.974	1.299	1.624	1.949	2.273	2.598
进给次数和背吃刀量	1 次	0.7	0.8	0.9	1.0	1.2	1.5	1.5
	2 次	0.4	0.6	0.6	0.7	0.7	0.7	0.8
	3 次	0.2	0.4	0.6	0.6	0.6	0.6	0.6
	4 次		0.16	0.4	0.4	0.4	0.6	0.6
	5 次			0.1	0.4	0.4	0.4	0.4
	6 次				0.15	0.4	0.4	0.4
	7 次					0.2	0.2	0.4
	8 次						0.15	0.3
	9 次							0.2

注：表中背吃刀量为直径值，进给次数和背吃刀量根据工件材料及刀具的不同可酌情增减。

例 4-9　如图 4-46 所示，用 G32 指令进行圆柱螺纹编程。已知外形及退刀槽都已加工好，毛坯材料为 45 钢。

1. 选择刀具：选取硬质合金 60°螺纹车刀，刀尖圆弧半径 $r_\varepsilon = 0.2\text{mm}$，位于 T03 刀位。

2. 计算

1）确定主轴转速：$n = 600\text{r/min}$。

2）确定升速段为、降速段：$L_1 = 3\text{mm}$，$L_2 = 1\text{mm}$。

3）$d' = d - 2h = 30\text{mm} - 2 \times 0.6495 \times 1.5\text{mm} = 28.052\text{mm}$

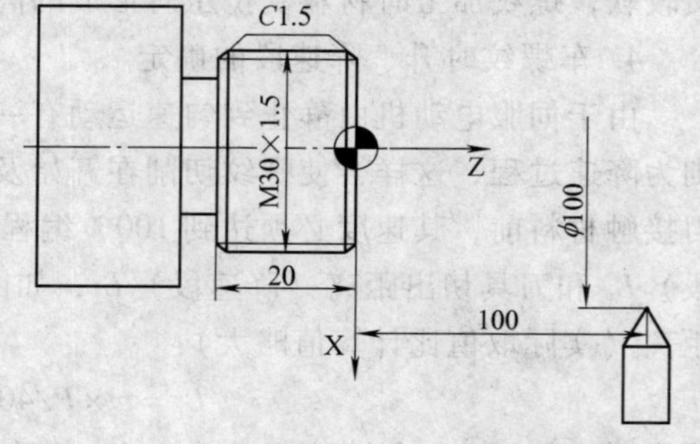

图 4-46　G32 圆柱螺纹切削实例图

3. 编制程序

程　序	说　明
O0001	程序名
T0303	调用螺纹刀具
G97 G99 M03 S600	主轴恒转速，转速 600r/min，刀具每转进给
N10 G00 X32. Z3.	快进至外螺纹起始点
X29.2	
G32 Z-21. F1.5	第一次车螺纹
G00 X32.	
Z3.	
X28.6	
G32 Z-21. F1.5	第二次车螺纹
G00 X32.	
Z3.	

（续）

程　　序	说　　明
X28. 2	
G32 Z－21. F1. 5	第三次车螺纹
G00 X32.	
Z3.	
X28. 052	
G32 Z－21. F1. 5	第四次车螺纹
G00 X32.	
Z3.	
X28. 052	
G32 Z－21. F1. 5	第一次精修螺纹
G00 X32.	
Z3.	
X28. 052	
G32 Z－21. F1. 5	第二次精修螺纹
N100 G00 X32.	
G00 X100. Z100.	退至换刀点
…	

例 4-10　如图 4-46 所示，用 G92 指令进行圆柱螺纹切削程序。

上述例 4-10 程序中的 N10～N100 程序段如用 G92 指令编制，则可简化程序，如

…

N10 X32. Z3.

G92 X29. 2 Z－21. F1. 5　　　　　　（车螺纹第一次进给）

X28. 6

X28. 2

X28. 04

X28. 04

N100 G00 X100.

…

例 4-11　如图 4-46 所示，用 G76 指令编制圆柱螺纹切削程序。

上述例 4-11 程序中的 N10～N100 程序段如用 G76 指令编制，则可进一步简化程序，如

…

N10 X32. Z3.

G76 P021060 Q80 R0. 16

G76 X28. 04 Z－21. R0 P974 Q800 F1. 5

N100 G00 X100.

…

二、典型零件的程序编制

（一）轴类零件的程序编制

例 4-12 完成图 4-47 所示零件的加工。生产类型为单件小批量生产，零件材料为 45 钢，毛坯为 ϕ35mm 的棒料。按图样要求完成零件节点、基点计算，设定工件坐标系，制定正确的工艺方案，选择合理的刀具和切削工艺参数，编制数控加工程序。

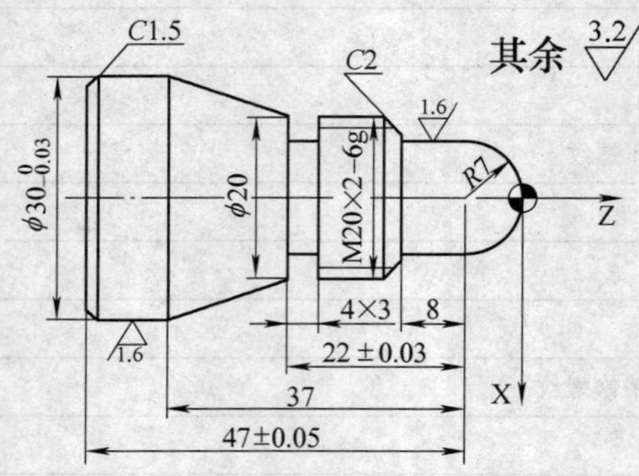

图 4-47 轴类零件实例图

1. 分析零件图样

该零件由外圆柱、外圆锥、顺圆弧及外螺纹等表面组成，有一定的尺寸精度和表面粗糙度要求。零件材料为 45 钢，切削加工性能较好，无热处理和硬度要求。

2. 工艺处理

（1）确定加工方案

1）用 G71 指令粗加工零件外形，用 G70 指令精加工零件外形。

2）车 4×3mm 槽。

3）用 G92 指令加工 M20×2 外螺纹。

4）倒 C1.5 角并切断。

（2）确定安装定位方案 用三爪自定心卡盘夹住毛坯左端，外伸 65mm。

（3）所选刀具和工艺参数 所选刀具和工艺参数见表 4-6、表 4-7。

表 4-6 数控加工刀具卡片

产品名称或代号		×××		零件名称	轴类零件		零件图号	×××
序号	刀具号	刀具规格名称		数量	加工表面			备 注
1	T01	93°右偏外圆车刀		1	所有外圆			
2	T02	外切槽刀（4mm）		1	4×3mm 槽及切断			
3	T03	60°外螺纹刀		1	M20×2−6g			
编 制		×××	审 核	×××	批 准	×××	共 1 页	第 1 页

表 4-7 数控加工工艺卡片

单位名称	×××	产品名称或代号	零件名称	零件图号
		×××	轴类零件	×××
工序号	程序编号	夹具名称	使用设备	车 间
001	×××	自定心三爪卡盘	数控车床	数控中心

（续）

工步号	工步内容	刀具名称	刀具规格/mm	主轴转速 /r·min^{-1}	进给速度 /mm·r^{-1}	备注
1	粗、精车各外圆	外圆车刀	93°	粗加工 800 精加工 1500	粗加工 0.2 精加工 0.08	
2	车 4×3mm 槽	外切槽刀	4	380	0.05	
3	车外螺纹	外螺纹刀	60°	600	2	
4	倒角	外切槽刀	4	380	0.05	
5	切断	外切槽刀	4	380	0.05	
编制 ×××	审核 ×××	批准 ×××		年 月 日	共 页	第 页

（4）程序原点的选择　程序原点设在工件右端面中心上。

（5）数值计算

1）对具有公差的尺寸计算如下：

ϕ30mm 外圆编程尺寸为$\left(30+\dfrac{0+(-0.03)}{2}\right)$mm = 29.985mm

22 和 47 长度尺寸因是对称公差，所以编程尺寸均为原值。

2）螺纹加工尺寸计算：

实际车削时外圆柱面的直径为：$d' = d - 0.2\text{mm} = 20\text{mm} - 0.2\text{mm} = 19.8\text{mm}$

螺纹实际牙型高度为：$h_{1实} = 0.6495P = 0.6495 \times 2\text{mm} = 1.299\text{mm}$

螺纹实际小径为：$d_{1计} = d - 2 \times h_{1实} = 20\text{mm} - 2 \times 1.299\text{mm} = 17.402\text{mm}$

升速段为：$L_1 = n \times P/400 = 600 \times 2/400\text{mm} = 3\text{mm}$

降速段为：$L_2 = n \times P/1800 = 600 \times 2/1800\text{mm} \approx 1\text{mm}$

3. 参考程序

程序	说明
O0001	程序名
T0101	调用 1 号 93°右偏刀
G97 G99 M03 S800 F0.2	主轴恒转速，转速 800r/min，刀具每转进给，进给速度 0.2mm/r
G00 X37. Z2.	快进至 G71 循环起始点
G71 U2. R0.5	外径粗车循环，每次背吃刀量单边 2mm，退刀量单边 0.5mm
G71 P10 Q20 U0.5 W0.2	精加工余量双边 0.5mm，精加工余量 0.2mm
N10 G0 X0	
G01 Z0 F0.08	精车进给速度 0.08mm/r
G03 X14. Z-7. R7.	
Z-15.	
G01 X16.	
X19.8 Z-16.9	倒角
Z-29.	
X20.	

（续）

程　　序	说　　明
X29.985 Z-44.	
Z-60.	
N20 X37.	N10~N20 外径循环轮廓程序
G00 X100. Z100.	退刀
M05	主轴停转
M00	程序暂停
T0101	
M03 S1500	精车转速 1500r/min
G00 G42 X37. Z2.	快进，并调用刀具圆弧半径补偿
G70 P10 Q20	P10：精加工第一程序段号，Q20：精加工最后程序段号
G00 G40 X100. Z100.	快速退刀，并取消刀具圆弧半径补偿
M05	主轴停转
M00	程序暂停
T0202	调用外切槽刀，左刀尖编程
M03 S380 F0.05	转速 380r/min，进给速度 0.05mm/r
G00 Z-29.	
X21.	进到车槽起点
G01 X14.	车槽
X21.	退刀
G00 X100.	快速退刀
Z100.	快速退刀
M05	主轴停转
M00	程序暂停
T0303	调用外螺纹刀
M03 S600	转速 600r/min
G00 X22. Z-12.	快进到外螺纹循环起点
G92 X19.1 Z-26. F2.	第一次车螺纹，F：螺纹螺距 2mm
X18.5	第二次车螺纹
X17.9	每三次车螺纹
X17.5	第四次车螺纹
X17.402	第五次车螺纹
X17.402	第一次精修螺纹
X17.402	第二次精修螺纹
G00 X100. Z100.	快速退刀
M05	主轴停转
M00	程序暂停

（续）

程　　序	说　　明
T0202	调用车外槽刀切断
M03 S380 F0.05	转速 380r/min，进给速度 0.05mm/r
G00 X32. Z－58.	快进到切断起点
G01 X26.	车槽
X31.	退刀
G00 Z－56.	进到倒角起点
G01 X27. Z－58.	倒角
X2.	切断
G00 X100.	快速 X 向退刀
Z100.	快速 Z 向退刀
M05	主轴停转
M30	程序结束

（二）套类零件的程序编制

例 4-13　完成图 4-48 所示零件的加工。零件材料为 45 钢，毛坯为 ϕ45mm 的棒料。按图样要求完成零件节点、基点计算，设定工件坐标系，制定正确的工艺方案，选择合理的刀具和切削工艺参数，编制数控加工程序。

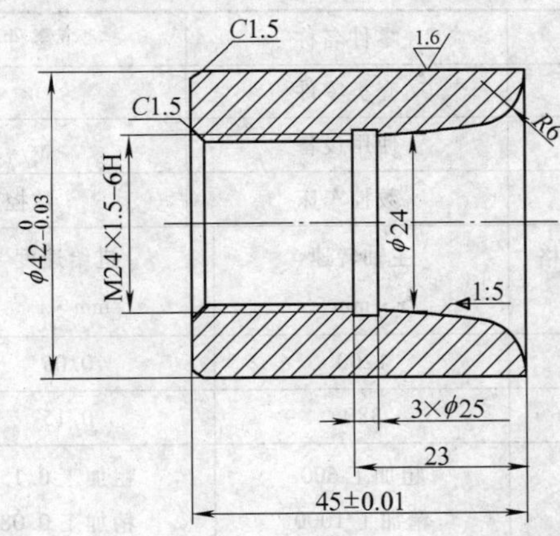

图 4-48　套类零件实例图

1. 分析零件图样

该零件由内外圆柱、内圆锥、内圆弧、内切槽及内螺纹等表面组成，有一定的尺寸精度和表面粗糙度要求。零件材料为 45 钢，切削加工性能较好，无热处理和硬度要求。

2. 工艺处理

（1）确定加工方案

1）夹住工件右端，外伸 55mm，手工车左端面，并以此端面的中心为原点建立工件坐标系，用中心钻钻中心孔，用 ϕ20mm 钻头钻孔。

2）用 G90 指令粗加工孔至 $\phi22 \times 46$ mm，用 G1 指令精加工孔至 $\phi22.5 \times 26$mm。

3）车 $3 \times \phi28$mm 内槽。

4）用 G92 指令加工 M24 × 1.5mm 内螺纹。

5）用 G90 指令粗加工零件外形，用 G1 指令精加工零件外形。

6）保留长度 45.5mm，用 G75 指令切断。

7）调头校正，并以此端面的中心为原点建立工件坐标系。

8）用 G71 指令粗加工内锥面和内孔 $R6$mm 圆弧，用 G70 指令精加工内锥面和内孔 $R6$mm 圆弧。

（2）确定安装定位方案　用三爪自定心卡盘装夹。

（3）所选刀具和工艺参数　所选刀具和工艺参数见表 4-8、表 4-9。

表 4-8　数控加工刀具卡片

产品名称或代号		×××		零件名称	套类零件		零件图号	×××
序号	刀具号	刀具规格名称		数量	加工表面		备　注	
1	T01	内孔车刀		1	内圆柱面			
2	T02	内切槽刀（3mm）		1	3 × ϕ25mm 槽			
3	T03	60°内螺纹刀		1	M24 × 1.5 − 6H			
4	T04	93°右偏外圆车刀		1	外圆柱面			
5	T05	外切槽刀（4mm）		1	切断			
编　制		×××	审　核	×××	批　准	×××	共 1 页	第 1 页

表 4-9　数控加工工艺卡片

单位名称		×××	产品名称或代号		零件名称		零件图号	
			×××		套类零件		×××	
工序号		程序编号	夹具名称		使用设备		车　间	
001		×××	三爪自定心卡盘		数控车床		数控中心	
工步号	工步内容		刀具名称	刀具规格 /mm	主轴转速 /r · min^{-1}		进给速度 /mm · r^{-1}	备注
1	钻中心孔		中心钻	A3	1200		0.05	
2	钻孔		钻头	ϕ20	380		0.15	
3	粗、精车内孔		内孔车刀		粗加工 600 精加工 1000		粗加工 0.15 精加工 0.08	
4	3 × ϕ25mm 内槽		内切槽刀	3	380		0.05	
5	M24 × 1.5mm 内螺纹		内螺纹刀	60°	600		1.5	
6	粗、精车外圆		右偏外圆车刀	93°	粗加工 800 精加工 1500		粗加工 0.2 精加工 0.08	
7	内锥面及内圆弧		内孔车刀		粗加工 600 精加工 1000		粗加工 0.15 精加工 0.08	
编制	×××	审 核	××× 批 准	×××	年　月　日		共　页	第　页

（4）程序原点的选择　夹右端时选在左端面中心上，夹左端时选在右端面中心上。

（5）数值计算

1）对具有公差的尺寸计算如下：

$\phi42$mm 外圆编程尺寸为$\left(42+\frac{0+(-0.03)}{2}\right)$mm $=41.985$mm

45mm 长度尺寸因是对称公差，所以编程尺寸为原值

2）螺纹加工尺寸计算

实际车削时内螺纹底孔的直径为：$D'=D-P=24\text{mm}-1.5\text{mm}=22.5\text{mm}$

内螺纹实际牙型高度为：$h_{1实}=0.6495P=0.6495\times1.5\text{mm}=0.974\text{mm}$

内螺纹实际大径为：$D_{1计}=24\text{mm}$

内螺纹实际小径为：$D_{1计}=D-2\times h_{1实}=24\text{mm}-2\times0.974\text{mm}=22.052\text{mm}$

升速段为：$L_1=n\times P/400=600\times1.5/400\text{mm}\approx3\text{mm}$

降速段为：$L_2=n\times P/1800=600\times1.5/1800\text{mm}\approx1\text{mm}$

3. 编制程序

零件左端加工程序：

程　序	说　明
O0001	程序名
T0101	调用 1 号内孔车刀
G97 G99 M03 S600 F0.15	主轴恒转速，转速 600r/min，刀具每转进给，进给速度 0.15mm/r
G00 X18. Z2.	快进至 G90 循环起始点
G90 X22. Z-46.	内径粗车循环
G00 Z100.	快速退刀
X100.	快速退刀
M05	主轴停转
M00	程序暂停
T0101	
M03 S1000 F0.08	精车转速 1000r/min，进给速度 0.08mm/r
G00 X29.5 Z2.	快速进刀
G01 X22.5 Z-1.5	倒角
Z-26.	精车内径
X21.	退刀
G00 Z100.	快速退刀
X100.	快速退刀
M05	主轴停转
M00	程序暂停
T0202	调用内切槽刀，左刀尖编程
M03 S380 F0.05	转速 380r/min，进给速度 0.05mm/r
G00 X21.	
Z-25.	进到车槽起点
G01 X25.	车内槽
X21.	退刀

（续）

程　序	说　明
G00 Z100.	快速退刀
X100.	快速退刀
M05	主轴停转
M00	程序暂停
T0303	调用内螺纹刀
M03 S600	转速 600r/min
G00 X21. Z3.	快进到内螺纹循环起始点
G92 X23.1 Z-23. F1.5	第一次车螺纹，F：螺纹螺距 1.5mm
X23.5	第二次车螺纹
X23.85	每三次车螺纹
X24.	第四次车螺纹
X24.	第一次精修螺纹
X24.	第二次精修螺纹
G00 Z100.	快速退刀
X100.	快速退刀
M05	主轴停转
M00	程序暂停
T0404	调用 93°右偏刀
M03 S800 F0.2	转速 800r/min，进给速度 0.2mm/r
G00 X47. Z2.	快进至 G90 循环起始点
G90 X42.5 Z-50.	外径粗车循环
G00 X100. Z100.	快速退刀
M05	主轴停转
M00	程序暂停
T0404	
M03 S1500 F0.08	精车转速 1500r/min，进给速度 0.08mm/r
G00 X35. Z2.	快速进刀
G01 X41.985 Z-1.5	倒角
Z-50.	精车外径
X47.	
G00 X100. Z100.	快速退刀
M05	主轴停转

（续）

程　序	说　明
M00	程序暂停
T0505	调用外切槽刀，左刀尖编程
M03 S380 F0.05	转速 380r/min，进给速度 0.05mm/r
G00 X47. Z－49.5	快进到切断复合循环起点
G75 R1.	外圆切槽循环，R：退刀量单边 1mm
G75 X22. Z－49.5 P2000 Q0 R0	X：X 向终点的绝对值 0，Z：Z 向终点的绝对值－49.5mm，P：X 向的每次循环移动量 2mm，Q：Z 向的每次循环移动量 0mm，R：切削到终点时的 Z 方向的退刀量 0mm
G00 X100.	快退
Z100.	快退
M05	主轴停转
M30	程序结束

零件右端加工程序：

程　序	说　明
O0002	程序名
T0101	调用 1 号内孔车刀
G97 G99 M03 S600 F0.15	主轴恒转速，转速 600r/min，刀具每转进给，进给速度 0.15mm/r
G00 X20. Z2.	快进至 G71 循环起始点
G71 U1.5 R0.5	内径粗车循环，U：每次背吃刀量单边 1.5mm，R：退刀量单边 0.5mm
G71 P10 Q20 U－0.5 W0.2	P10：粗加工第一程序段号，Q20：粗加工最后程序段号，U：精加工余量双边 0.5mm，W：精加工余量 0.2mm
N10 G00 X42.5	
G01 Z0 F0.08	精车进给速度 0.08mm/r
X38.86	
G02 X26.92 Z－5.403 R6.	
G01 X24. Z－20.	
Z－21.	
N20 X20.	N10～N20 内径循环轮廓程序
G00 Z100.	快速退刀
X100.	快速退刀

（续）

程　序	说　明
M05	主轴停转
M00	程序暂停
T0101	
M03 S1000	精车转速 1000r/min
G00 G41 X22. Z2.	快进，并调用刀具圆弧半径补偿
G70 P10 Q20	P10：精加工第一程序段号，Q20：精加工最后程序段号
G00 Z100.	快速退刀
G40 X100.	快速退刀，并取消刀具圆弧半径补偿
M05	主轴停转
M30	程序结束

第六节　华中 HNC-21T 系统编程介绍

一、华中 HNC－21T 系统指令概述

（一）G 代码

表 4-10 是 HNC－21T 数控系统的常用 G 指令表。

表 4-10　HNC－21T 数控系统的常用 G 指令表

G 代码	组别	功能	G 代码	组别	功能
G00	01	快速点定位	* G54	11	坐标系选择
* G01		直线插补（切削进给）	G55		坐标系选择
G02		顺时针圆弧插补（CW）	G56		坐标系选择
G03		逆时针圆弧插补（CCW）	G57		坐标系选择
G04	00	准停	G58		坐标系选择
G20	08	英寸输入	G59		坐标系选择
* G21		毫米输入	G71	06	外圆，内圆粗车循环
G28	00	返回到参考点	G72		端面粗车循环
G29		从参考点返回	G73		闭合粗车循环
G32	01	螺纹切削	G76		螺纹切削复合循环
* G36	16	直径编程	* G80	01	外圆，内圆粗车循环
G37		半径编程	G81		端面粗车循环
* G40	09	刀尖半径补偿取消	G82		螺纹切削循环
G41		左刀补	G90	13	绝对值编程
G42		右刀补	G91		增量值编程
G53	00	直接机床坐标系编程	G92	00	工件坐标系设定

（续）

G代码	组别	功能	G代码	组别	功能
＊G94	02	每分钟进给	＊G96	03	恒线速开
G95		每转进给	G97		恒线速关

注：1. 带有“＊”记号的G代码，当电源接通时，系统处于这个G代码的状态。

2. 表中的G代码以组别可区分为两类：属于00组者为非模态指令，属于非00组者为模态指令。

3. 如果使用了G代码一览表中未列出的G代码，则出现报警（NO.010），或指令了不具有的选择功能的G代码，也报警。

4. 在同一个程序段中可以指令几个不同组的G代码，如果在同一个程序段中指令了两个以上的同组G代码时，后一个G代码有效。

（二）M代码

表4-11是HNC－21T数控系统的常用M指令表。

表4-11　HNC－21T系统的常用M指令表

M代码	模 态	功 能	M代码	模 态	功 能
M00		程序暂停	M07	＊	切削液开
M02		程序结束	M09	＊	切削液关
M03	＊	主轴正转	M30		程序结束并返回程序头
M04	＊	主轴反转	M98		子程序调用
M05	＊	主轴停止	M99		子程序结束
M06		换刀			

注：表中标有“＊”记号的M指令为模态指令。

二、综合举例

以本章图4-47为例用HNC－21T数控系统编程指令编程。生产类型为单件小批量生产，零件材料为45钢，毛坯为ϕ35mm棒料。工艺分析等已在前叙述，此处仅给出程序，以显示两种数控系统指令的区别。

程序如下：

程 序	说 明
O0001	程序名
T0101	调用1号93°右偏刀
G95 G97 M03 S800 F0.2	主轴恒转速，转速800r/min，刀具每转进给，进给速度0.2mm/r
G00 X37. Z2.	快进至G71循环起始点
G71 U2. R0.5 P10 Q20 X0.5 Z0.2	外径粗车循环，每次背吃刀量单边2mm，退刀量单边0.5mm 精加工余量X向0.5mm，精加工余量Z向0.2mm
G00 X100. Z100.	快速退刀
M05	主轴停转
M00	程序暂停
M03 S1500 T0101	精车转速1500r/min，调用刀具
G00 G42 X37. Z2.	快进，并调用刀具圆弧半径补偿

（续）

程　序	说　明
N10 G00 X0	
G01 Z0 F0.08	精车进给速度 0.08mm/r
G03 X14. Z－7. R7.	
Z－15.	
G01 X16.	
X19.8 Z－16.9	倒角
Z－29.	
X20.	
X29.985 Z－44.	
Z－60.	
N20 X37.	N10～N20 外径循环轮廓程序
G00 G40 X100. Z100.	快速退刀，并取消刀具圆弧半径补偿
M05	主轴停转
M00	程序暂停
T0202	调用外切槽刀，左刀尖编程
M03 S380 F0.05	转速 380r/min，进给速度 0.05mm/r
G00 Z－29.	
X21.	进到车槽起点
G01 X14.	车槽
X21.	退刀
G00 X100.	快速 X 向退刀
Z100.	快速 Z 向退刀
M05	主轴停转
M00	程序暂停
T0303	调用外螺纹刀
M03 S600	转速 600r/min
G00 X22. Z－12.	快进到外螺纹循环起点
G82 X19.1 Z－26. F2.	第一次车螺纹，F：螺纹螺距 2mm
X18.5 Z－26.	第二次车螺纹
X17.9 Z－26.	每三次车螺纹
X17.5 Z－26.	第四次车螺纹
X17.402 Z－26.	第五次车螺纹
X17.402 Z－26.	第一次精修螺纹
X17.402 Z－26.	第二次精修螺纹
G00 X100. Z100.	快速退刀
M05	主轴停转

（续）

程　序	说　明
M00	程序暂停
T0202	调用车外槽刀切断
M03 S380 F0.05	转速 380r/min，进给速度 0.05mm/r
G00 X32. Z-58.	快进到切断起点
G01 X26.	车槽
X31.	退刀
G00 Z-56.	进到倒角起点
G01 X27. Z-58.	倒角
X2.	切断
G00 X100.	快速 X 向退刀
Z100.	快速 Z 向退刀
M05	主轴停转
M30	程序结束

注：1. 在华中 HNC-21T 数控系统中是没有 G70 指令的，用了 G71 指令循环粗加工后，是接着执行 G71 的下一段程序段的。

2. 在华中 HNC-21T 数控系统中车螺纹的单一固定循环指令是 G82，在车螺纹程序段中的每一行不能省略 Z 坐标指令。

思考题与习题

4-1　简述 G00 与 G01 程序段的主要区别。

4-2　画图说明 90°外圆车刀、切断刀、螺纹刀及圆弧车刀的刀位点。

4-3　简述刀具半径补偿指令 G41、G42 的区别及使用时的注意事项。

4-4　说明 G98、G99 指令的区别，及在此两种状态下 F 指令的数值是如何换算的？

4-5　说明使用 G71 指令时应注意哪些问题。

4-6　画出下列程序段的进给路径并说明各段路径的进给量。

（1）G00 G98 X32 Z2
G90 X30 Z-20 F120

（2）G00 G99 X32 Z2
G01 Z0 F0.2
G90 X30 Z-20 R-5

（3）G01 G99 X20 Z0 F0.2
G03 X30 Z-10 R10

4-7　编制如图 4-49～4-51 所示零件的加工程序（毛坯为 ϕ45mm 的 45 钢棒）。

4-8　加工零件如图 4-52 所示，毛坯为 ϕ45mm 的 45 号钢棒。

要求：（1）标出编程原点。

（2）分析并写出加工工艺。

（3）写出所用刀具及刀号。

（4）编写加工程序。

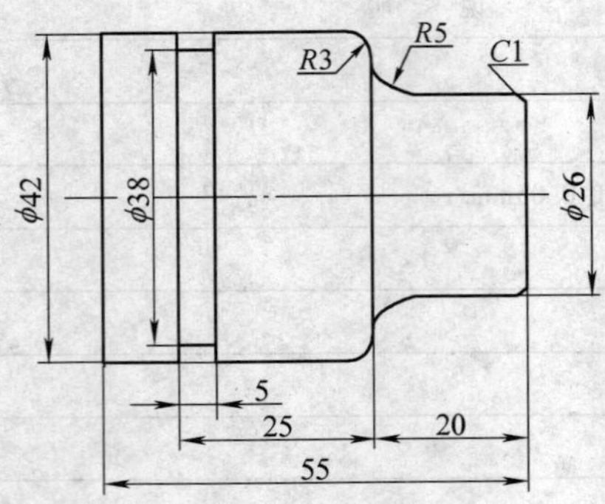

图 4-49　题 4-7 图 1

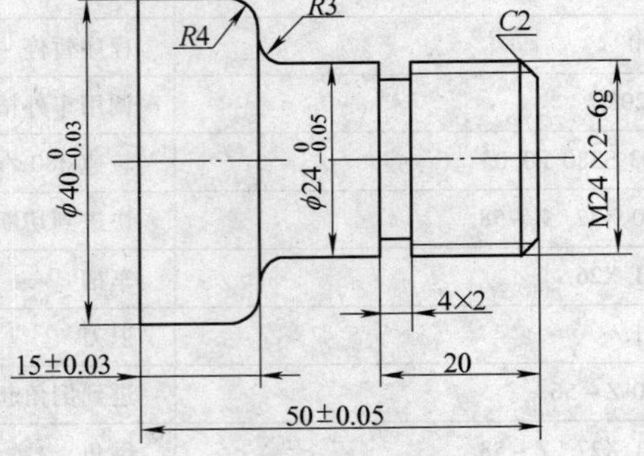

图 4-50　题 4-7 图 2

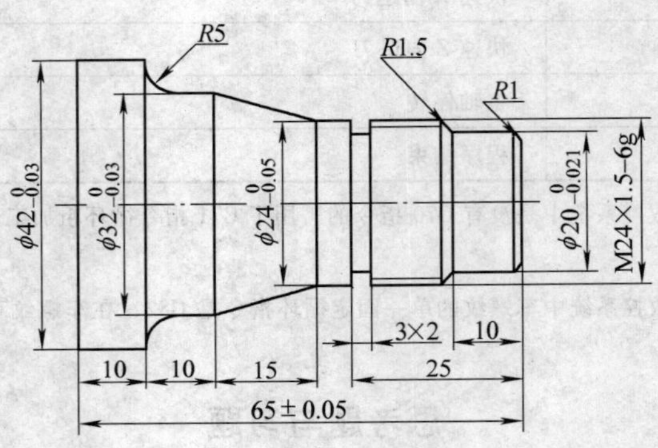

图 4-51　题 4-7 图 3

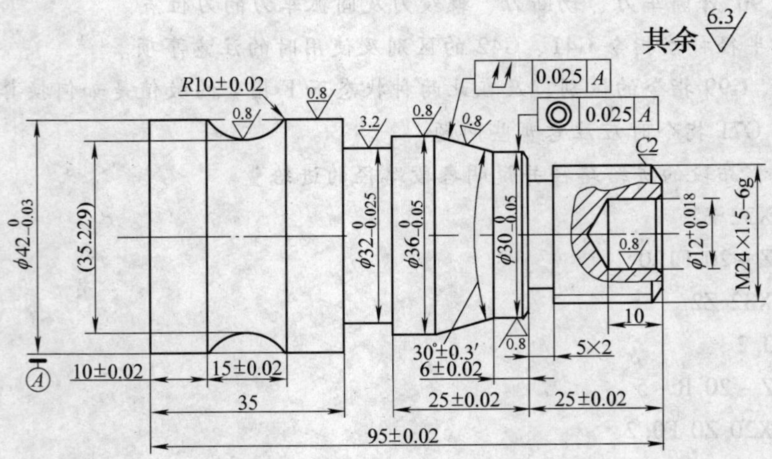

图 4-52　题 4-8 图

第五章　数控铣床的程序编制

本章将介绍数控铣床的功能、分类和基本结构等知识，并以配置了 FANUC 0i-MA 系统的数控铣床为例，介绍其常用的编程指令和编程方法。

第一节　数控铣床概述

数控铣床也是由普通铣床演变而来的，它是发展最早的一种数控机床。

一、数控铣床的主要功能及加工对象

数控铣床的功能可分为一般功能和特殊功能，一般功能是指各类数控铣床普遍具有的功能，如铣削加工、孔及螺纹加工、绝对坐标/增量坐标编程、米制/英制单位转换、刀具补偿功能、镜像加工功能、固定循环功能、子程序等；特殊功能是指数控铣床在增加了某些特殊装置或附件以后，分别具有或兼备的一些特殊功能，如自动变换工作台功能、自适应功能、数据采集功能等。

不同档次的数控铣床，其功能有较大的差异。在使用数控铣床加工工件时，只要充分利用数控铣床的各种功能，就可以加工许多用普通铣床难以加工的工件。数控铣床的主要加工对象有下列几种。

1. 平面类零件

平面类零件的特点是，各个加工的单元面是平面或可以展开成平面。数控铣床上加工的绝大多数零件都属于平面类零件。

2. 变斜角类零件

加工面与水平面的夹角呈连续变化的零件称为变斜角类零件，这类零件多为飞机零件。

3. 曲面类零件

加工面为空间曲面的零件称为曲面零件，又称立体类零件。这类零件的加工面不能展开为平面，一般使用球头铣刀切削，加工面与铣刀始终为点接触。

二、数控铣床的分类

数控铣床通常分为立式数控铣床、卧式数控铣床和复合式数控铣床三类。

1. 立式数控铣床

立式数控铣床的主轴垂直于水平面，如图 5-1 所示。

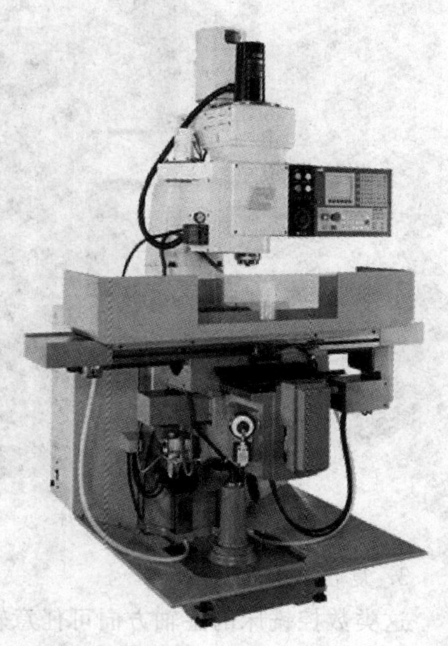

图 5-1　立式数控铣床

立式数控铣床是数控铣床中数量最多的一种，应用范围最广。其优点是工件装夹方便、操作简便、找正容易、便于观察切削情况、占地面积小等；但受立

柱高度的限制，不能加工太高的零件，在加工型腔或下凹的型面时切屑不易排除，严重时会损坏刀具、破坏已加工表面，影响加工的顺利进行。故它最适宜加工高度方向尺寸相对较小的零件，如板材类、壳体类零件。

立式数控铣床又可分为工作台升降式、主轴头升降式和龙门式三种。

（1）工作台升降式数控铣床　这类数控铣床的横向、纵向和垂向（X、Y、Z 向）的进给运动由工作台完成，主轴只作旋转的主运动。小型数控铣床一般采用此种形式。

（2）主轴头升降式数控铣床　这类数控铣床的主轴既作旋转的主运动，又随主轴箱作垂直升降的进给运动，工作台完成纵向、横向的进给运动。主轴头升降式数控铣床在精度保持、承载重量、系统构成等方面具有许多优点，已成为数控铣床的主流。

（3）龙门式数控铣床　这类数控铣床的主轴可在龙门架的横向与垂向溜板上运动，而龙门架则沿床身作纵向运动，如图 5-2 所示。由于需要考虑扩大行程、缩小占地面积和保证刚性等技术上的问题，大型数控立铣往往采用龙门式结构。

2. 卧式数控铣床

卧式数控铣床的主轴平行于水平面，如图 5-3 所示。为扩大加工范围和扩充功能，它的工作台大多是回转式的，工件一次装夹后，通过回转工作台改变工位，可实现除安装面和顶面以外其余四个面的加工。它特别适宜于箱体类零件的加工。

与立式数控铣床相比，卧式数控铣床的结构复杂，占地面积大，价格也较高，且试切时不易观察，生产时不易监视，装夹及测量不方便，加工深孔时切削液不易到位（若没有内冷却钻孔装置）；但加工时排屑容易，对加工有利。

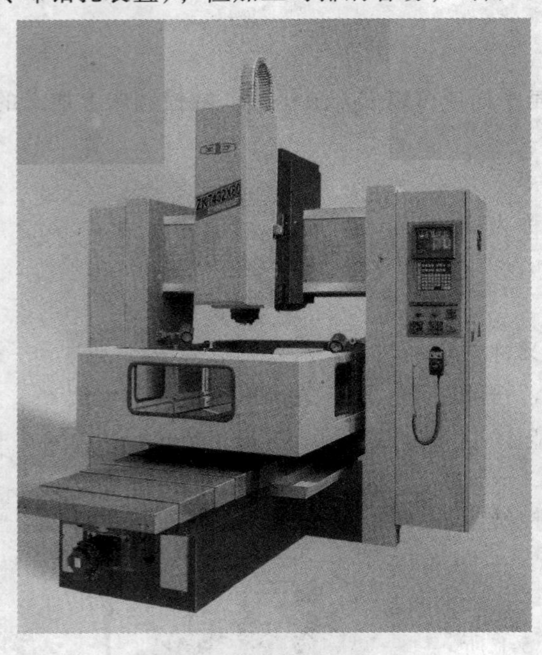

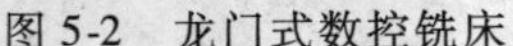

图 5-2　龙门式数控铣床

图 5-3　卧式数控铣床

3. 复合式数控铣床

这类数控铣床的主轴方向可任意转换，能作到在一台机床上既可以进行立式加工，又可以进行卧式加工，由于同时具备了上述两种机床的功能，其使用范围更广、功能更强。若采用数控回转工作台，还能对工件进行除定位面外的五面加工。图 5-4 所示为复合式数控铣床的两种使用状态。

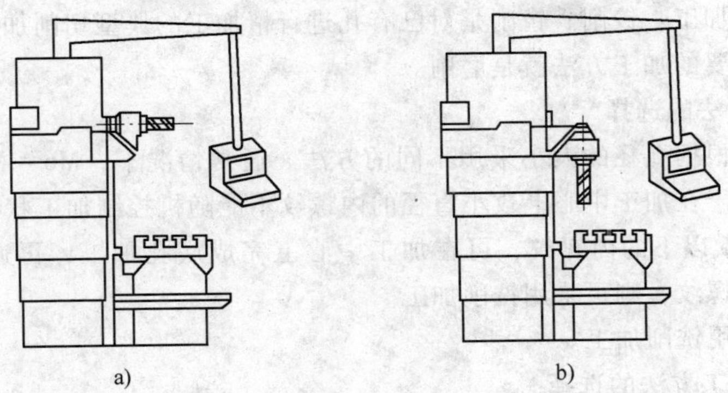

图 5-4　复合式数控铣床

a）卧式加工状态　b）立式加工状态

第二节　数控铣床编程中的工艺处理

铣削加工是用旋转的铣刀在工件上切削各种表面或沟槽的加工方法。它的运动特点是铣刀的旋转为主运动，工件或铣刀的移动为进给运动。

数控铣削加工工艺所包含的内容与数控车削加工工艺相类似，可参见本书第三章第三节，这里不予详细讨论，仅对数控铣削加工中装夹方案的确定、加工方法的选择、进给路线的确定、刀具的选择、铣削用量的确定等工艺问题展开讨论。

一、装夹方案的确定

在数控铣床上常用的工件装夹方法主要有以下几种：

1）用平口钳装夹，适合一定形状和尺寸范围内的工件。

2）用压板、螺栓直接把工件装夹在机床的工作台面上，适合尺寸较大或形状较复杂的工件。

3）用数控分度头装夹。

二、加工方法的选择

机械零件的结构形状是多种多样的，但它们都是由平面、曲面、孔、螺纹等元素组合而成的。每一种加工内容都有多种加工方法，具体选择时要结合零件的形状、尺寸大小和热处理要求等全面考虑，例如对于 IT7 级精度的孔采用镗削、铰削、磨削等加工方法均可达到精度要求，但箱体上的孔一般采用镗削或铰销，而不宜采用磨削。一般较大的箱体孔宜采用镗削，较小的孔宜选择铰削。

1. 孔加工方法的选择

内孔表面是零件上的主要表面之一。按孔与其他零件相对连接关系的不同，可分为配合孔与非配合孔；按其几何特征的不同，可分为通孔、不通孔、阶梯孔、锥孔等。

根据孔的结构和技术要求的不同，可采用不同的加工方法，这些方法归纳起来可分为两类：一类是对实体工件进行孔加工，即在实体上加工出孔；另一类是对已有的孔进行半精加工和精加工。

非配合孔一般是采用钻削的方法在实体工件上直接把孔钻出来；对于配合孔则需要在钻孔的基础上，根据被加工孔的精度和表面质量要求，采用铰削、镗削、铣削、磨削等精加工的方法作进一步的加工。铰削、镗削是对已有孔进行精加工的典型切削加工方法，要实现对孔的精密加工，主要的加工方法就是磨削。

2. 螺纹加工方法的选择

内螺纹的加工根据孔径的大小采用不同的方法。通常情况下，M6～M20 的内螺纹采用攻螺纹的方法，由于在加工中心上攻小直径的内螺纹不能随机控制加工状态，小直径的丝锥容易折断，所以 M6 以下的内螺纹，可在加工中心上完成底孔加工，再通过其他手段攻螺纹；M20 以上的内螺纹，则可采用铣削加工。

外螺纹通常采用铣削加工。

3. 表面轮廓加工方法的选择

工件的表面轮廓可分为平面轮廓和曲面轮廓两大类。

平面轮廓常用的加工方法有数控铣、线切割和磨削等。数控铣削加工适用于除淬火钢以外的各种金属，数控线切割加工可用于各种金属，数控磨削加工适用于除有色金属外的各种金属。

曲面轮廓的加工方法主要是数控铣削，多用球头铣刀以“行切法”加工。根据曲面形状以及精度要求等通常采用二轴半联动或三轴联动铣床加工。对有精度和表面粗糙度要求的曲面，当用三轴联动的“行切法”加工不能满足要求时，可用模具铣刀选择四坐标或五坐标联动加工。

三、进给路线的确定

进给路线就是刀具在整个加工工序中的运动轨迹。它的选择直接影响着零件的加工精度、表面质量和加工效率，选择的原则是根据被加工零件表面的几何特征，在保证加工精度和表面粗糙度的前提下，使切削时间尽可能短，切削过程中刀具受力平稳。

镗铣加工的进给路线可分为工件轮廓加工和孔加工的进给路线。

（一）工件轮廓加工的进给路线

1. 铣削方式的选择

铣削方式的选择直接影响到加工表面质量、刀具寿命和加工过程的平稳性。

在采用圆周铣削时，根据加工余量的大小和表面质量的要求，要合理选用顺铣和逆铣。一般地，粗加工过程中余量较大，应选用逆铣加工方式，以减小机床的振动；精加工时，为达到精度和表面粗糙度的要求，应选择顺铣加工方式。

在采用端面铣削时，应根据所加工材料的不同，选用不同的铣削方式。一般地，在加工高硬度的材料时应选用对称铣削；在加工普通碳钢和高强度低合金钢时，应选用不对称逆铣，可以延长刀具的使用寿命，获得较好的工件表面质量；在加工高塑形材料时，应选用不对称顺铣，以提高刀具的寿命。

2. 进给方式的选择

进给方式是指加工过程中刀具轨迹的分布形式，在模具加工中，常用的进给方式包括单向行切进给、往复行切进给和环切进给等。

单向行切进给方式的特点是在加工中切削方式保持不变，这样可以保证顺铣或逆铣的一致性，但由于增加了提刀和空行程，切削效率较低，如图 5-5a 所示。往复行切进给方式的特点是在加工过程中不提刀，进行连续切削，加工效率较高，但逆铣和顺铣交替进行，加工质量较差，如图 5-5b 所示。环切进给方式的刀具路径由一组封闭的环形曲线组成，加工过程中不提刀，采用顺铣或逆铣切削方式，如图 5-5c 所示。

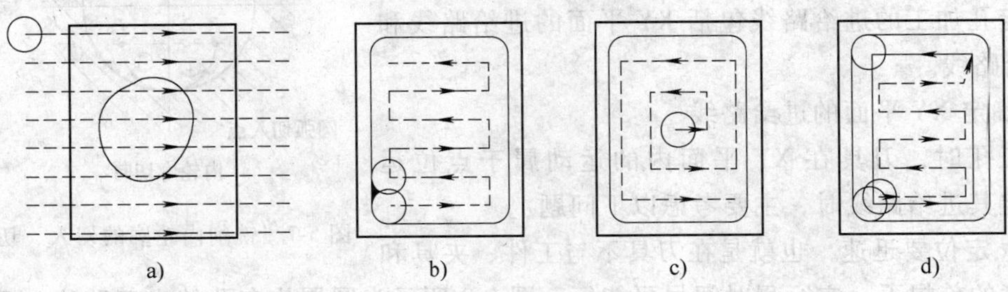

图 5-5　进给方式

铣削内腔区域时，若采用行切的进给方式，将在每两次进给的起点与终点间留下残留面积（见图 5-5b 中涂黑部分）；若采用环切的进给方式则可铣净内腔中的全部面积，但需要逐次向外扩展轮廓线，刀位点计算较复杂。综合行切法和环切法的优点，采用图 5-5d 所示“行切 + 环切”的综合进给方式（即先用行切法切去中间部分的余量，最后用环切法沿最终轮廓环切连续进给加工完成），既能使总的进给路线短，又能获得较好的表面粗糙度。

总的来说，从加工效率（进给路线长短）、代码质量等方面衡量，哪个进给方式较好要取决于型腔边界的具体形状与尺寸以及岛屿数量、形状尺寸与分布情况。对于具体型腔，采用各种不同的进给方式，并以加工时间最短（进给轨迹最短）作为评价目标进行比较，原则上可获得较优的进给方案。

3. 刀具的切入、切出

为避免在工件的切入点和切出点上留下接刀痕，保证零件轮廓的光滑过渡，无论是外轮廓或内轮廓都应让刀具从轮廓的切线方向上切入、切出工件。例如，对于平面零件的外轮廓，其切向进、退刀段可以是外轮廓的延长线、切线或切弧，如图 5-6 所示；而对于封闭的平面内轮廓，则可将刀具沿过渡圆弧切入、切出工件轮廓，如图 5-7 所示。除此之外，还应尽量避免在工件轮廓表面上停刀，以免留下刀痕（由于切削力发生突然变化而造成弹性变形），影响工件的表面质量。加工模具型芯时，应尽量先从工件的外部下刀然后水平切入工件；加工模具型腔时，应避免刀具垂直切入工件，最好采用倾斜式下刀（常用倾斜角为 20° ~30°）或螺旋式下刀，以降低刀具载荷。

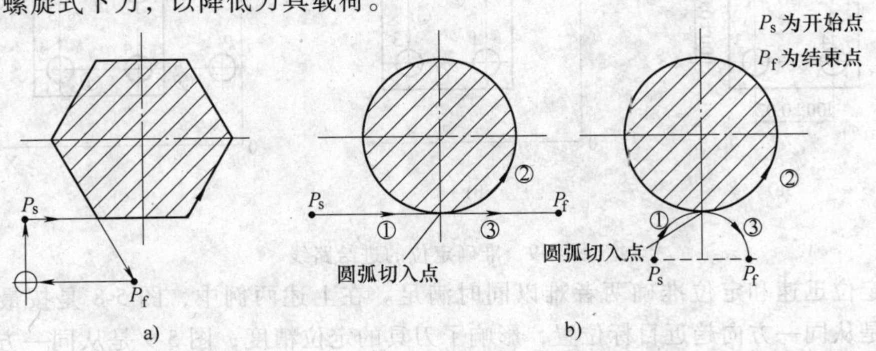

图 5-6　铣削平面外轮廓的切入切出形式

a）外轮廓延长线　b）外轮廓切向

（二）孔系加工的进给路线

加工孔时，一般首先将刀具在 XY 平面内快速定位到孔中心线的位置上，然后沿 Z 向运动进行加工，所以，确定孔加工的进给路线包括 XY 平面的进给路线和 Z 向进给路线。

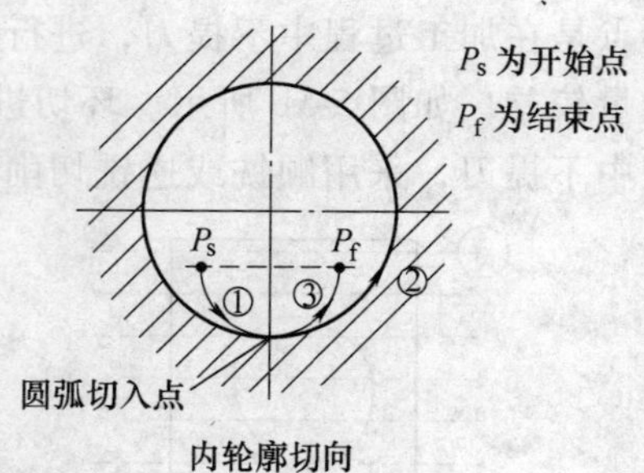

图 5-7　铣削内轮廓的切入、切出形式

1. 确定 XY 平面的进给路线

加工孔时，刀具在 XY 平面内的运动属于点位运动。确定其进给路线时，主要考虑以下问题：

（1）定位要迅速　也就是在刀具不与工件、夹具和机床碰撞的前提下，空行程时间尽可能短。图 5-8 所示为圆周均布孔的走刀路线，采用图 5-8c 所示的进给路线比图 5-8b 所示的走刀路线节省近一半的定位时间。

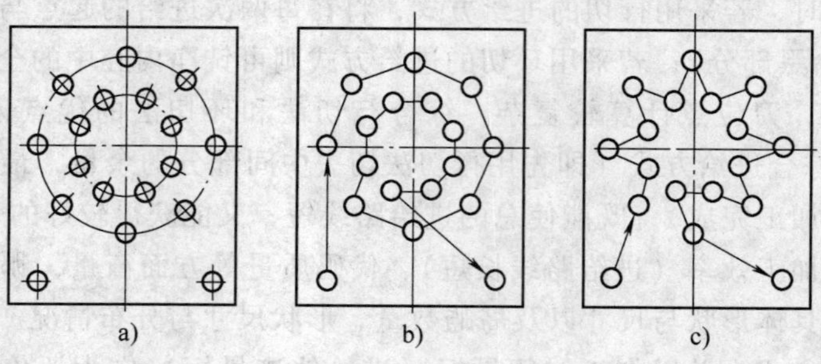

图 5-8　圆周均布孔的进给路线

（2）定位要准确　安排进给路线时，要避免机械进给系统的反向间隙对孔位精度的影响。例如，安排图 5-9a 所示零件上 4 个孔的加工顺序时，若按图 5-9b 所示路线加工，由于孔 4 与孔 1、2、3 在 X 向的定位方向相反，X 向反向间隙会使误差增加，从而影响孔 4 与其他孔的位置精度；按图 5-9c 所示路线，加工完孔 3 后往左多移动一段距离至 *P* 点，然后再折回来在孔 4 处进行定位加工，这样定位方向一致，避免了反向间隙的引入，提高了孔 4 的定位精度。

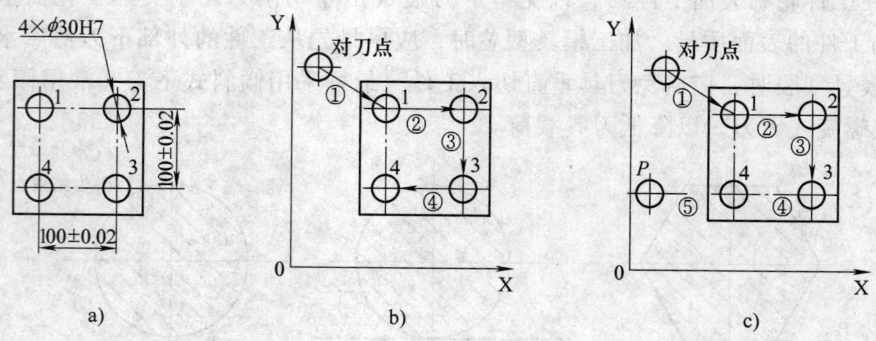

图 5-9　准确定位的进给路线

有时定位迅速和定位准确两者难以同时满足。在上述两例中，图 5-8 是按最短路线进给，但不是从同一方向趋近目标位置，影响了刀具的定位精度；图 5-9 是从同一方向趋近目标位置，但不是最短路线，增加了刀具的空行程。这时应抓住主要矛盾，若按最短路线进给能保证定位精度，则取最短路线。反之，应取能保证定位准确的路线。

2. 确定 Z 向（轴向）的进给路线

加工单个孔时，刀具在 Z 向的进给路线可分为快速进给段（刀具从初始平面快速运动到 R 平面）、工作进给段（从 R 平面开始以切削进给速度对孔进行加工）和刀具返回段，如图 5-10a 所示。当加工多个孔时，为减少刀具的空行程时间，在加工中间孔时刀具不必退回到初始平面，而只要退回到 R 平面上即可，如图 5-10b 所示。初始平面是为安全下刀而设置的，而 R 平面则是刀具自快速进给转为切削进给的转换平面（即刀具的轴向切入距离）。

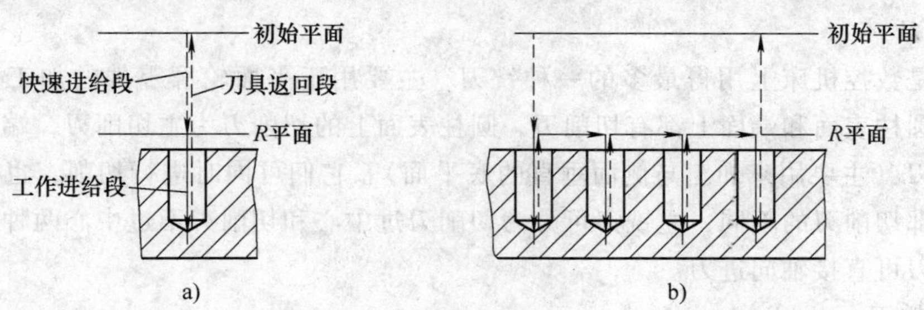

图 5-10　刀具 Z 向的进给路线

加工孔时刀具的轴向切入距离 ΔZ 的经验数据为：已加工表面的钻、镗、扩、铰孔，$\Delta Z=3\sim5$mm；毛坯表面的钻、镗、扩、铰孔，$\Delta Z=5\sim8$mm；攻螺纹、铣削，$\Delta Z=5\sim10$mm。

必须注意：计算通孔加工的工作进给距离时，应考虑钻尖长度，即 $Z_f=\Delta Z+Z_d+Z_0+Z_p$；计算不通孔加工的工作进给距离时，还须使刀具有一定的超越量，即 $Z_f=\Delta Z+Z_d+Z_p$，如图 5-11 所示。其中，钻尖长度 $Z_p=\dfrac{D}{2}\cot\theta$（标准麻花钻的钻尖角度为 118°，则 $Z_p\approx0.3D$）；钻通孔时刀具超越量 $Z_0=1\sim3$mm。

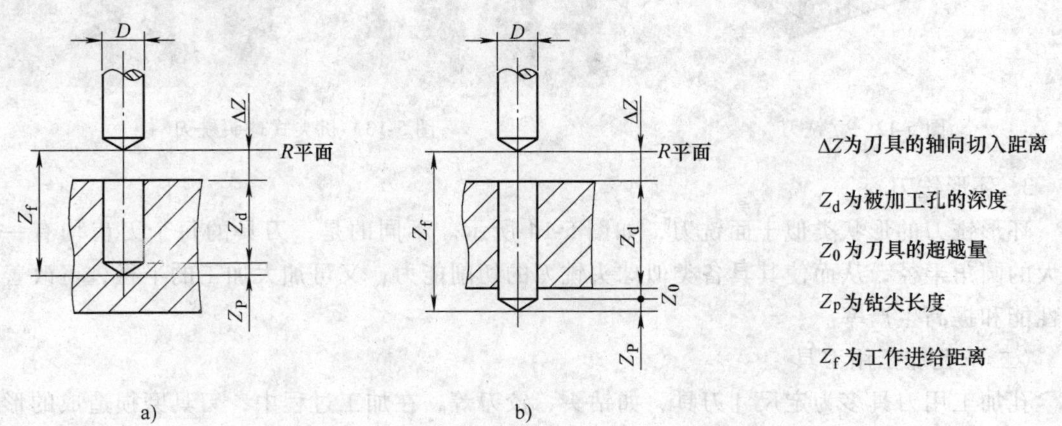

图 5-11　孔加工时工作进给距离的计算

a）不通孔　b）通孔

四、刀具的选用

在数控铣床上使用的刀具主要是铣刀，除此以外，还有各种孔加工刀具。

（一）铣刀

铣刀是一种多刃刀具，每一个刀齿都相当于一个车刀头。与车刀等单刃刀具相比，铣刀切削具有的特点是：铣削时由许多刀齿共同承担切削任务，每一个刀齿周期性地间歇参与工作，因而刀齿散热条件好，可以进行高速切削，铣削效率高；但铣刀同时参与铣削的刀齿数目是变化的，每一个刀齿周期性地切入和切出工件，使得切削力的大小和方向发生变化，造成了铣削过程不平稳，并容易引起振动，影响了铣刀的使用寿命，使加工表面质量下降。

铣刀类型应与工件表面形状与尺寸相适应，在模具加工中，常用的有立铣刀、球头铣刀、环形铣刀等。

1. 立铣刀

立铣刀是数控机床上用得最多的一种铣刀，主要用于平面轮廓零件的加工，如图 5-12 所示。它的圆柱表面和端面上都有切削刃，圆柱表面上的切削刃为主切削刃，端面上的切削刃为副切削刃（主要用来加工与侧面垂直的底平面）。它们可同时进行切削，也可单独进行切削。按端部切削刃的不同，立铣刀可分为切削刃过中心和切削刃不过中心两种，切削刃过中心的立铣刀可直接轴向进刀。

2. 球头铣刀

如图 5-13 所示，球头铣刀主要用于曲面加工。在曲面加工时，一般采用三坐标联动，其运动方式具有多样性，可根据刀具性能和曲面特点选择或设计。

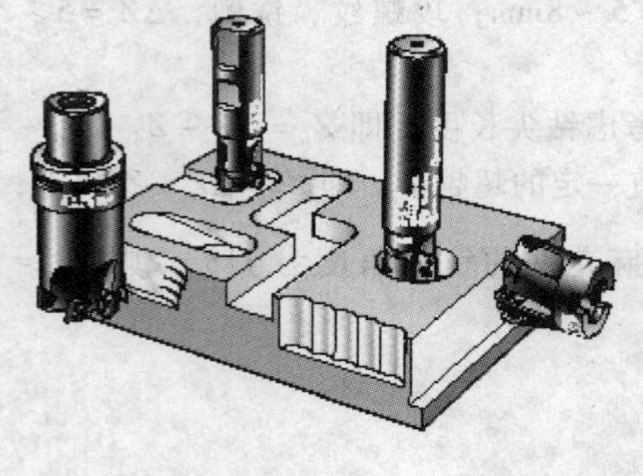

图 5-12　立铣刀

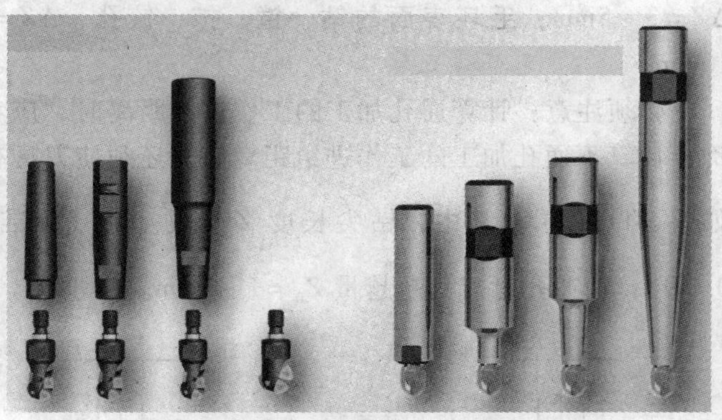

图 5-13　机夹式球头铣刀

3. 环形铣刀

环形铣刀的形状类似于面铣刀，如图 5-14 所示。不同的是，刀具的每个刀齿均有一个较大的圆角半径，从而使其具备类似球头铣刀的切削能力，又可加大加工的半径，可改善切削性能和提高生产率。

（二）孔加工用刀具

孔加工用刀具多为定尺寸刀具，如钻头、铰刀等，在加工过程中，刀具磨损造成的形状和尺寸的变化会直接影响被加工孔的精度。

孔加工刀具可分为两大类：从实体材料上加工出孔的刀具，如中心钻、麻花钻和深孔钻等；对工件上已有孔进行加工的刀具，如扩孔钻、锪钻、镗刀等。

1. 中心钻

中心钻用来钻中心孔，如图 5-15 所示。

2. 麻花钻

麻花钻是一种粗加工用刀具，其常用规格为 $\phi 0.1 \sim 80$mm。用麻花钻钻孔时的加工精度

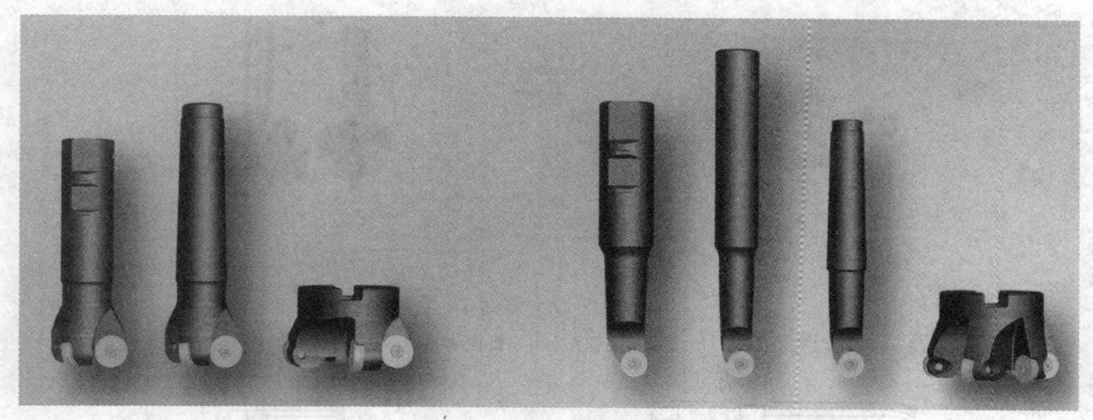

图 5-14　机夹式环形铣刀

一般为 IT3 ~ IT10，$R_a = 20 \sim 10\mu m$。

麻花钻按柄部形状分为直柄和锥柄麻花钻；按制造材料分为高速钢和硬质合金麻花钻。其组成如图 5-16 所示，它主要由工作部分和柄部组成，工作部分包括切削部分和导向部分，标准麻花钻的顶角 2ϕ 约为 118°。

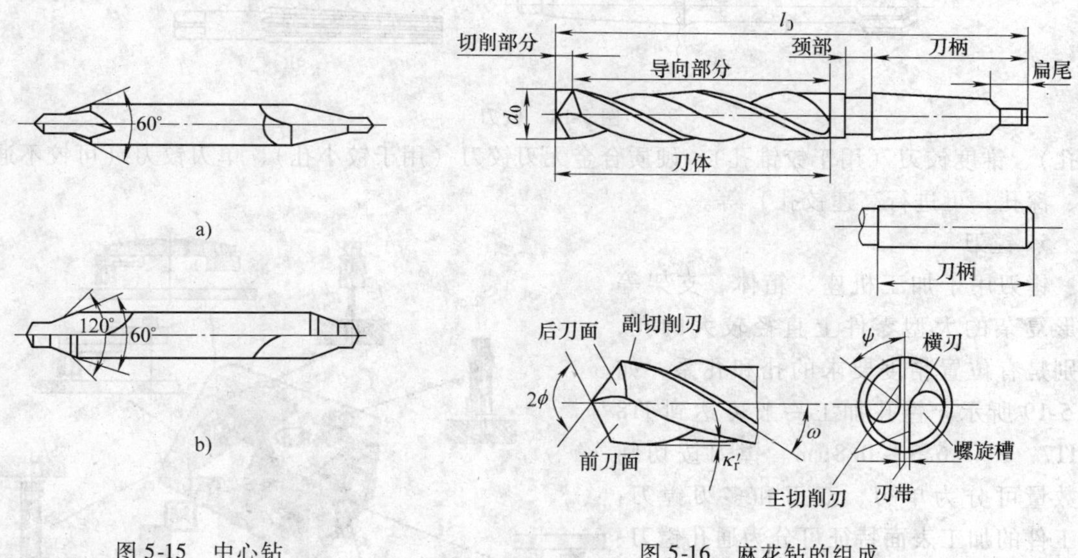

图 5-15　中心钻

图 5-16　麻花钻的组成

3. 锪钻

锪钻有平底锪钻（用于加工平底沉孔和孔端平台）和锥面锪钻（用于加工锥形沉孔）两种，如图 5-17 所示。

4. 铰刀

铰刀是对中小直径孔进行半精加工和精加工的刀具，其特点是刀齿多、刀槽浅、刚性好、定尺寸（一把刀加工一种孔），如图 5-18 所示。铰削时，铰刀从工件的孔壁上切除微量的金属层，使被加工孔的精度和表面质量得到提高（一般可达到 IT6 ~ IT8，$R_a = 1.6 \sim 0.4\mu m$），但铰削加工的效率一般不高。在铰孔前，被加工孔一般要经过钻孔或钻、扩孔加工。

铰刀的种类有手用铰刀（切削刃长，用于手工铰孔）、机用铰刀（切削刃短，用于机床

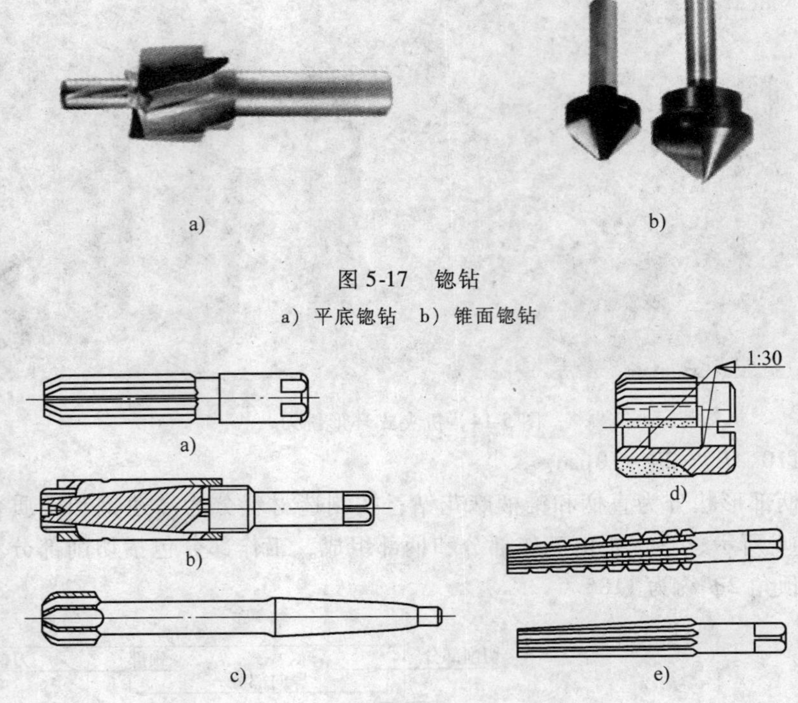

图 5-17　锪钻

a）平底锪钻　b）锥面锪钻

图 5-18　铰刀

铰孔)、锥度铰刀（用于铰锥孔）、硬质合金无刃铰刀（用于铰小孔）、单刃铰刀（可铰不通孔、深孔，可进行高速铰孔）等。

5. 镗刀

镗刀用于加工机座、箱体、支架等外形复杂的大型零件上直径较大的孔，特别是有位置精度要求的孔和孔系，如图 5-19 所示。镗孔加工一般可达到 IT8 ~ IT7，$R_a = 6.3 \sim 0.8\mu m$。镗刀按切削刃数量可分为单刃、双刃和多刃镗刀；按工件的加工表面特征可分为通孔镗刀、不通孔镗刀、阶梯孔镗刀和端面镗刀等。

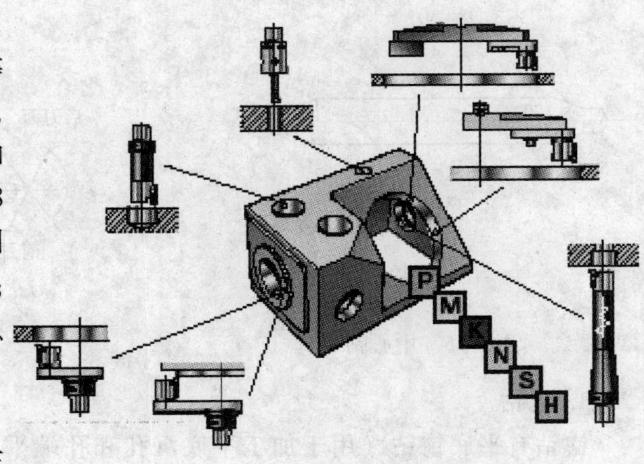

图 5-19　镗刀

（三）刀柄

数控铣床使用的刀具通过刀柄与主轴相连，刀柄通过拉钉和主轴内的拉刀装置固定在主轴上，由刀柄夹持传递速度和扭矩。刀柄的强度、刚性、耐磨性、制造精度及夹紧力等对加工有直接影响。

数控铣床的刀柄与主轴孔的配合锥面一般采用 7:24 锥度，这种锥柄不自锁、换刀方便，与直柄相比有较高的定心精度和刚度。为了保证主轴与刀柄的配合与连接，刀柄与拉钉的结构和尺寸均已标准化、系列化。在我国应用最广泛的是 BT50 和 BT40 系列的刀柄和拉钉，如图 5-20 所示，其中 BT 表示采用日本标准 MAS403 的刀柄，其后的数字为相应的 ISO 锥度号，如 50 和 40 分别代表大端直径为 69.85 和 44.45 的 7:24 锥度。

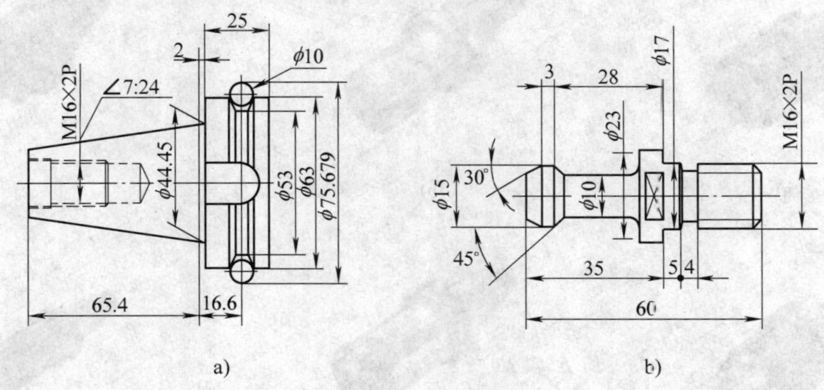

图 5-20　BT40 刀柄及拉钉

a）BT40 刀柄　b）拉钉

相同标准及规格的数控铣床用刀柄也可以在加工中心上使用，其主要区别是数控铣床上所用的刀柄上没有供换刀机械手夹持的环形槽。

刀柄的种类很多，按刀具的夹紧方式分类，有弹簧夹头式刀柄、侧向夹紧式刀柄、液压夹紧式刀柄和冷缩夹紧式刀柄，如图 5-21 所示；按所夹持的刀具种类分类，有圆柱铣刀刀柄、锥柄钻头刀柄、盘铣刀刀柄、直柄钻头刀柄、镗刀刀柄和丝锥刀柄，如图 5-22 所示。

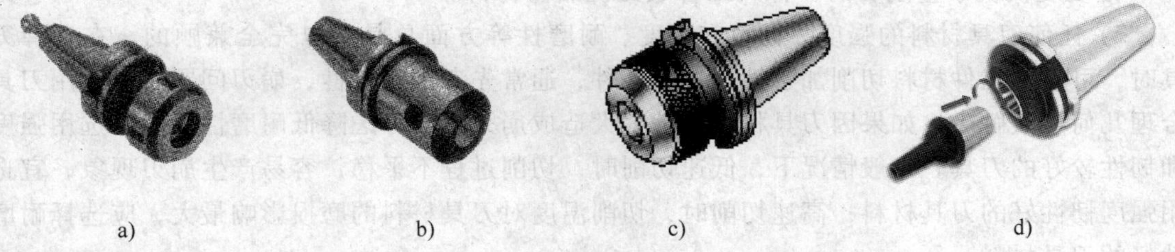

图 5-21　按刀具的夹紧方式分类的刀柄

a）弹簧夹头式　b）侧向夹紧式　c）液压夹紧式　d）冷缩夹紧式

（四）刀具的选用

在数控铣削加工中，刀具的选择直接影响着零件的加工质量、加工效率和加工成本，因此正确选择刀具有着十分重要的意义。

刀具的选择应遵循以下原则：

1. 根据被加工型面形状选择刀具类型

平面轮廓加工一般选用平底立铣刀或圆角立铣刀，曲面加工一般选用球头刀。

2. 根据工件材料及加工要求选择刀具材料及尺寸

（1）选择刀具材料　正确选择刀具材料，需要全面掌握金属切削的基本知识和规律，其中最主要的是了解刀具材料的切削性能和工件材料的切削加工性能与加工条件，紧紧抓住切削中的主要矛盾，同时兼顾经济性来决定取舍，一般应遵循以下原则：

1）加工普通材料工件时，一般选用普通高速钢和硬质合金刀具；加工难加工材料时，可选用高性能和新型刀具材料。只有在加工高硬质材料或精密加工中，常规刀具材料不能满足加工精度要求时，才考虑用立方氮化硼（Cubic Boron Nitride，简称 CBN）刀片和聚晶人

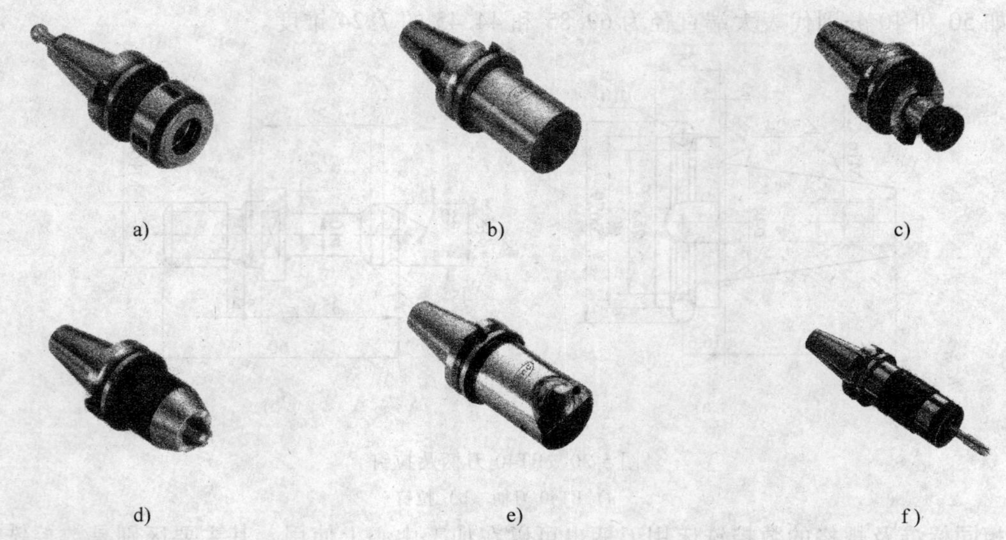

图 5-22　按所夹持的刀具种类分类的刀柄

a）圆柱铣刀刀柄　b）锥柄钻头刀柄　c）盘铣刀刀柄

d）直柄钻头刀柄　e）镗刀刀柄　f）丝锥刀柄

造金钢石（Polycrystalline diamond，简称 PCD）刀片。PCD 的硬度可达 6000 ~ 10000HV，CBN 是硬度仅次于金刚石的一种人工合成无机晶体材料。

2）任何刀具材料的强度、韧性和硬度、耐磨性等方面总是难以完全兼顾的，在选择刀具时，可根据工件材料切削加工性和加工条件，通常先考虑耐磨性，崩刃问题尽可能用刀具合理几何参数解决。如果因刀具材料脆性太大造成崩刃，才考虑降低耐磨性要求，选用强度和韧性较好的刀具。一般情况下，低速切削时，切削过程不平稳，容易产生崩刃现象，宜选用强度韧性好的刀具材料；高速切削时，切削温度对刀具材料的磨损影响最大，应选择耐磨性好的刀具材料。

（2）选择刀具尺寸　使用环形铣刀铣削内槽底部时，由于槽底两次进给路线需要搭接，而刀具底刃起作用的半径 $R_e = R - r$，如图 5-23 所示。故编程时取刀具半径 $R_e = 0.95(R - r)$，式中的因数 0.95 是为了保证刀具有微小磨损时仍能搭接而设置的保险因数。

立铣刀的尺寸参数，推荐按下述经验数据选取：

1）刀具半径应小于或等于被加工零件内轮廓面的最小曲率半径 $\rho_{\min}$，一般取 $R = (0.8 \sim 0.9)\rho_{\min}$。

2）铣刀的每刀加工深度（即零件的加工高度）$H \leqslant (1/4 \sim 1/6)R$，以保证刀具有足够的刚度。

3）加工不通孔（深槽）时，选取刀具切削部分的长度为 $L = H + (5 \sim 10)$ mm。

4）加工外型及通槽时，选取 $L = H + r + (5 \sim 10)$ mm（r 为端刃圆角半径）。

5）粗加工内轮廓时，铣刀最大直径 D 可按下式计算（见图 5-24）：

$$D = \frac{2\left(\delta \sin\dfrac{\alpha}{2} - \delta_1\right)}{1 - \sin\dfrac{\alpha}{2}} + D_1$$

式中　D_1——轮廓的最小凹圆角直径（mm）；

δ——圆角邻边夹称等分线上的精加工余量（mm）；

δ_1——精加工余量（mm）；

α——圆角两邻边的最小夹角（°）。

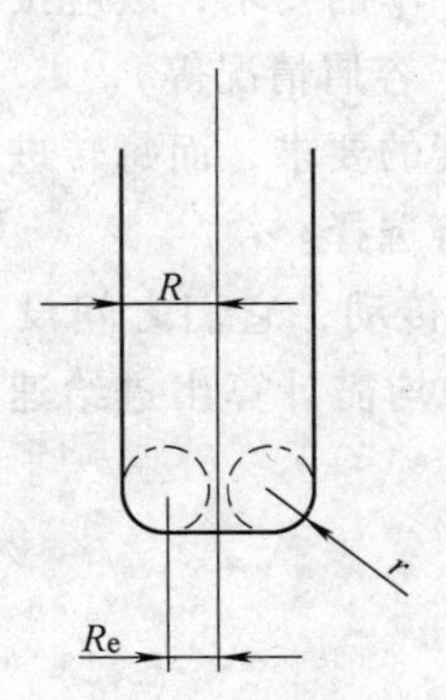

图 5-23　圆角铣刀直径的选取

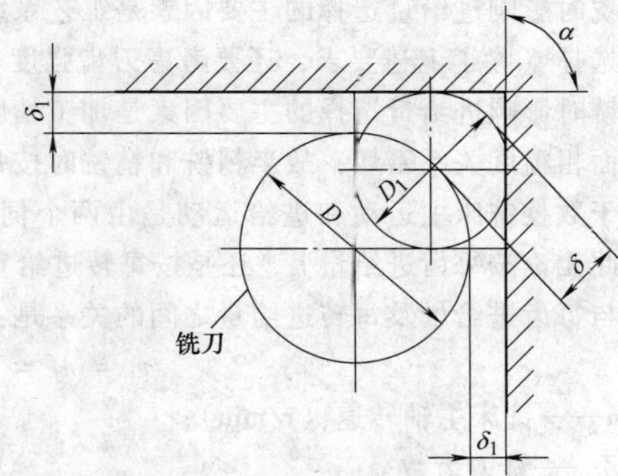

图 5-24　粗加工铣刀直径估算

3. 根据从大到小的原则选择刀具尺寸

如果被加工零件上的内轮廓圆角半径 ρ_{min} 过小，为提高加工效率，可先采用大直径的刀具进行粗加工，再按上述要求选择较小的刀具对轮廓上残留余量过大的局部区域进行处理，然后再对整个轮廓进行精加工。

4. 根据加工条件选取刀柄

五、确定切削用量

1. 铣削用量的选择

铣削用量主要有主轴转速 n、进给速度 v_f、铣削宽度 B 和背吃刀量 a_p 等。

（1）背吃刀量　背吃刀量的选取主要根据机床、夹具、刀具和工件所组成的加工工艺系统的刚性、加工余量及对表面质量的要求来确定。

1）当工件表面粗糙度值要求为 $R_a = 12.5 \sim 25\mu m$ 时，如果加工余量较小（$<5 \sim 6mm$），粗铣一次就可以达到要求；但当余量较大、工艺系统刚性较差或机床动力不足时，可分两次铣削完成。第一次背吃刀量应取大些，其好处是可以避免刀具在表面缺陷层内切削（因为余量大时往往余量不均匀），同时可减轻第二次铣削进给的负荷，有利于获得较好的表面质量。一般粗铣铸钢或铸铁时，$a_p = 5 \sim 7mm$；粗铣无硬皮的钢料时，$a_p = 3 \sim 5mm$。

2）当工件表面粗糙度值要求为 $R_a = 3.2 \sim 12.5\mu m$ 时，可分为粗铣和半精铣两步进行。粗铣时 a_p 的选取同前述；粗铣后留 0.5～1mm 余量，在半精铣时切除。

3）在工件表面粗糙度值要求为 $R_a = 0.8 \sim 3.2\mu m$ 时，可分为粗铣、半精铣、精铣三步进行。半精铣时 a_p 取 1.5～2mm，精铣时 a_p 取 0.2～0.5mm。

（2）铣削宽度　铣削宽度 B，又称步距，是指铣刀在一次进给中切掉工件表层的宽度。一般铣削宽度 B 与刀具直径 d 成正比，与背吃刀量成反比。在粗加工中，步距取大些有利于提高加工效率。经济型数控加工中，使用平底刀时一般的取值范围为：$B = (0.6 \sim 0.9)d$；使用圆鼻刀进行加工时，刀具直径应扣除刀尖的圆角部分，即 $d = D - 2r$（D 为刀具直径，r 为刀尖圆角半径），故 B 的取值范围为：$B = (0.8 \sim 0.9)d$；使用球头刀进行精加工时，步距的确定应首先考虑所能达到的精度和表面粗糙度。

（3）进给速度　铣削时的进给量有三种表示方法：每齿进给量 f_z、每转进给量 f 和进给速度 v_f。

粗铣时影响进给量选择的主要因素是工艺系统刚性、高生产率的要求，故应按每齿进给量进行选择（除了上述要求，还要考虑刀齿强度、切削层厚度、容屑情况等）。

精铣时影响进给量选择的主要因素是加工精度和表面粗糙度的要求，而每转进给量与已加工表面粗糙度关系密切，故半精铣和精铣时按每转进给量进行选择。

由于数控铣床主运动和进给运动是由两个伺服电动机分别传动，它们之间没有内在联系，因此无论按每齿进给量 f_z，还是按每转进给量 f 选择，最后均需计算出进给速度 v_f。进给速度与每齿进给量及每转进给量之间的关系是：

$$v_f = nf = nZf_z$$

式中　n——铣床主轴转速（r/min）；

　　　Z——铣刀齿数。

（4）主轴转速　主轴转速一般根据切削速度来计算，其计算公式为

$$n = 1000v_c/\pi d$$

式中　d——刀具直径（mm）；

　　　v_c——切削速度（m/min）。

切削速度的选择与刀具的寿命密切相关，当工件材料、刀具材料和结构确定后，切削速度就成为影响刀具寿命的最主要因素，过低或过高的切削速度都会使刀具寿命急剧下降。在模具加工，尤其是模具的精加工时，应尽量避免中途换刀，以得到较高的加工质量，因此应结合刀具寿命认真选择切削速度。

（5）机床功率的校核　参见本书第三章第三节。

2. 孔加工切削用量

（1）铰孔切削用量　铰孔时的切削用量主要应考虑吃刀量、进给量和主轴转速。

1）吃刀量。铰孔时，吃刀量即是精加工余量。吃刀量太小会使铰刀过早磨损，吃刀量太大则会增加切削压力而损坏铰刀。吃刀量一般取为 0.06～0.3mm，孔径 $D \leqslant 16$mm 时，吃刀量 $\leqslant 0.15$mm；$D = 16 \sim 50$mm 时，吃刀量 $\leqslant 0.25$mm，也可按一般规则留出铰刀直径的 3% 作为吃刀量。

2）进给量和主轴转速。与钻削相比，铰削的特点是低速大进给，低速是为了避免积屑瘤。铰孔的进给量比钻孔要大，是由于铰刀齿数多、主偏角小，若进给量太低会造成切削厚度过小、切屑不易形成、啃刮现象严重，使刀具磨损反而加剧，铰孔进给量通常是钻孔进给量的 2～3 倍。

铰孔的主轴转速通常是同材料钻孔时主轴转速的 2/3，例如，如果钻孔主轴转速为 500r/min，那么铰孔主轴转速为它的 2/3 比较合理，即 500×0.660＝330r/min。

为提高铰孔质量，需施加润滑效果好的切削液，不宜干切。铰钢件时以浓度较高的乳化液或硫化油为好；铰铸件时，则以煤油为好。需要注意的是，铰完孔后虽然以快速运动返回到起点可以节省加工时间，但这样会影响加工质量（尺寸和表面质量），因此以进给运动返回是必要的。

（2）镗孔切削用量　当采用高速钢镗刀时，切削用量一般为：

粗镗 $a_p = 0.5 \sim 2\text{mm}$，$f_z = 0.2 \sim 1\text{mm/t}$，$v_c = 15 \sim 40\text{m/min}$；

精镗 $a_p = 0.1 \sim 0.5\text{mm}$，$f_z = 0.05 \sim 0.5\text{mm/t}$，$v_c = 15 \sim 40\text{m/min}$。

3. 铣削用量的参考值

实际生产中，在没有经验数据的情况下，可以通过查阅切削用量手册来确定切削参数。表 5-1 ~ 表 5-7 给出了不同情况下的切削用量的参考值，供实际应用时参考。

表 5-1 铣刀每齿进给量参考值

工件材料	每齿进给量 f_z/mm · t^{-1}			
	粗铣		精铣	
	高速钢铣刀	硬质合金铣刀	高速钢铣刀	硬质合金铣刀
钢	0.10 ~ 0.15	0.10 ~ 0.25	0.02 ~ 0.05	0.10 ~ 0.15
铸铁	0.12 ~ 0.20	0.15 ~ 0.30		

表 5-2 铣削速度参考值

工件材料	硬度（HBW）	铣削速度 v_c/m · min^{-1}	
		高速钢铣刀	硬质合金铣刀
低、中碳钢	<220	21 ~ 40	80 ~ 150
	225 ~ 290	15 ~ 36	60 ~ 115
	300 ~ 425	9 ~ 20	40 ~ 75
合金钢	<220	15 ~ 35	55 ~ 120
	225 ~ 325	10 ~ 24	40 ~ 80
	325 ~ 425	5 ~ 9	30 ~ 60
灰铸铁	<190	21 ~ 36	66 ~ 150
	190 ~ 260	9 ~ 18	45 ~ 90
	160 ~ 320	4.5 ~ 10	21 ~ 30

表 5-3 钻孔切削用量的选择

1. 高速钢钻头钻削不同材料的切削用量

加工材料		硬度（HBW）	切削速度 v_c/m · min^{-1}	钻头直径 d/mm				
				<3	3 ~ 6	6 ~ 13	13 ~ 19	19 ~ 25
				进给量 f/mm · r^{-1}				
铝及铝合金		45 ~ 105	105	0.08	0.15	0.25	0.40	0.48
碳钢	~0.25C	125 ~ 175	24	0.08	0.13	0.20	0.26	0.32
	~0.50C	175 ~ 225	20					
	~0.90C	175 ~ 225	17					
合金钢	0.12 ~ 0.25C	175 ~ 225	21	0.08	0.15	0.20	0.40	0.48
	0.30 ~ 0.65C	175 ~ 225	15 ~ 18	0.05	0.09	0.15	0.21	0.26
灰铸铁	软	120 ~ 150	43 ~ 46	0.08	0.15	0.25	0.40	0.48
	中硬	160 ~ 220	24 ~ 34	0.08	0.13	0.20	0.26	0.32
塑料		——	30	0.08	0.13	0.20	0.26	0.32
工具钢		196	18	0.08	0.13	0.20	0.26	0.32

（续）

2. 硬质合金钻头钻削不同材料的切削用量						
加工材料	硬度（HBW）	进给量 f/mm · r^{-1}		切削速度 v_c/m · min^{-1}		切削液
		钻头直径 d/mm				
		5 ~ 10	11 ~ 30	5 ~ 10	11 ~ 30	
铝	—	0.15 ~ 0.3	0.3 ~ 0.8	250 ~ 270	270 ~ 300	干切或汽油
灰铸铁	200	0.2 ~ 0.3	0.3 ~ 0.5	40 ~ 45	45 ~ 60	干切或乳化液
黄铜	—	0.07 ~ 0.15	0.1 ~ 0.2	70 ~ 100	90 ~ 100	
铸造青铜	——	0.07 ~ 0.1	0.09 ~ 0.2	50 ~ 70	55 ~ 75	
塑料	——	0.05 ~ 0.25		30 ~ 60		
工具钢	300	0.08 ~ 0.12	0.12 ~ 0.2	35 ~ 40	40 ~ 45	非水溶性切削油
	500	0.04 ~ 0.15	0.05 ~ 0.08	8 ~ 11	11 ~ 14	
	575	< 0.02	< 0.03	< 6	7 ~ 10	

表 5-4　高速钢铰刀铰孔时的切削用量参考值

钻头直径/mm	工件材料					
	铸铁		钢及合金钢		铝铜及其合金	
	切削用量					
	v_c/m · min^{-1}	f/mm · r^{-1}	v_c/m · min^{-1}	f/mm · r^{-1}	v_c/m · min^{-1}	f/mm · r^{-1}
6 ~ 10	2 ~ 6	0.3 ~ 0.5	1.2 ~ 5	0.3 ~ 0.4	8 ~ 12	0.3 ~ 0.5
10 ~ 15	2 ~ 6	0.5 ~ 1	1.2 ~ 5	0.4 ~ 0.5	8 ~ 12	0.5 ~ 1
15 ~ 25	2 ~ 6	0.8 ~ 1.5	1.2 ~ 5	0.5 ~ 0.6	8 ~ 12	0.8 ~ 1.5
25 ~ 40	2 ~ 6	0.8 ~ 1.5	1.2 ~ 5	0.4 ~ 0.6	8 ~ 12	0.8 ~ 1.5
40 ~ 60	2 ~ 6	1.2 ~ 1.8	1.2 ~ 5	0.5 ~ 0.6	8 ~ 12	1.5 ~ 2

注：采用硬质合金铰刀铰铸铁时 v_c = 8 ~ 10m/min，铰铝时 v_c = 12 ~ 15m/min。

表 5-5　整体硬质合金铰刀推荐切削参数

工件材料	碳钢			合金钢			铸铁			有色金属		
铰刀螺旋角	30°	45°	60°	30°	45°	60°	30°	45°	60°	30°	45°	60°
切削速度 v_c/m · min^{-1}	15 ~ 30			5 ~ 20			18 ~ 45			70 ~ 100		
每齿进给量 f_z/mm · t^{-1}	0.13 ~ 0.25			0.05 ~ 0.15			0.1 ~ 0.3			0.05		
单边背吃刀量/mm	0.1 ~ 0.2			0.05 ~ 0.15			0.1 ~ 0.2			0.2 ~ 0.8		

注：1. 余量偏大时，螺旋选小；余量偏小时，螺旋角选大。

2. 切削液为水基切削液。

表 5-6　攻螺纹切削用量参考值

加工材料	铸 铁	钢及其合金	铝及其合金
v_c/m · min^{-1}	2.5 ~ 5	1.5 ~ 5	5 ~ 15

表 5-7　镗孔切削用量参考值

工序 \ 刀具材料		铸铁		钢		铝及其合金	
		v_c/m·min^{-1}	f/mm·r^{-1}	v_c/m·min^{-1}	f/mm·r^{-1}	v_c/m·min^{-1}	f/mm·r^{-1}
粗镗	高速钢	20~25	0.4~1.5	15~30	0.35~0.7	100~150	0.5~1.5
	硬质合金	35~50		50~70		100~250	
半粗镗	高速钢	20~25	0.15~0.45	15~50	0.15~0.45	100~200	0.2~0.5
	硬质合金	50~70		95~135			
精镗	高速钢	70~90		100~135	0.12~0.15	150~400	0.06~0.1
	硬质合金						

注：当采用高精度的镗头镗孔时，由于余量较小，直径余量≤0.2mm，切削速度可提高一些，铸铁件为100~150m/min，钢件为150~250m/min，铝合金为200~400m/min。进给量可在0.03~0.1mm/r范围内。

确定切削参数除了可根据切削用量手册确定外，还可以根据刀具产品目录并结合实际经验加以修正确定。如采用某品牌的整体硬质合金两刃立铣刀进行侧面铣削时，可查表5-8中的切削参数。要注意的是，不同生产厂家的刀具性能不相同，实际使用的刀具性能应与刀具手册中的相一致。

表 5-8　切削参数表

刀具直径 \ 切削参数	切削速度 v_c/m·min^{-1}	主轴转速 n/r·m^{-1}	每齿进给量 f_z/mm·tooth^{-1}	进给速度 v_f/mm·min^{-1}
5	35	2200	0.035	150
6	35	1650	0.04	150
8	35	1400	0.055	155
10	35	1100	0.06	130
12	35	900	0.06	110
16	35	700	0.08	110
20	35	550	0.1	110
25	35	450	0.1	90
30	35	350	0.1	70

必须注意的是，切削用量的选择虽然可查阅切削用量手册或参考有关资料确定，但就某一个具体零件而言，通过该方法确定的切削用量未必就非常理想，有时需进行试切，才能确定比较理想的切削用量。

第三节　FANUC 0i-MA 系统的数控铣床编程概述

一、数控铣床的编程指令概述

这里以配置 FANUC 0i-MA 系统的数控铣床为例，综述数控铣床的编程指令。

（一）F、S 指令

1. 进给功能（F 指令）

F 指令用于控制加工工件时刀具相对于工件的合成进给速度，如图 5-25 所示。F 的单位取决于 G94（每分钟进给量，单位为 mm/min）或 G95（每转进给量，mm/r）。

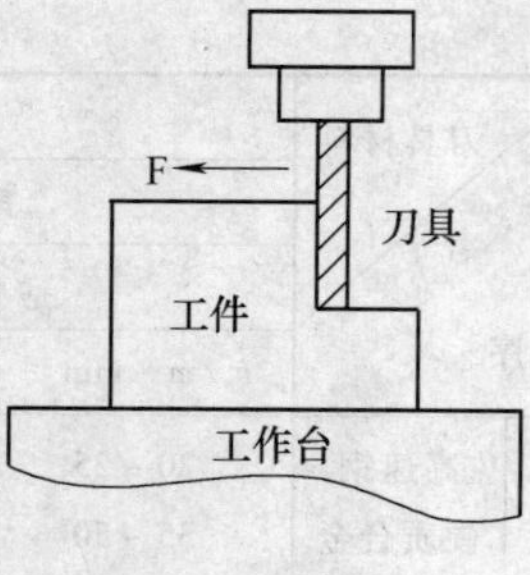

2. 主轴功能（S 指令）

S 指令用以指定机床主轴转速，单位是 r/min，S 是模态指令。S 指令只有在主轴速度可调节时才有效。编程时除了用 S 指令指定主轴转速外，还要用 M 指令指定主轴的转向（M03 主轴正转，M04 主轴反转），即 S_ M03 或 S_ M04。

图 5-25　进给功能（F 指令）

（二）M 指令

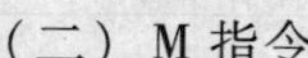

数控铣床的 M 指令与数控车床基本相同，表 5-9 为数控铣床常用的 M 指令表。

表 5-9　数控铣床常用 M 指令表

M 指令	功　能	M 指令	功　能
M00	程序停止	M07	切削液开启
M01	程序选择性停止	M08	切削液开启
M02	程序结束	M09	切削液关闭
M03	主轴正转	M30	程序结束，返回开头
M04	主轴反转	M98	调用子程序
M05	主轴停止	M99	子程序结束

注意：对于 FANUC 0i 系统，一般情况下，在一个程序中仅能指定一个 M 代码。若在同一个程序段中有两个 M 代码出现时，虽其动作不相冲突，但以排列在最后面的 M 代码有效，前面的 M 代码被忽略而不执行。但是，设定参数 No. 3404#7（M3B）=1 时，在一个程序段中一次最多可以指定 3 个 M 代码。

（三）G 指令

G 指令是命令机床以何种方式进行切削加工或移动。以地址 G 后面接两位数字组成，其范围是 G00 ~ G99。不同的 G 代码代表不同的意义与不同的动作方式，表 5-10 是常用的指令表。

表 5-10　数控铣床常用 G 指令表

G 代码	组别	功　能	G 代码	组别	功　能
★G00	01	快速定位	G20	06	英制单位输入
G01		直线插补	G21		公制单位输入
G02		顺时针圆弧插补	★G27	00	参考点返回检查
G03		逆时针圆弧插补	G28		返回参考点
G04	00	暂停	G29		由参考点返回
★G15	17	极坐标设定取消	G30		返回第 2、3、4 参考点
G16		极坐标设定有效			
★G17	02	XY 平面设定	★G40	07	刀具半径补偿取消
G18		XZ 平面设定	G41		刀具半径左补偿
G19		YZ 平面设定	G42		刀具半径右补偿

（续）

G 代码	组别	功　能	G 代码	组别	功　能
G43	08	刀具长度正向补偿	G76	09	精镗孔循环
G44		刀具长度负向补偿	★G80		取消固定循环
★G49		刀具长度补偿取消	G81		钻孔循环
G50	11	比例缩放取消	G82		孔底暂停钻孔循环
G51		比例缩放有效	G83		深孔啄钻循环
G50.1	22	镜像功能取消	G84		攻右螺纹循环
G51.1		镜像功能有效	G85		铰孔循环
G52	00	局部坐标系设定	G86		高速镗孔循环
G53		指定机床坐标系	G87		背精镗孔循环
★G54	14	第一工件坐标系	G88		半自动精镗孔循环
G55		第二工件坐标系	G89		孔底暂停镗孔循环
G56	14	第三工件坐标系	★G90	03	绝对值编程
G57		第四工件坐标系	G91		增量值编程
G58		第五工件坐标系	G92	00	设定工件坐标系
G59		第六工件坐标系	G94	05	每分钟进给
G65	00	宏程序调用	G95		每转进给
G68	16	坐标旋转有效	G96	13	恒定表面速度控制（切削速度）
G69		坐标旋转取消	G97		取消恒定表面速度控制
G73	09	高速深孔啄钻循环	★G98	10	在固定循环中使 Z 轴返回起始点
G74		攻左螺纹循环	G99		在固定循环中使 Z 轴返回 *R* 点

注：1. 标有★的 G 代码为初态（初始状态）G 代码，即是当系统接通电源和复位时显示的 G 代码。G20、G21 为断电前的状态。

2. G 指令按功能分组，在 G 代码表中按组号表示，有 00 ~ 22 组。G 指令以组别可区分为两类：模态指令和非模态指令。属于“00”组者是非模态指令；其他组别者（01 ~ 22 组）为模态指令。

3. 如果同组的 G 代码出现在同一程序段中，则最后一个 G 代码有效。

4. 在固定循环中（09 组），如果遇到 01 组的 G 代码时，固定循环被自动取消。

二、编程时应注意的几个问题

1. 小数点编程

数值可以用小数点输入，当输入距离、时间或速度时使用小数点，将视为一般通用的度量单位：mm（毫米）、in（英寸）或 s（秒）等。但是某些地址不能用小数点，可以用小数点输入的地址有：X、Y、Z、I、J、K、R、Q、F、U、V、W、A、B、C。

FANUC 系统有两种类型的小数点表示法：计算器型和标准型，可以用参数进行选择，如：

程序指令	计算器型小数点编程	标准型小数点编程
X1	1mm	0.001mm
X1.	1mm	1mm

从上例可以看出，当使用计算器型小数点表示法时，没有小数点的数值单位被认为是一般通用的度量单位；当使用标准型小数点表示法时，没有小数点的数值单位被认为是最小输入单位（米制为0.001mm，英制为0.0001in）。因此当控制系统选用标准型小数点输入时，有无小数点数值大不相同。若疏漏了小数点时，则输入的数值将缩小成千分之一，此时输入的数值就会接近为零，在加工时必出事故。为安全起见，最好养成良好的编程习惯，将可以使用小数点的数值都加上小数点，而且为了醒目，以“.0”的形式强化小数点的存在，免得因疏忽小数点而酿成大错。

2. 换刀的处理

零件的加工离不开刀具，但由于数控铣床没有刀库，不能实现自动换刀，所以在数控铣床的加工程序中不能执行T指令和M06换刀指令，只能由操作者进行手动换刀，为此对数控铣床加工程序的换刀处理有两种方式：

（1）M00指令　按加工顺序编排程序，在需换刀的地方指令M00程序段，让系统暂停，以便由操作者进行手动换刀。

（2）按刀具划分程序　依据加工顺序，按照一把刀一个程序段的原则划分程序，以在程序段结束时由操作者进行手动换刀。

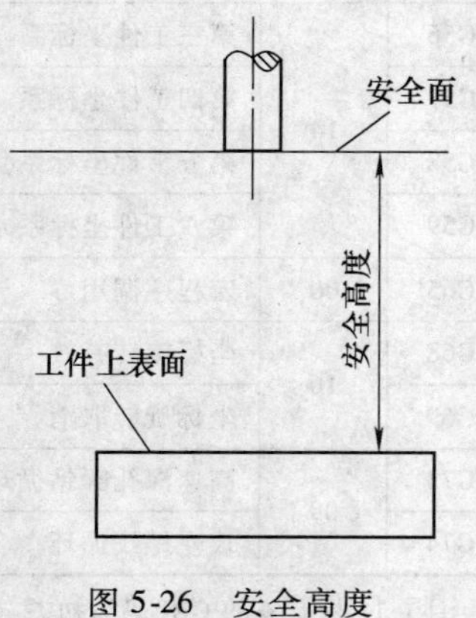

图5-26　安全高度

上述两种方式中，为了让操作者换刀方便，程序中要设计换刀位置，让刀具移到换刀位置后暂停或停止。

3. 数控装置初始状态的设定

当机床电源打开时，数控装置将处于初始状态，表5-6中标有“★”（初态）的G代码被激活。但数控装置的状态在开机后可通过MDI方式更改，且会随着程序的运行而发生变化，因此为了保证程序的安全运行，建议在程序开始处编写初始状态设定的程序段，即G21、G90、G80、G40、G49、G17，以对程序的初始状态进行有针对性的设定。

4. 安全高度的确定

对于铣削加工，起刀点和退刀点必须距离加工零件上表面有一个安全高度，保证刀具在停止状态时，不与加工零件和夹具发生碰撞。在安全高度位置，刀具中心（刀尖）所在平面也称为安全面，如图5-26所示。

5. 进给下刀位置的确定

进给下刀位置即是刀具下刀时自快进转为工进的Z坐标高度值，一般设为5～10mm，以避免机床惯性对工件表面造成损伤和保护刀具。

第四节　FANUC 0i-MA系统的数控铣床的编程指令

这里以配置FANUC 0i-MA系统的数控铣床为例，介绍数控铣床的常用编程指令和编程方法。为便于读者理解，对与数控车床相同的指令也一一列出，但仅作简单介绍；对与数控铣床有差异的指令，则进行较详细的描述。

一、尺寸单位的设定

工程图样中的尺寸标注有英制和米制两种形式，用 G 代码可以选择输入的单位是英制还米制。G20 英制输入，最小设定单位是 0.0001in；G21 米制输入，最小设定单位是 0.001mm。英制与米制的换算关系为：1mm≈0.0394 in，1 in ≈25.4 mm。

说明：

1）G20/G21 必须在设定工件坐标系之前指定。

2）电源接通时，英制、米制转换的 G 代码与切断电源前相同。

3）程序执行过程中不要变更 G20、G21。

4）在有些数控系统中，英制、米制的转换采用 G71/G70 代码，如 SINMENS 系统、FAGOR 系统。

二、与坐标系有关的指令

（一）选择机床坐标系指令（Mechanic Coordinate System Selection）（G53）

该指令的功能是将刀具快速定位到机床坐标系中的指定位置上。指令格式为：

G53 X__ Y__ Z__

式中，X、Y、Z 为刀具运动的终点坐标值。

说明：G53 指令是非模态指令，只在绝对坐标值（G90）状态下有效。

注意：在使用 G53 指令前，应消除相关的刀具半径、长度或位置补偿，而且必须使机床回参考点以建立起机床坐标系。

（二）工件坐标系的设定指令（G92、G54 ~ G59）

工件坐标系可用下述两种方法设定。

1. G92 指令

G92 指令是基于刀具的当前位置来设置工件坐标系的，它的用法与含义同数控车床 GSK980T 系统的 G50 指令，指令格式为：

G92 X__ Y__ Z__

式中，X、Y、Z 为刀具当前刀位点在工件坐标系中的绝对坐标值。

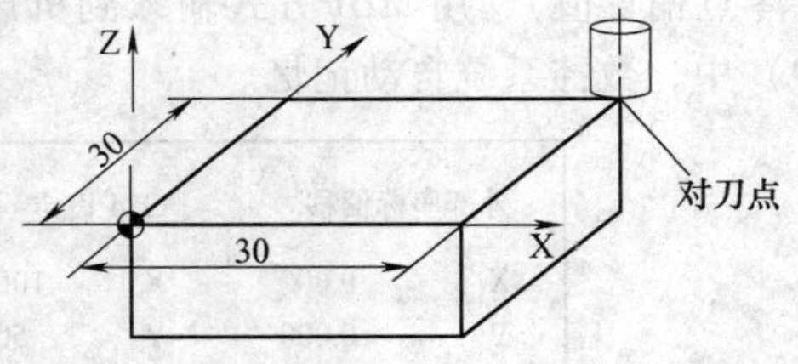

图 5-27 G92 指令建立工件坐标系

例 5-1 使用 G92 指令编程，建立图 5-27 所示的工件坐标系，为 G92 X30.0 Y30.0 Z0.0。

说明：

1）必须单独一个程序段指定 G92 指令。

2）必须用绝对方式（G90）表示。

3）在 G92 指令的程序段中尽管有位置指令值，但不产生刀具与工件的相对运动。

4）执行该指令时，若刀具当前刀位点恰好在对刀点上，此时建立的坐标系即为工件坐标系，加工原点与编程原点重合；若刀具当前点不在对刀点上，则加工原点与编程原点不一致，加工出的产品就有误差或报废，甚至出现危险。因此执行该指令时，刀具当前刀位点必须恰好在对刀点上。

注意：在实际加工中机床若发生断电或重起，G92 指令所建立的工件坐标系将丢失，继续加工需重新对刀，以使刀具仍回到起始位置。有经验的 CNC 操作人员这样来解决该问题，即找出从机床原点到设 G92 刀具位置的实际距离，并在每次特定设置时（例如在零件

开始加工前）记录它，这样就可以在重新通电时将刀具移动到相应的位置上。

2. 零点偏置法（G54～G59 指令）

零点偏置法是基于机床原点来设置工件坐标系的。

说明：

1）G54～G59 指令用来指定数控系统预定的 6 个工件坐标系（见图 5-28），可任选其一。G54～G59 为模态指令，可相互注销，其中 G54 为缺省值。

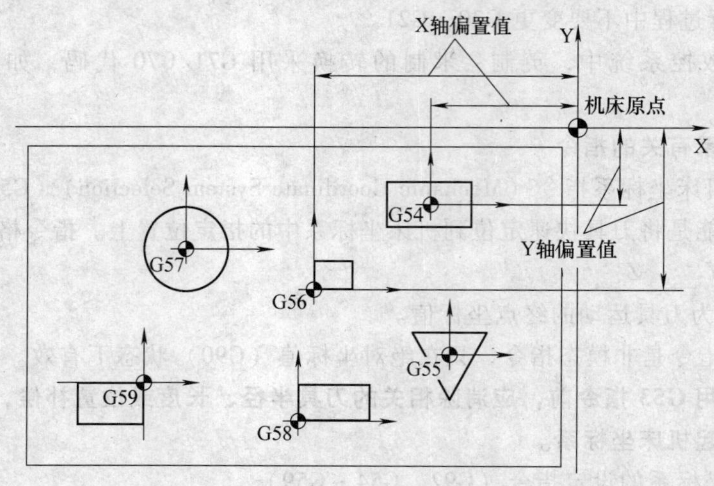

图 5-28　零点偏置法设定工件坐标系

2）使用该组指令前，要先将各工件坐标系的坐标原点在机床坐标系中的坐标值（即工件零点偏置值），用 MDI 方式输入到机床操作面板中相应的工件原点偏置存储器（见图 5-29）中，数控系统自动记忆。

外部座标偏移		G54 设定		G55 设定		G56 设定	
X	0.000	X	100.000	X	0.000	X	0.000
Y	0.000	Y	50.000	Y	0.000	Y	0.000
Z	0.000	Z	0.000	Z	0.000	Z	0.000
G57 设定		**G58 设定**		**G59 设定**		**G59.1 设定**	
X	0.000	X	0.000	X	0.000	X	0.000
Y	0.000	Y	0.000	Y	0.000	Y	0.000
Z	0.000	Z	0.000	Z	0.000	Z	0.000

图 5-29　工件原点偏置存储页面

注意：零点偏置法是基于机床原点，通过在工件原点偏置存储页面中设置参数的方式来设定工件坐标系的。因此一旦设定，工件原点在机床坐标系中的位置是不变的，它与刀具的当前位置无关，除非再通过 MDI 方式修改。故在自动加工中即使发生断电，只要工件和刀具没被卸下，其所建立的工件坐标系就不会丢失。但使用本方法必须使机床开机后回参考点才有意义。

3. G92 指令与 G54 ~ G59 指令的使用举例

例 5-2 如图 5-30 所示，一次装夹加工三个相同零件（多编程原点），工件坐标系的设定方法有：

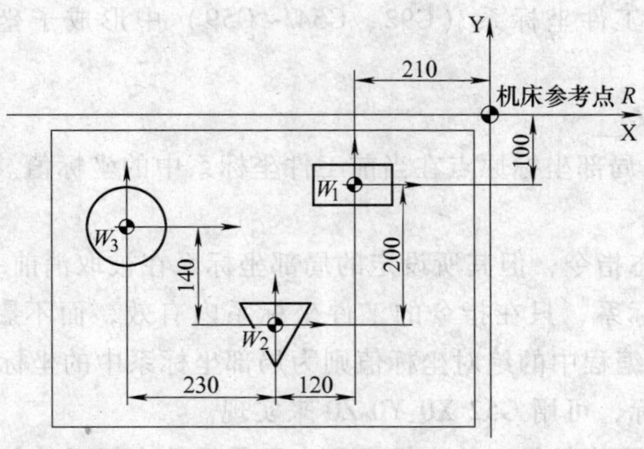

图 5-30 多编程原点的工件坐标系设定示例

1. 采用 G92 法

程　　序	说　　明
N01 G90	绝对坐标编程，刀具位于机床参考点 *R* 点
N02 G92 X210.0 Y100.0 Z0	将程序原点定义在第一个零件上的工件原点 W_1
…	加工第一个零件
N08 G00 X0 Y0	快速回程序原点
N09 G92 X120.0 Y200.0	将程序原点定义在第二个零件上的工件原点 W_2
…	加工第二个零件
N13 G00 X0 Y0	快速回程序原点
N14 G92 X230.0 Y－140.0	将程序原点定义在第三个零件上的工件原点 W_3
…	加工第三个零件

2. 采用零点偏置法

采用零点偏置法来设定工件坐标系，首先要用 G54 ~ G56 设置工件原点偏置寄存器的值：

对于零件 1：G54 X－210.0 Y－100.0 Z0

对于零件 2：G55 X－330.0 Y－300.0 Z0

对于零件 3：G56 X－560.0 Y－160.0 Z0

加工程序为：

程　　序	说　　明
N01 G90 G54	
…	加工第一个零件
N07 G55	
…	加工第二个零件
N10 G56	
…	加工第三个零件

显然，对于多程序原点偏移，采用 G54 ~ G59 原点偏置寄存器存储所有程序原点与机床参考点的偏移量，然后在程序中直接调用 G54 ~ G59 进行原点偏移是很方便的。

（三）设定局部坐标系指令（Local Coordinate System）（G52）

该指令能在所有的工件坐标系（G92、G54 ~ G59）中形成子坐标系，即局部坐标系。指令格式为：

G52 X__ Y__ Z__

式中，X、Y、Z 为指令局部坐标原点在当前工件坐标系中的坐标值。

说明：

1）该指令为非模态指令，但其所设定的局部坐标系在被取消前一直有效。

2）由于是局部坐标系，只在指令的工件坐标系内有效，而不影响其余的工件坐标系。当局部坐标系建立后，编程中的绝对坐标值则为局部坐标系中的坐标值。

3）要取消局部坐标，可用 G52 X0 Y0 Z0 来实现。

注意：局部坐标系不能替代工件坐标系，它只是工件坐标系的补充。

三、坐标平面的选择

该组指令用来选择进行圆弧插补和刀具半径补偿的平面，如图 5-31 所示。

G17 选择 XY 平面，G18 选择 ZX 平面，G19 选择 YZ 平面。

G17、G18、G19 为模态指令，可相互注销，G17 为缺省值。

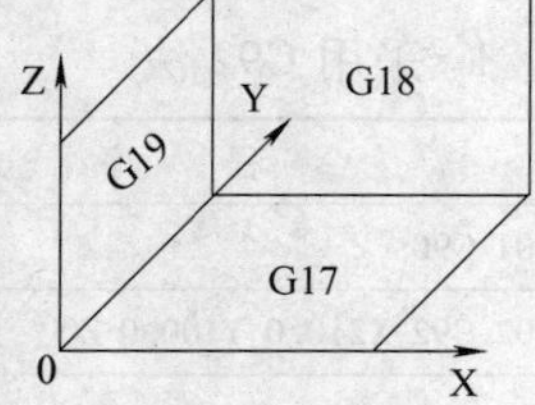

图 5-31　坐标平面选择指令

四、编程方式的选择

以 G90 指令设定程序中的 X、Y、Z 坐标值为绝对值（即绝对编程方式），以 G91 指令设定程序中的 X、Y、Z 坐标值为增量值（即增量编程方式）。

五、基本移动指令（G00、G01、G02、G03）

基本移动指令包括快速定位、直线插补和圆弧插补三个指令。

1. 快速定位指令（G00）

该指令控制刀具从当前位置以快速移动速度移动到指定的目标点位置。G00 一般用于加工前快速定位趋近加工点或加工后快速退刀，以缩短加工的辅助时间，不能用于加工过程。指令格式为：

G00 X__ Y__ Z__

式中：X、Y、Z 表示刀具移动的目标点坐标。

说明：G00 的快移速度由机床参数栏中的“最高快移速度”分别对各轴进行设定，与地址 F 中指定的进给速度无关，但可以用机床操作面板上的快速倍率旋钮来改变其实际的快移速度。

例 5-3　如图 5-32 所示，使用 G00 指令编程，要求刀具从 *A* 点快速定位到 *B* 点。

G90 G00 X5.0 Y20.0；绝对值编程

或 G91 G00 X－45.0 Y－30.0；增量值编程

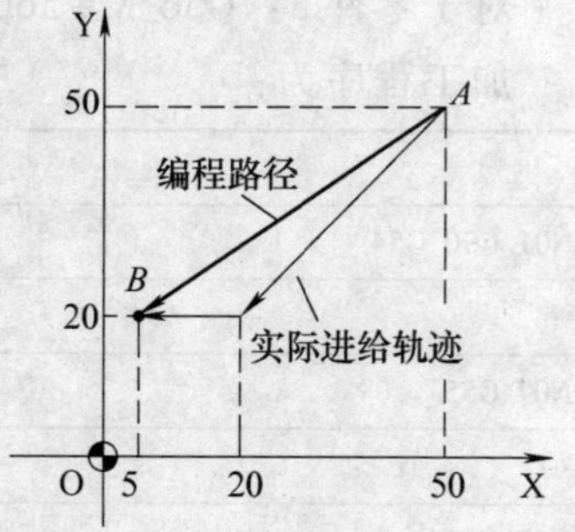

图 5-32　G00 指令编程示例

注意：在执行 G00 指令时，由于各轴以各自速度移动，

不能保证各轴同时到达终点，因而联动直线轴的合成轨迹不一定是直线，因此，要注意避免刀具与工件或夹具发生碰撞。一般的做法是：下刀时，先指令刀具在安全高度上进行 X、Y 轴定位，再指令 Z 轴运动；提刀时，先指令 Z 轴以使刀具提起一安全高度，再指令 X、Y 轴运动。

2. 直线插补指令（G01）

该指令控制刀具以 F 指定的进给速度从当前位置沿直线移动到指定的目标点位置。指令格式为：

G01　X__　Y__　Z__　F__

式中，X、Y、Z 为刀具切削的目标点坐标值；F 为刀具的进给速度（mm/min）。

例 5-4　加工图 5-33 所示的槽，已知槽宽 8mm，槽深 2mm，试编制加工程序。

分析：这是一环形封闭轮廓，通常用与槽等宽的刀具直接加工出来。故采用 ϕ8mm 立铣刀加工，由于图形所限，无法采用切向进刀的切入切出方式，而考虑到立铣刀不能垂直下刀切入工件，因此改用斜线下刀切入工件，下刀点选在 *A* 点，由 *A* 点到 *B* 点斜线切入。刀心轨迹为图 5-33 所示虚线。进给速度设为 100mm/min，主轴转速 n = 800r/min。编制的参考程序如下：

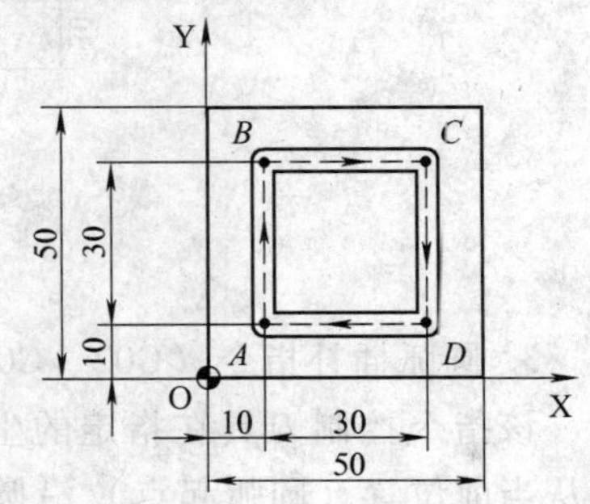

图 5-33　直线插补指令编程实例

程　序		说　明
方法一：用绝对值编程	方法二：用增量值编程	
O2001	O2001	程序号
N10 G92 X0 Y0 Z100.0	N10 G92 X0 Y0 Z100.0	设定工件坐标系
N20 G90 G00 X10.0 Y10.0 S800 M03	N20 G90 G00 X10.0 Y10.0 S800 M03	刀具快速定位至 *A* 点，主轴正转，转速为 800r/min
N30 Z2.0	N30 G91 Z－98.0	快速下刀至工件上方 2mm 处
N40 G01 Y40.0 Z－2.0 F50.0	N40 G01 Y30.0 Z－4.0 F50.0	刀具斜线工进至深 2mm 处
N50 X40.0 F100.0	N50 X30.0 F100.0	直线插补到 *C* 点
N60 Y10.0	N60 Y－30.0	直线插补到 *D* 点
N70 X10.0	N70 X－30.0	直线插补到 *A* 点
N80 Y40.0	N80 Y30.0	直线插补到 *B* 点
N90 Z2.0	N90 Z4.0	提刀
N100 G00 X0 Y0 Z100.0 M05	N100 G90 G00 X0 Y0 Z100.0 M05	刀具回起刀点，主轴停转
N110 M30	N110 M30	程序结束
%	%	

例 5-5　铣削图 5-34 所示零件的平面，试编制加工程序。

分析：铣削工件的上表面，又称为面铣，一般采用面铣刀用行切法进给加工，尽量减少进给次数，但刀具在径向上要有一定的重合度，以消除刀具圆角或倒角的残留。故选用 ϕ80mm 的面铣刀加工，刀具按 *A*→*B*→*C*→*D* 路线进给，参考程序如下：

程　序	说　明
…	
G90 G00 X－95.0 Y－30.0 Z0	刀具至 *A* 点
G01 X95.0 F70.0	至 *B* 点
Y30.0	至 *C* 点
X－95.0	至 *D* 点
G00 Z200.0	退刀
…	

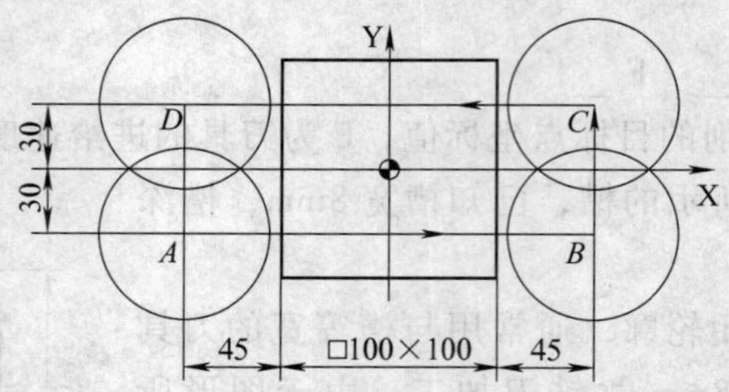

图 5-34　平面加工

3. 圆弧插补指令（G02、G03）

该指令控制刀具在指定的坐标平面内以 F 指定的进给速度从当前位置（圆弧起点）沿圆弧移动到目标点位置（圆弧终点）。

G02 为顺时针圆弧（CW）插补指令，G03 为逆时针圆弧插补（CCW）指令。顺时针或逆时针圆弧切削方向的判别方法是：沿与圆弧所在平面相垂直的第三轴正向朝负方向看，坐标平面上的圆弧移动是顺时针方向为顺时针圆弧；反之，为逆时针圆弧，如图 5-35 所示。指令格式有三种情况：

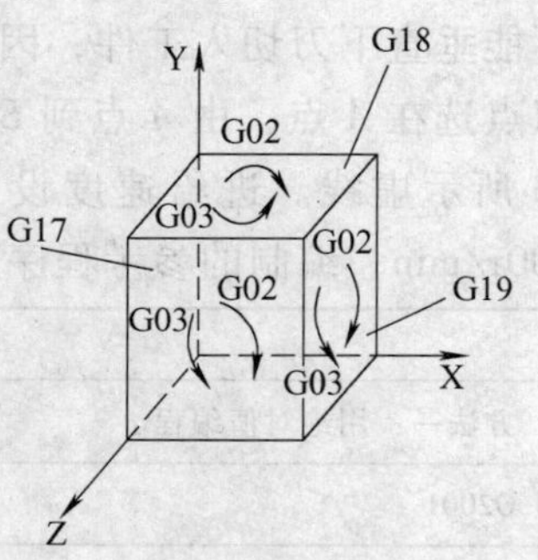

图 5-35　圆弧顺逆判别

（1）XY 平面上的圆弧　指令格式为

$$\mathrm{G17}\begin{Bmatrix}\mathrm{G02}\\\mathrm{G03}\end{Bmatrix}\mathrm{X}\_\ \mathrm{Y}\_\begin{Bmatrix}\mathrm{R}\_\\\mathrm{I}\_\ \mathrm{J}\_\end{Bmatrix}\mathrm{F}\_$$

（2）XZ 平面上的圆弧　指令格式为

$$\mathrm{G18}\begin{Bmatrix}\mathrm{G02}\\\mathrm{G03}\end{Bmatrix}\mathrm{X}\_\ \mathrm{Z}\_\begin{Bmatrix}\mathrm{R}\_\\\mathrm{I}\_\ \mathrm{K}\_\end{Bmatrix}\mathrm{F}\_$$

（3）YZ 平面上的圆弧　指令格式为

$$\mathrm{G19}\begin{Bmatrix}\mathrm{G02}\\\mathrm{G03}\end{Bmatrix}\mathrm{X}\_\ \mathrm{Z}\_\begin{Bmatrix}\mathrm{R}\_\\\mathrm{J}\_\ \mathrm{K}\_\end{Bmatrix}\mathrm{F}\_$$

式中，X、Y、Z 表示圆弧的终点坐标值；R 为圆弧半径；I、J、K 为圆心向量。

需要说明的是，圆弧圆心有两种表示方式：

1）用地址 R 直接以圆弧的半径值表示圆心。该方法在同一半径的情况下，从圆弧起点到终点可能有两个圆弧：＜180°的圆弧和＞180°的圆弧（见图 5-36 中弧①和弧②）。为区分是指令哪个圆弧，规定当圆弧所对的圆心角≤180°时，R 取正值

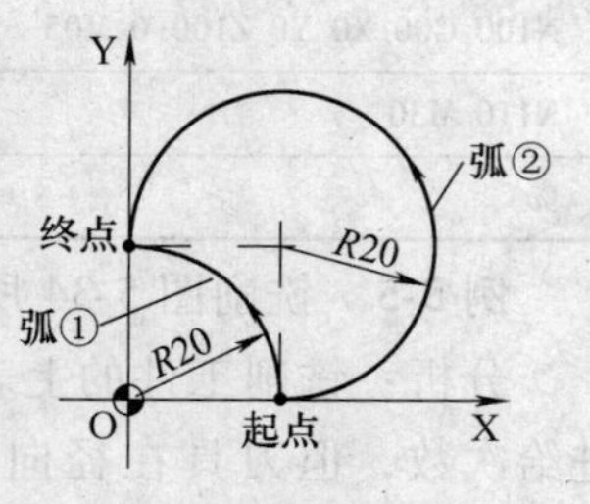

图 5-36　R 编程的两种圆弧

（+号可省略）；当圆弧所对的圆心角>180°时，R 取负值。

2）用 I、J、K 表示圆心。I、J、K 分别为圆弧圆心相对圆弧起点在 X、Y、Z 轴方向上的增量值，也可以理解为圆弧起点到圆心的矢量（矢量方向指向圆心）在 X、Y、Z 轴上的投影，如图 5-37 所示。

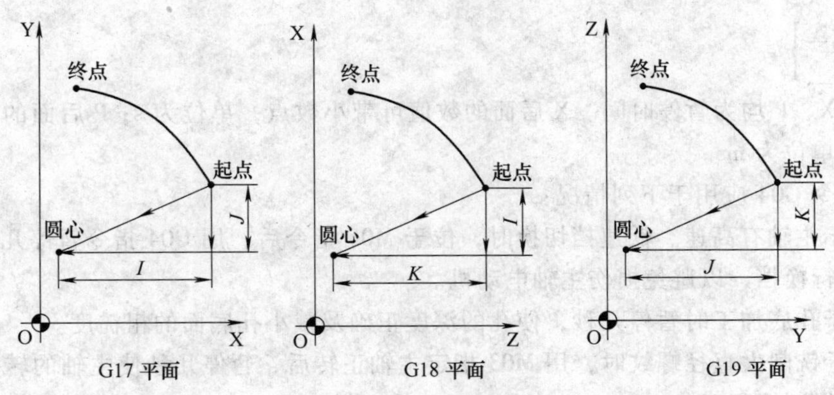

图 5-37　圆弧的终点位置与圆心

注意：

1）I、J、K 和 R 同时指令时，R 有效，I、J、K 无效。

2）I0、J0、K0 可以省略。

3）整圆编程时不可用 R，只能用 I、J 或 K。原因是整圆（即 360°圆弧）加工的定义是起点和终点相隔 360°的圆弧刀具运动（其起点和终点坐标重合），因此无法用 R 确定圆弧的圆心位置（刀具不移动，即 0°圆弧）。

例 5-6　编制图 5-36 所示的弧①和弧②的加工程序。

1. 弧①的四种编程方法

G90 G03 X0 Y20.0 R20.0 F100.0

G90 G03 X0 Y20.0 I-20.0 F100.0

G91 G03 X-20.0 Y20.0 R20.0 F100.0

G91 G03 X-20.0 Y20.0 I-20.0 F100.0

2. 弧②的四种编程方法

G90 G03 X0 Y20.0 R-20.0 F100.0

G90 G03 X0 Y20.0 J20.0 F100.0

G91 G03 X-20.0 Y20.0 R-20.0 F100.0

G91 G03 X-20.0 Y20.0 J20.0 F100.0

例 5-7　编制图 5-38 所示的整圆的加工程序，刀具起点为 *A* 点。

1. 从 *A* 点以顺时针转一周时

G90 G02 X20.0 Y0.0 I-20.0 J0 F100.0

G91 G02 X0.0 Y0.0 I-20.0 J0 F100.0

2. 从 *A* 点以逆时针转一周时

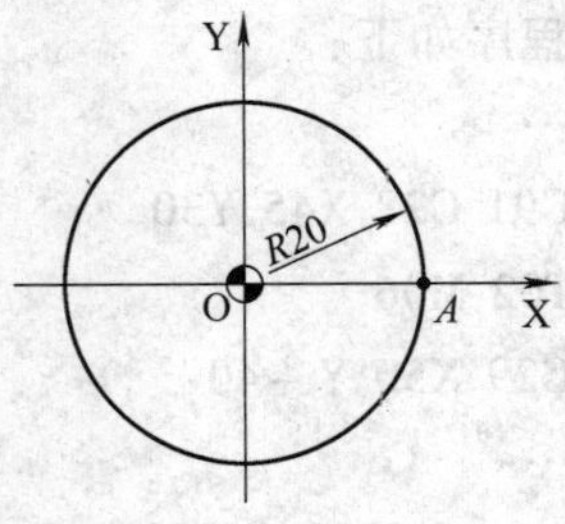

图 5-38　整圆编程示例

G90 G03 X20.0 Y0.0 I－20.0 J0 F100.0

G91 G03 X0.0 Y0.0 I－20.0 J0 F100.0

六、暂停指令（G04）

该指令控制系统按指定时间暂时停止执行后续程序段，暂停时间结束则继续执行。该指令为非模态指令，只在本程序段有效。指令格式为：

$$G04\begin{Bmatrix} X\_\_ \\ P\_\_ \end{Bmatrix}$$

其中，X、P 均为暂停时间。X 后面的数值可带小数点，单位为 s；P 后面的数值不允许用小数点，单位为 ms。

暂停指令 G04 应用于下列情况：

1）用于主轴有高速、低速挡切换时，位于 M05 指令后，用 G04 指令暂停几秒，使主轴停稳后，再行换挡，以避免损伤主轴电动机。

2）用于孔底加工时暂停几秒，使孔的深度正确及减小孔底面的粗糙度。

3）用于铣削大直径螺纹时，用 M03 指定主轴正转后，暂停几秒使主轴的转速稳定再加工螺纹，以保证螺距正确。

七、回参考点控制指令

1. 自动返回参考点指令（G28）

格式：G28　X__　Y__　Z__

其中，X、Y、Z 为回参考点时经过的中间点坐标，G90 时为中间点在工件坐标系中的坐标值，G91 时为中间点相对于起点的增量值。

在接通机床电源、手动返回参考点后，若程序需要返回参考点时，可使用 G28 指令控制编程轴经中间点自动返回参考点。G28 指令一般用于自动换刀或消除机械误差。注意，在执行该指令前应取消刀具半径和刀具长度补偿。在执行 G28 程序段时，不仅产生坐标轴的移动，而且还记忆中间点坐标值，以供 G29 使用。G28 是非模态指令。

2. 自动从参考点返回指令（G29）

格式：G29　X__　Y__　Z__

通常该指令紧跟在 G28 指令之后。

例 5-8　如图 5-39 所示，从 *A* 点经 *B* 点回参考点换刀，再从参考点经 *B* 点到 *C* 点，试编程。

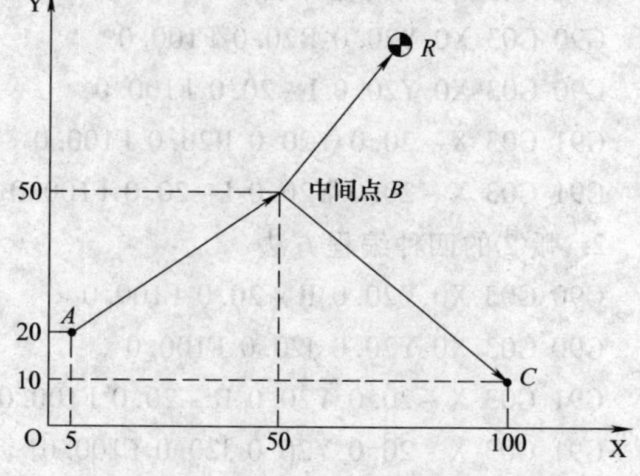

图 5-39　G28/G29 指令编程示例

程序如下：

```
…
G91 G28 X45 Y30
T02 M06
G29 X50 Y－40
…
```

八、刀具补偿功能指令

使用刀具补偿功能指令对工件进行编程时，无需考虑刀具长度或刀具半径，可以直接根据工件图样尺寸对工件进行编程。

（一）刀具长度补偿功能

1. 刀具长度补偿功能在数控铣床上的应用及其意义

在数控铣床上应用刀具长度补偿功能主要是为了补偿刀具的磨损，下面结合实例进行说明。

图 5-40 所示为一钻孔示例，图 5-40a 所示为钻头开始运动的位置，图 5-40b 所示为钻头正常工作进给的起始位置和钻孔深度，这些参数都编写在加工程序中。当钻头磨损或经过刃磨后，其长度方向上的尺寸将减小（减小量设为 ΔX），若还按原程序进行加工，则钻头工作进给的起始位置将成为图 5-40c 所示位置，所钻孔的深度将减小 ΔX。要改变这一状况，达到加工尺寸要求，靠改变加工程序是比较麻烦的，但如果使用刀具长度补偿功能指令就可以方便地解决这一问题。

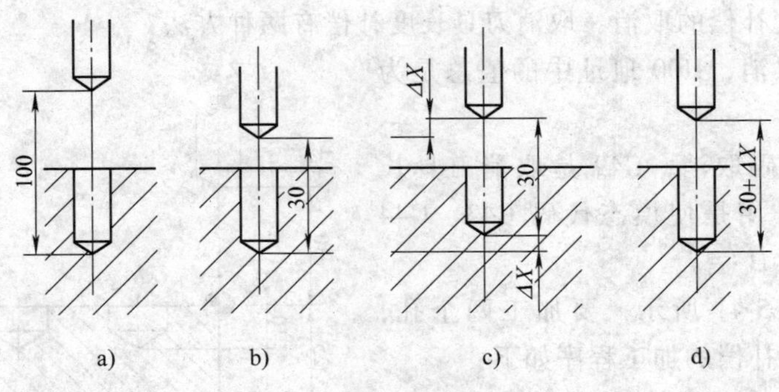

图 5-40　钻孔示例

刀具长度补偿功能可使刀具在补偿轴上的实际位移量比程序给定值增加或减少一个偏置量。如图 5-40d 所示，使用长度补偿后，钻头工作的起始位置不变，只是在程序运行中使刀具的实际位移量比程序给定值多运行一个偏置量 ΔX，所钻孔的深度仍然满足要求，这样不用修改程序即可加工出要求的孔深。采用刀具长度补偿指令后，当刀具长度发生变化或更换刀具时，不必重新修改程序，只要改变相应的补偿值即可。

2. 刀具长度补偿指令

（1）刀具长度补偿的建立　该功能使补偿轴的实际终点坐标值（或位移量）等于程序给定值加上或减去补偿值，即实际位移量 = 程序给定值 ± 补偿值。其中，相加称为刀具长度正向补偿，用 G43 指令；相减称为刀具长度负向补偿，用 G44 指令。它们均为模态指令。指令格式为：

$$\begin{Bmatrix} G17 \\ G18 \\ G19 \end{Bmatrix} \begin{Bmatrix} G43 \\ G44 \end{Bmatrix} \begin{Bmatrix} Z\_ \\ Y\_ \\ X\_ \end{Bmatrix} H\_ \quad 或 \quad \begin{Bmatrix} G17 \\ G18 \\ G19 \end{Bmatrix} \begin{Bmatrix} G43 \\ G44 \end{Bmatrix} H\_$$

其中，X、Y、Z 为补偿轴的编程坐标；G17、G18、G19 指令选择与补偿轴垂直的坐标平面；H 为指定的偏置号（即刀具长度补偿号的代码），它是存放刀具长度补偿值的内存地址。H00 的补偿值固定为 0。

当省略补偿轴时，可视为：

$$\left\{\begin{matrix}G17\\G18\\G19\end{matrix}\right\}\left\{\begin{matrix}G43\\G44\end{matrix}\right\}G91\left\{\begin{matrix}Z0\\Y0\\X0\end{matrix}\right\}H\_$$

说明：

1）机床通电后默认为取消长度补偿状态。

2）在指定的坐标平面内使用 G43 或 G44 指令进行刀长补偿时，只能有第三轴（G17 为 Z 轴，G18 为 Y 轴，G19 为 X 轴）的移动，若有其他轴向的移动，则会出现报警。

3）刀具长度补偿只能在线性程序段才有效，即 G00 和 G01 方式。

4）实际使用时，鉴于习惯，一般仅使用 G43 指令，而 G44 指令使用得较少。正或负方向的移动，靠变换 H 代码的正负值来实现。

5）补偿值存入由 H 代码指定的内存地址中，可由 CRT/MDI 操作面板预先设定。

（2）刀具长度补偿的取消　取消刀具长度补偿有两种方法：

1）用 H00 取消，H00 地址中的值总是为零。

2）用 G49 代码取消，G49 是取消刀具长度补偿的代码，作用是使模态代码 G43、G44 无效，但不会取消 H 字。

例 5-9　如图 5-41 所示，要加工两个孔，则考虑了刀具长度补偿的加工程序如下：

```
O1500
N01 G80 G49 G90
N05 G92 X0 Y0 Z100.0
N10 S500 M03
N15 G43 Z30.0 H01
N20 G00 X-10.0 Y20.0
N25 G91 G99 G82 X30.0 Y0. Z-15.0 R-25.0 P2000 F100.0 K2
N30 G00 G49 Z45.0 M05
N35 G90 X0 Y0
N40 M30
%
```

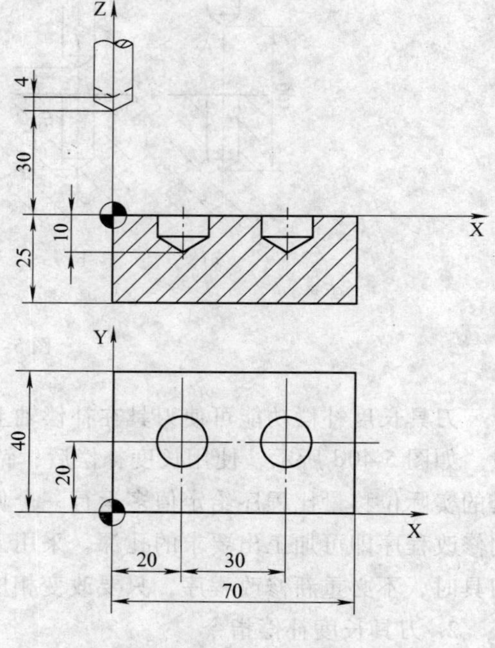

图 5-41　孔加工示例

如果在实际加工中刀具的长度比编程长度短 4mm（见图 5-41），可在刀具长度补偿号 H01 中输入补偿值 K = -4，则上述程序可不变。使用刀具长度补偿功能后，在 N15 G43 Z30.0 H01 这一程序段中，刀具在 Z 方向的实际位移量将不是 30.0mm，而是 Z + K = 30mm + (-4) mm = 26mm，以达到补偿实际刀具长度与编程长度不等的目的。

（二）刀具半径补偿（Cutter Compenstaion）

1. 刀具半径补偿的意义

数控加工程序控制刀具的运动轨迹，实际上控制的是刀具中心（刀心）的运动轨迹。

刀具半径补偿功能可以使系统自动计算出偏离了一定距离的刀具中心运动轨迹，大大简化了编程。

2. 刀具半径补偿的方式

刀具半径补偿分为左补偿和右补偿两种方式，如图 5-42 所示。根据 ISO 标准，当刀具中心轨迹沿前进方向位于零件轮廓的左边时，称为刀具半径左补偿，用 G41 指令指定。反之，称为右补偿，用 G42 指令指定。当不需要进行刀具半径补偿时，则可取消。

3. 刀具半径补偿指令

（1）刀具半径补偿建立指令：

指令格式：

$$\left.\begin{matrix}G17\\G18\\G19\end{matrix}\right\}\left\{\begin{matrix}G41\\G42\end{matrix}\right\}\left\{\begin{matrix}G00\\G01\end{matrix}\right\}\left\{\begin{matrix}X\_\ Y\_\\X\_\ Z\_\\Y\_\ Z\_\end{matrix}\right\}D\_$$

（2）刀具半径补偿取消指令：

指令格式：

$$G40\left\{\begin{matrix}G00\\G01\end{matrix}\right\}\left\{\begin{matrix}X\_\ Y\_\\X\_\ Z\_\\Y\_\ Z\_\end{matrix}\right.$$

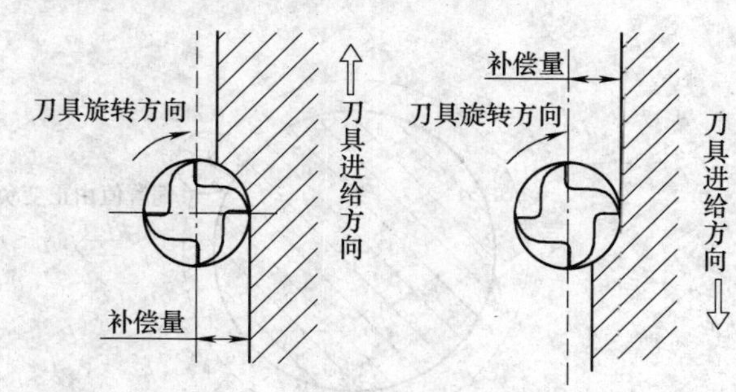

图 5-42　刀具半径补偿方式

其中，D 为刀具半径补偿号，也称刀具偏置号，后面常用两位数字表示（一般为 D00 ~ D99）。每一个偏置号都是内存地址，其中存放刀具半径值作为偏置值，用于数控系统计算刀具中心的运动轨迹。其偏置量可通过 CRT/MDI 方式在操作面板在中对应的偏置寄存器号中设定。从开始取消偏置方式到刀具半径补偿以前，D 代码在任何地方指令都可以。

4. 使用刀具半径补偿的好处

1）编程时无需考虑刀具半径，只考虑编程路径即可。

2）通过改变偏置量可得到任意的加工余量，因此粗、精加工可用同一刀具、同一程序，简化了程序，如图 5-43 所示。

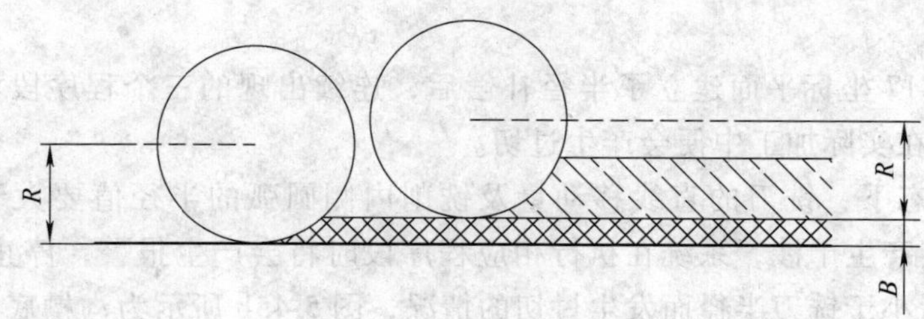

图 5-43　刀具偏置量与刀具半径、精加工余量的关系

粗加工时的刀具偏置量 = 刀具半径 R + 精加工余量 B

精加工时的刀具偏置量 = 刀具半径 R

3）当刀具磨损或刀具重磨后，刀具半径变小，只需在相应的刀具偏置寄存器中输入改变后的刀具半径值，仍然采用原程序加工，即可获得所需的尺寸精度。

5. 使用刀具半径补偿注意事项

1）建立与取消刀具半径补偿只能在 G00 或 G01 方式下完成，并且刀具必须要移动。

2）在左补偿与右补偿切换时，必须要经过取消偏置方式。

3）一般情况下，刀具半径补偿量应为正值。如果补偿值为负值，则会使原来沿零件外侧的加工变成沿内侧的加工，如图 5-44 所示；或使沿内侧的加工变成沿外侧的加工。利用这一特点，在模具加工中则可用同一程序加工同一公称尺寸的内外两个型面。

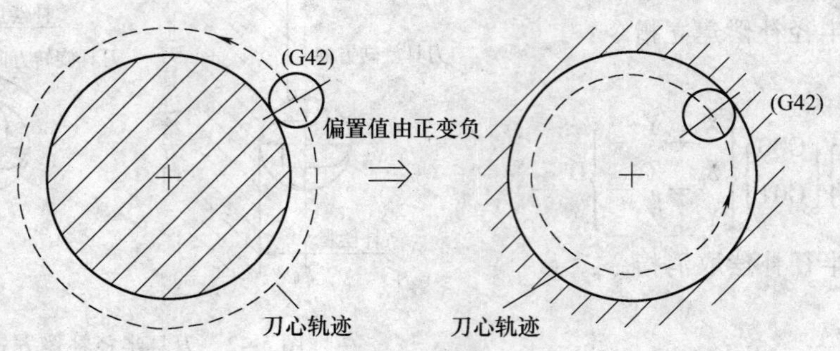

图 5-44　刀具半径的偏置值由正变负

4）在补偿状态下，不能出现连续两个或两个以上非选择平面的移动指令程序段，否则数控系统无法正确计算程序中刀具轨迹交点坐标，可能产生过切现象。例如

```
G17 G90 G54
…
G41 G00 X__ Y__ D__
Z0    }
S250  }非选择平面的移动指令
M03
G01 X__ Y__ F__
…
```

上例中，在 G17 坐标平面建立了半径补偿后，连续出现的三个程序段没有使刀具产生 X、Y 向的移动，在实际加工中便会产生过切。

5）在补偿状态下，铣刀的直线移动量及铣削内侧圆弧的半径值要大于或等于刀具半径，否则补偿时会产生干涉，系统在执行相应程序段时将会产生报警，停止执行。图 5-45a 所示为直线移动量小于铣刀半径而发生过切的情况，图 5-45b 所示为沟槽底部移动量小于铣刀半径而发生过切的情况，图 5-45c 所示为内侧圆弧半径小于铣刀半径而发生过切的情况。

例 5-10　在数控铣床上铣削图 5-46a 所示工件的外轮廓，加工深度为 10mm，试编制此程序。

工艺分析：设工件原点在零件的左下角 O 点。采用切向的切入切出方式，取起刀点 P（−30，−30），切入点 P_1（−12，0），切出点 P_2（0，−12），编程轨迹为“$P \to P_1 \to B \to C \to D \to E \to F \to G \to P_2 \to P$”，如图 5-46b 所示。选用 ϕ16mm 立铣刀，分粗、精加工两次完成外轮廓的加工，留 0.5mm 精加工余量。主轴转速为 800r/min，进给速度为 150mm/min。参

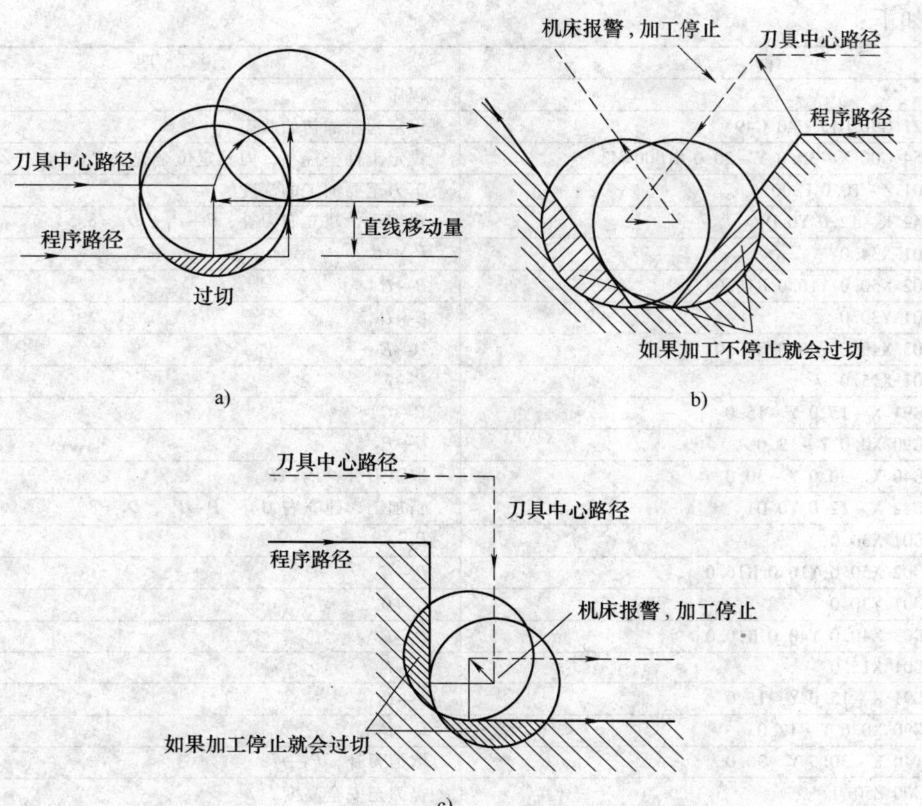

图 5-45　三种过切现象

a）直线移动量小于铣刀半径　b）沟槽底部移动量小于铣刀半径

c）内侧圆弧半径小于铣刀半径

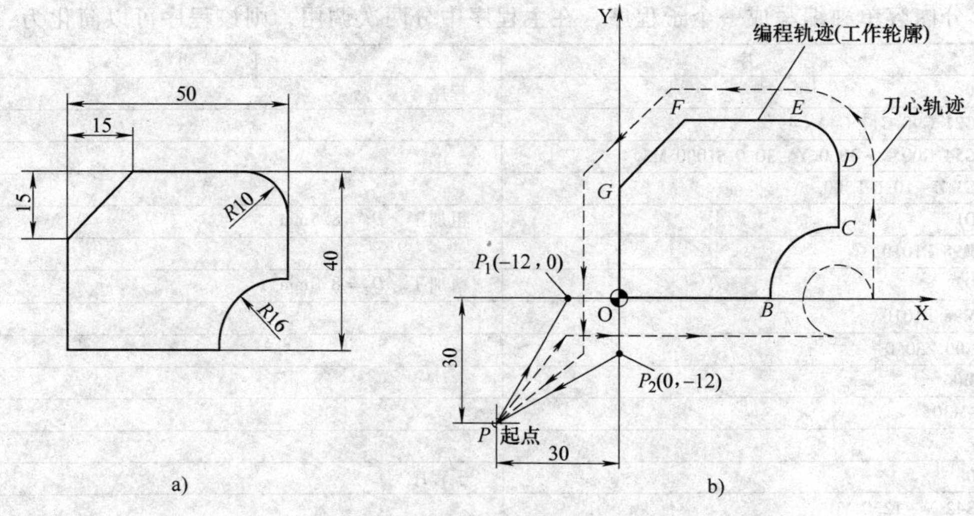

图 5-46　刀具半径补偿编程实例

考程序如下：

程　　序	说　　明
O1000	程序号
N10 G21 G90 G17 G40 G49	设定程序的初始状态
N20 G54 G00 X-30.0 Y-30.0 S1000 M3	设定工件坐标系，刀具定位至起点 P
N30 G01 Z-10.0 F300.	下刀至要加工的深度
N40 G42 X-12.0 Y0 D1	粗加工，建立右刀补，$P \to P_1$，$D_1 = 8.5$
N50 G01 X34.0	$P_1 \to B$
N60 G02 X50.0 Y16.0 R16.0	$B \to C$
N70 G01 Y30.0	$C \to D$
N80 G03 X40.0 Y40.0 R10.0	$D \to E$
N90 G01 X15.0	$E \to F$
N100 G91 X-15.0 Y-15.0	$F \to G$
N110 G90 X0.0 Y-12.0	$G \to P_2$
N120 G40 X-30.0 Y-30.0	取消刀补，$P_2 \to P$
N140 G42 X-12.0 Y0 D1	精加工，建立右刀补，$P \to P_1$，$D_1 = 8$
N150 G01 X34.0	$P_1 \to B$
N160 G02 X50.0 Y16.0 R16.0	$B \to C$
N170 G01 Y30.0	$C \to D$
N180 G03 X40.0 Y40.0 R10.0	$D \to E$
N190 G01 X15.0	$E \to F$
N200 G91 X-15.0 Y-15.0	$F \to G$
N210 G90 X0.0 Y-12.0	$G \to P_2$
N220 G40 X-30.0 Y-30.0	取消刀补，$P_2 \to P$
N230 G00 Z50.0	提刀至安全高度
N240 M05	主轴停
N250 M30	程序结束
%	

九、子程序指令（M98、M99）

（一）子程序的概念

在例5-10中，N40～N120与N140～N220程序段内容完全相同，为了简化编程，可以把这部分内容单独编写成一个子程序，在主程序中分两次调用，则该程序可以简化为：

程　　序	说　　明
O1000	程序号
N10 G21 G90 G17 G40 G49	
N20 G54 G00 X-30.0 Y-30.0 S1000 M3	
N30 G1 Z-10.0 F300.	
N40 D1	粗加工，$D_1 = 8.5$mm
N50 M98 P1010	
N60 D2	精加工，$D_2 = 8.0$mm
N70 M98 P1010	
N80 G00 Z50.0	
N90 M05	
N100 M30	
%	
O1010	子程序
N10 G42 X-12.0 Y0	
N20 G01 X34.0	

（续）

程　　序	说　　明
N30 G02 X50.0 Y16.0 R16.0	
N40 G01 Y30.0	
N50 G03 X40.0 Y40.0 R10.0	
N60 G01 X15.0	
N70 G91 X－15.0 Y－15.0	
N80 G90 X0.0 Y－12.0	
N90 G40 X－30.0 Y－30.0	
N100 M99	
%	

从上面这个程序可以看出，在一个程序中，如果包含有一连串在写法上相同或相似的内容时，为了简化程序，可把这些重复的程序段单独抽出，并按一定的格式编写成子程序，然后像主程序一样将它们存储到程序存储区中，其他程序可对其反复调用。子程序以外的加工程序称为主程序。

（二）子程序的调用与执行

现代 CNC 系统一般都提供调用子程序功能，但子程序调用不是数控系统的标准功能，不同的数控系统所用的指令和格式不同。

1. 子程序的调用

子程序调用指令的格式为：

M98　P＿＿

其中，M98 是子程序调用指令，在 M98 程序段中，不得有其他指令出现；P 是调用子程序地址符，P 后面最多可跟八位数字，前四位为子程序被重复调用的次数（在重新回到原程序继续处理前，子程序必须重复的次数），后四位为被调用子程序的程序号。当不指定重复次数时，子程序只调用一次，如 M98 P1001 表示调用 1 次程序号为 O1001 的子程序。

2. 子程序的结构

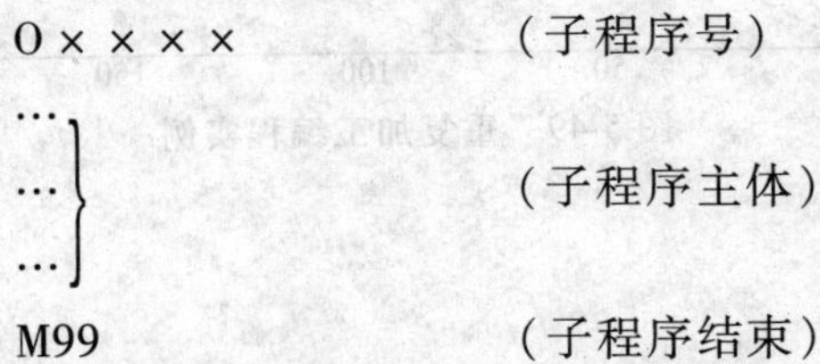

O××××　　　　　　（子程序号）

…
…　　　　　　　　（子程序主体）
…

M99　　　　　　　（子程序结束）

一个完整的子程序的结构和主程序一样，也是由程序号、程序主体、程序结束指令组成。

（1）子程序号　子程序号的命名规则与主程序相同。

（2）子程序主体　子程序主体是一个完整的加工过程程序，其格式和所用指令与主程序完全相同。

（3）子程序结束指令　主程序和子程序在控制器中并存时，必须由不同的程序号进行区别，它们将作为一个连续的程序处理，因此必须通过不同的指令代码对程序的结束功能加以区别：主程序结束指令的作用是结束主程序，立即取消所有程序的处理过程并使控制器复位，不允许程序再去执行后续的任何程序段，其指令字都已标准化了，各系统均采用 M30 或 M02；而子程序结束指令的作用是终止子程序，返回到调用该子程序的下一个程序段，其指令字各系统不统一，如日本 FANUC 系统使用 M99，德国 SINUMERIC 系统使用 M17，而美国 A-B 公司的系统则用 M02 等。

3. 子程序的执行

如图 5-47 所示，当程序执行到子程序调用 M98 指令后会转去执行程序号为 O21 的子程序，当遇到 M99 指令时将返回到子程序调用 M98 指令之后下一下程序继续处理。

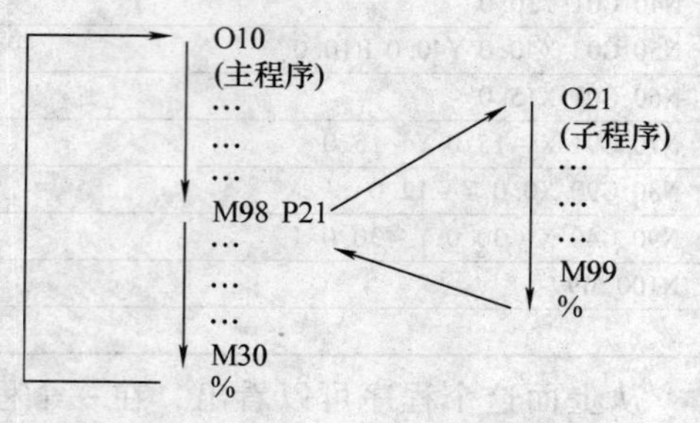

图 5-47 具有一个子程序的程序处理流程

（三）子程序的嵌套

图 5-47 中主程序只调用一个子程序，而子程序不再调用另外一个子程序，这叫做一级嵌套。为了进一步简化程序，可以让子程序调用另一个子程序，这称为多级子程序嵌套。现代控制器最大允许四级嵌套，但在实际应用中很少需要四级嵌套，使用较多的是一、二级嵌套。二级子程序嵌套的程序执行情况如图 5-48 所示。

（四）子程序的应用

1. 一次装夹加工多个相同零件或一个零件中有几处形状相同、加工轨迹相同时，使用子程序编程

例 5-11 如图 5-49 所示，在数控铣床上加工工件上两个相同的外轮廓。刀具在 Z 轴的开始点为工件上方 100mm 处，背吃刀量为 10mm，试编制程序。

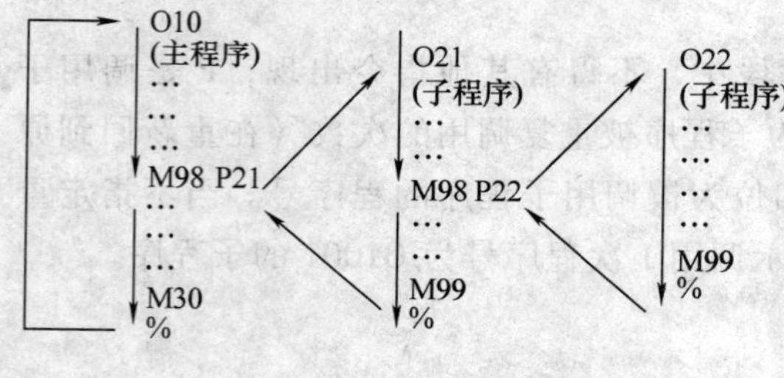

图 5-48 二级子程序嵌套的程序处理流程

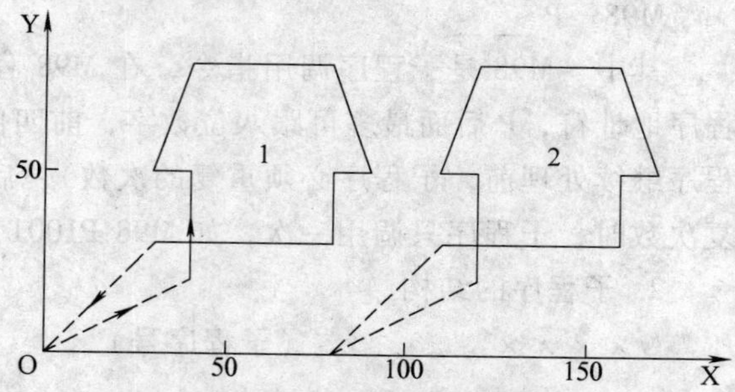

图 5-49 重复加工编程实例

解：参考程序如下

```
O0001（主程序）
N10 G90 G54 G00 X0 Y0 S1000 M03
N20 Z100.0
N30 M98 P100
N40 G90 G00 X80.0
N50 M98 P100
N60 G90 G00 X0 Y0 M05
N70 M30
%
O100（子程序）
N10 G91 G00 Z-95.0
N20 G41 X40.0 Y20 D1
```

```
N30 G01 Z-15.0 F100
N40 Y30.0
N50 X-10.0
N60 X10.0 Y30.0
N70 X40.0
N80 X10.0 Y-30.0
N90 X-10.0
N100 Y-20.0
N110 X-50.0
N120 G00 G40 X-30.0 Y-30.0
N130 Z110.0
N140 M99
%
```

2. 在轮廓的多次径向加工中使用子程序

轮廓的加工在径向方向上可能要经过多次加工，即粗加工、半精加工到精加工。为简化编程，可采用子程序来编程。

3. 在不同Z深度的轮廓加工中使用子程序

在轮廓加工中，除径向方向上可能要经过多次加工外，深度方向上可能需分几层进行加工，这里也可采用子程序的方法来进行编程。用改变刀具长度补偿值或直接指令背吃刀量，进行多层加工。

例5-12 如图5-49所示的轮廓加工，加工深度为10mm，分二层进行加工，有两种方式编程：

方法一：采用绝对值编程直接指令背吃刀量	方法二：采用增量值编程间接指令背吃刀量
O1000	O1000（主程序）
N10 G21 G90 G17 G40 G49	N10 G21 G90 G17 G40 G49
N20 G54 G00 X-30.0 Y-30.0 S1000 M03	N20 G54 G00 X-30.0 Y-30.0 S1000 M03
N30 G01 Z-5.0 F300.	N30 G01 Z1.0 F300.
N40 M98 P1010	N40 M98 P21010
N50 G01 Z-10.0 F300.	N50 G90 G00 Z50.0
N60 M98 P1010	N60 M05
N70 G00 Z50.0	N70 M30
N80 M05	%
N90 M30	O1010（子程序）
%	N05 G91 G01 Z-6.0
O1010（子程序）	N10 G90 G42 X-12.0 Y0 D2（D2=8.0mm）
N10 G42 X-12.0 Y0 D2（D2=8.0mm）	N20 G01 X34.0
N20 G01 X34.0	N30 G02 X50.0 Y16.0 R16.0
N30 G02 X50.0 Y16.0 R16.0	N40 G01 Y30.0

（续）

方法一：采用绝对值编程直接指令背吃刀量	方法二：采用增量值编程间接指令背吃刀量
N40 G01 Y30.0	N50 G03 X40.0 Y40.0 R10.0
N50 G03 X40.0 Y40.0 R10.0	N60 G01 X15.0
N60 G01 X15.0	N70 G91 X－15.0 Y－15.0
N70 G91 X－15.0 Y－15.0	N80 G90 X0.0 Y－12.0
N80 G90 X0.0 Y－12.0	N90 G40 X－30.0 Y－30.0
N90 G40 X－30.0 Y－30.0	N100 G91 G00 Z1.0
N100 M99	N110 M99
%	%

注意比较两种方法的区别，方法二的特点是使用了子程序的重复次数参数进行编程，如程序中 N40 M98 P21010 对子程序 O1010 重复调用了 2 次。

十、固定循环功能指令

数控铣床配备的固定循环功能与第四章所述的数控车床不同，它主要用于孔加工，包括钻孔、镗孔、攻螺纹等。

孔加工的动作顺序非常典型，例如钻孔、镗孔的动作是由孔位平面定位、沿 Z 向快速运动到切削的起点、进给运动到指定深度、快速退回等组成。当一个零件上有很多个相同的孔时，则需要完成数个相同的顺序动作。如果使用基本指令来编写孔加工的程序将会十分麻烦，而使用孔加工固定循环功能指令来编程，只用一个程序段便可完成一个或两个以上孔的加工，可大大简化程序的编制。

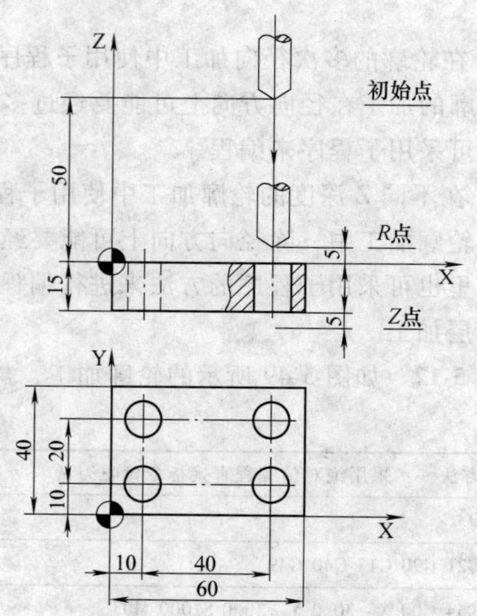

图 5-50　孔加工的两种编程模式示例

例 5-13　对图 5-50 所示工件编制程序，分别采用基本指令的编程模式和孔加工固定循环功能指令的编程模式。

使用基本指令编制的程序	使用固定循环指令编制的程序
O1201	O1202
N10 G21	N10 G21
N15 G90 G49 G80 G17	N15 G90 G49 G80 G17
N20 G00 G54 X10.0 Y10.0 S500 M3	N20 G00 G54 X－30.0 Y10.0 S500 M3
N25 G43 H1 Z50.0 M08	N25 G43 H1 Z50.0 M08
N30 Z5.0	N30 G91 G99 G81 X40.0 Y0 Z－25.0 R－45.0 F100.0 K2
N35 G01 Z－20.0 F100.0	N35 G90 X－30.0 Y30.0 Z50.0
N40 G00 Z5.0	N40 G91 G99 G81 X40.0 Y0 Z－25.0 R－45.0 F100.0 K2

（续）

使用基本指令编制的程序	使用固定循环指令编制的程序
N45 X50.0	N45 G80 X0. Y0. Z50.0
N50 G01 Z-20.0	N50 M05
N55 G00 Z5.0	N55 M30
N60 Y30.0	%
N65 G01 Z-20.0	
N70 G00 Z5.0	
N75 X10.0	
N80 G01 Z-20.0	
N85 G00 Z100.0	
N90 X0. Y0.	
N95 M05	
N100 M30	
%	

程序 O1201 中使用了基本指令的编程模式，即每步刀具路径都作为独立的运动程序段来编写；程序 O1202 则使用固定循环指令来编程。分析比较上述的两种编程模式，可看出：使用固定循环指令来编程，提高了编程效率，简化了程序。

（一）固定循环的基本动作

1. 动作组成

孔加工固定循环一般由下述五个动作组成，如图 5-51 所示，图中用虚线表示快速移动，实线表示切削进给，以下各图相同。

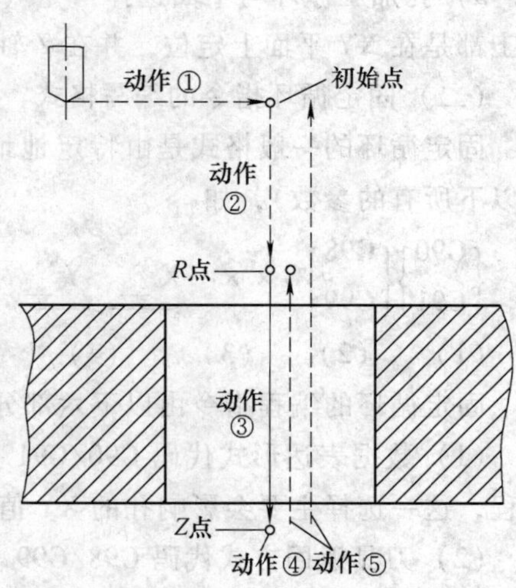

图 5-51　固定循环的基本动作

1）X、Y 轴定位：使刀具快速定位到孔加工的位置。

2）快进到 R 点：刀具自初始点快速移动到 R 点。

3）孔加工：以切削进给的方式执行孔加工的动作。

4）孔底动作：包括暂停、主轴准停、刀具移位等动作。

5）刀具返回（退刀）：有两种返回方式可供选择，即返回到 R 点和返回到初始点。

2. 动作说明

1）不同的固定循环其动作可能不同，有的没有孔底动作，有的不退回到初始平面而只退回到 R 点平面。

2）刀具返回位置的选择是通过两个 G 代码来控制的：G98 是返回初始点，G99 是返回 R 点。

3）初始点是为安全下刀而规定的点，它到零件表面的距离可以任意设定为一个安全的高度。初始点是调用固定循环前程序中的最后一个 Z 轴坐标的绝对值，如在上面的 O1202 程序中初始点反映在 N25 中，故初始点为 Z50.0。当使用同一把刀具加工若干个孔时，只有孔间存在障碍需要跳跃或完成全部孔的加工时，才使用 G98 功能指令使刀具返回到初始点，如图 5-52a 所示。

4）*R* 点又叫参考点（Reference Point），是刀具下刀时由快速移动转为切削进给的转换点（即是引入距离），*R* 值大小的选取可参见本章第一节。使用 G99 指令将使刀具返回到 *R* 点，适用于要继续加工其他孔且可以安全移动刀具的场合，如图 5-52b 所示。

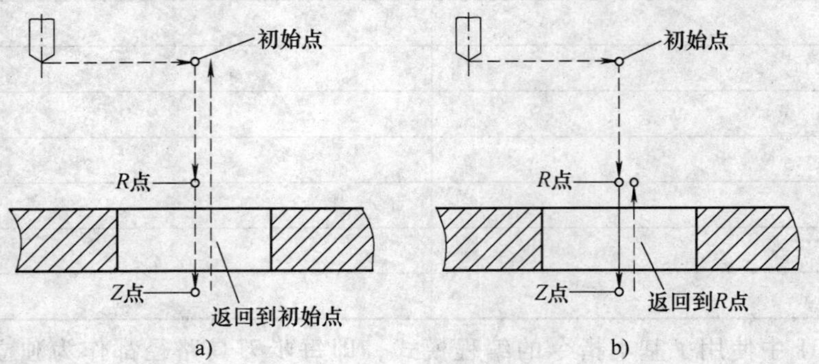

图 5-52　刀具返回方式

a）返回初始点（G98）　b）返回 *R* 点（G99）

5）孔加工循环与平面选择指令（G17、G18、G19）无关，即不管选择了哪个平面，孔加工都是在 XY 平面上定位，并在 Z 轴方向上完成加工。

（二）固定循环指令的编写格式

固定循环的一般格式是由特定地址字指定的一系列参数值（并不是每一个循环都能使用以下所有的参数），如

$$\begin{Bmatrix}G90\\G91\end{Bmatrix}\begin{Bmatrix}G98\\G99\end{Bmatrix}G\times\times\quad\underbrace{X\_\quad Y\_}\quad\underbrace{Z\_\quad R\_\quad Q\_\quad P\_\quad F\_}\quad K\_$$

（1）　（2）　（3）　（4）　（5）　（6）

固定循环的编程指令由以下六部分组成：

（1）数据表达形式代码 G90/G91　即使用绝对值方式（G90）或增量值方式（G91）来编程，这一选择主要会影响孔的 XY 值、R 值和 Z 值，如图 5-53 所示。

（2）刀具返回方式代码 G98/G99　G98 为返回初始点，G99 为返回 *R* 点。

（3）孔加工方式代码 G××　为 G73、G74、G76 和 G81～G89 指令中之一。

（4）孔位数据 X、Y　指定孔在 XY 平面的坐标位置，可以是绝对值或增量值。增量值方式下孔的 XY 位置是相对于前一孔 XY 位置的距离。

（5）孔加工数据　它包含以下内容：

1）Z：孔底的位置。使用 G90 时为孔底的 Z 坐标值，使用 G91 时是 R 点到孔底的距离。

2）R：R 平面的位置。使用 G90 时是 R 点坐标值，使用 G91 时是初始点到 R 点的距离。

3）Q：Q 有两种含义——使用 G73、G83 时，用来指定每次进给的深度；使用 G76、

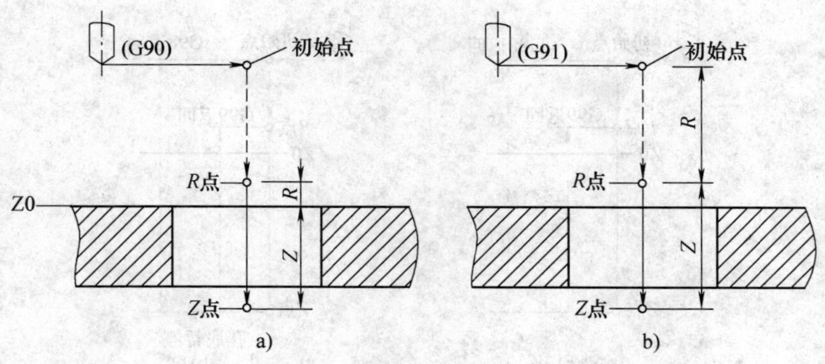

图 5-53 *R* 点与 *Z* 点指令

a）绝对值方式（G90） b）增量值方式（G91）

G87 时，用来指定刀具的位移量。

4）P：刀具在孔底的暂停时间，单位为 ms，不带小数点。

5）F：指定切削进给速度。

（6）K 指定固定循环的重复次数。

（三）固定循环指令介绍

孔加工固定循环指令有 G73、G74、G76 和 G81 ~ G89，根据用途可将其分为三类：钻孔循环（G81、G82、G73、G83）、镗孔循环（G76、G85、G86、G87、G88、G89）、攻螺纹循环（G74、G84）。

1. 钻孔循环

（1）钻孔循环指令（G81）与锪孔循环指令（G82） 指令格式：

G81 X__ Y__ Z__ R__ F__

G82 X__ Y__ Z__ R__ P__ F__

G81 指令的加工动作如图 5-54a 所示，刀具先快速定位到（X，Y）点，再快速下降至 *R* 点，然后以 F 指定的进给速度钻孔至孔底 *Z* 点，最后快速提刀返回到初始点（G98）或 *R* 点（G99）。G81 指令主要用于钻一般孔和钻中心孔。

G82 指令的动作类似于 G81，如图 5-54b 所示，只是在孔底增加了进给暂停动作。因此，在不通孔或阶梯孔加工中，可减少孔底表面粗糙度，得到准确的孔深尺寸。

（2）深孔啄钻循环指令（G83）与高速深孔啄钻循环指令（G73） 指令格式：

G83 X__ Y__ Z__ R__ Q__ F__

G73 X__ Y__ Z__ R__ Q__ F__

其中，Q 为每次进给的深度。

G83、G73 指令的加工动作分别如图 5-55a、图 5-55b 所示。

说明：

这两个指令格式相同，动作也基本相同，均能用于深孔加工（钻孔深度为直径的 5 倍左右）。由于深孔加工的动作是通过刀具在 Z 向的间断进给（即采用啄钻的方式）来实现断屑与排屑的，故 G73 和 G83 指令的区别主要表现在 Z 向的进给动作上：G73 是每次 Z 向工进后都快速退回一段距离 *d*（*d* 由 CNC 参数设定），再工进；而 G83 是每次 Z 向工进后均快速退回至 *R* 点，当重复进给时，刀具快速下降，到 *d* 规定的距离时转为切削进给。

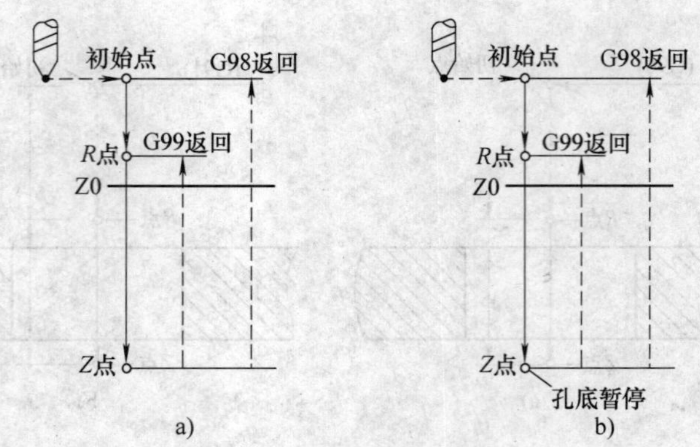

图 5-54 G81、G82 指令的动作

a）G81 b）G82

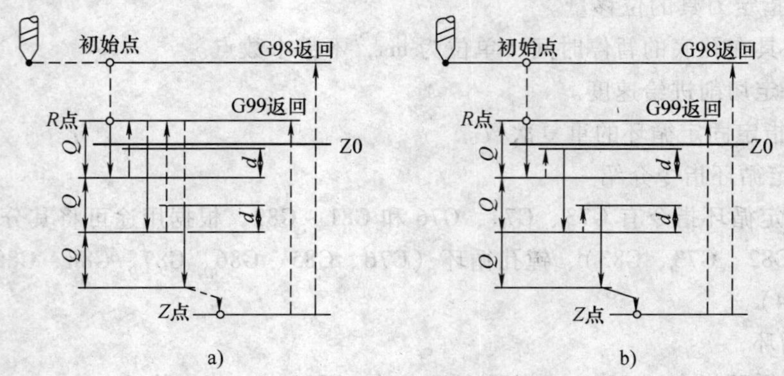

图 5-55 G83、G73 指令的动作

a）G83 b）G73

由于 G73 指令每次 Z 向工进后未从孔内完全退出，故它虽然能保证断屑，但排屑主要是依靠钻屑在钻头螺旋槽中的流动来保证的；而 G83 指令每次 Z 向工进后都从孔内完全退出，然后再钻入孔中，故可把切屑带出孔外，以免切屑将钻槽塞满而增加钻削阻力和使切削液无法到达切削区。因此对于深孔加工，特别是长径比较大的深孔，为保证顺利打断并排出切屑，应优先采用 G83 指令。

注意：在使用 G73 和 G83 指令进行深孔加工编程时，两指令在钻孔时孔底动作均为快速返回，不会产生暂停的动作。但在实际加工中，当钻头退出时，切屑在切削液冲刷下会落入孔中。这种情况尤其会发生在对钢料的加工中。当钻头再次进入后，它将撞击位于孔底部的切屑，切屑在刀具的作用下开始旋转，将切屑切断或熔化。因此，在必要时应暂停加工来清理吹净切屑后，再对孔进行下一道工序的加工。

2. 镗削循环

（1）粗镗孔循环指令　常用的粗镗孔循环指令有 G85、G86、G88、G89 四种。

1）指令格式：G85 X__ Y__ Z__ R__ F__

G86 X__ Y__ Z__ R__ F__

G88 X__ Y__ Z__ R__ P__ F__

G89 X__ Y__ Z__ R__ P__ F__

2）孔加工动作，如图 5-56 所示，执行 G85 循环，刀具以切削进给方式加工到孔底，然后以切削进给方式返回到 *R* 点平面，以保证孔壁光滑。因此，该指令可用于镗孔、铰孔和扩孔。

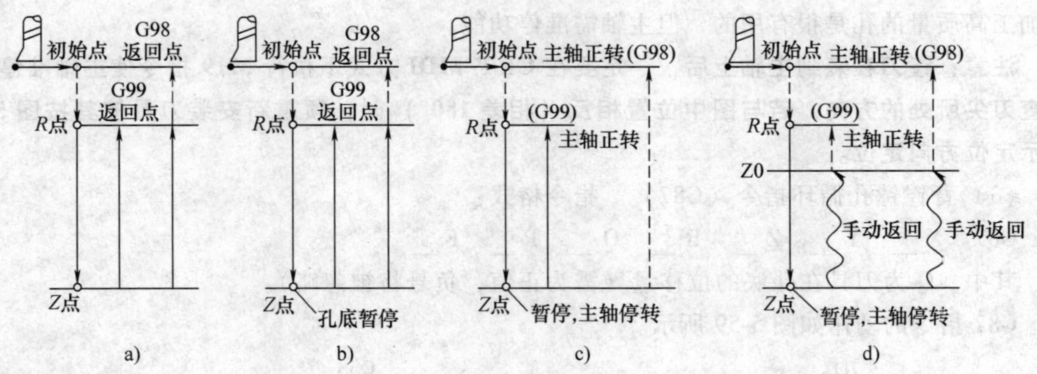

图 5-56　粗镗孔动作

a）G85　b）G89　c）G86　d）G88

执行 G86 循环，刀具以切削进给方式加工到孔底，到孔底后暂停，主轴停转，刀具快速返回到 *R* 点平面后，主轴恢复正转。由于刀具在退回过程中容易在工件表面划出条痕，故该指令常用于粗镗和半精镗。

执行 G88 循环，刀具以切削进给方式加工到孔底，到孔底后暂停，主轴停转，这时可通过手动方式将刀具移出孔外，再开始自动加工，刀具快速提刀到 *R* 点或初始点，主轴恢复正转。此种方式虽能相应提高孔的加工精度，但加工效率较低。故该指令比较少用，仅限于使用特殊刀具且在孔底需要手动干涉的镗削操作。

G89 的动作类似于 G85，不同的是 G89 动作在刀具到达孔底后有进给暂停动作，故该指令常用于镗阶梯孔。

（2）精镗孔循环指令（G76）　指令格式：

G76　X__　Y__　Z__　R__　Q__　P__　F__

其中，Q 为刀具在孔底的位移量（需为正值，负号将被忽略）。

其动作如图 5-57 所示，刀具快速定位到（*X*，*Y*）点后快速下降至 *R* 点（不做主轴定位），以 F 指定的进给速度镗孔，至孔底有 3 个动作：①进给暂停 *P* 秒。②主轴准停（定向

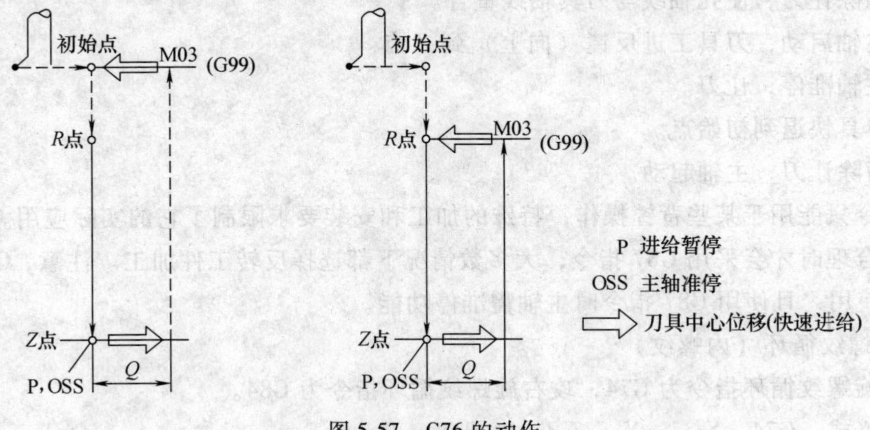

图 5-57　G76 的动作

停止)，使刀尖指向一个固定的方向。③刀具沿刀尖的反方向位移 Q 值，使刀尖离开加工孔面，最后快速提刀到初始点（G98）或 R 点（G99），刀具中心回到原来位置且主轴恢复转动。这样可以保证提刀时不至于划伤内孔表面，以实现高效率、高精度的镗削加工。该指令对加工高质量的孔是很有用的，但主轴需准停功能。

注意：镗刀在装到主轴上后，一定要在 CRT/MDI 方式下执行 M19 指令使主轴准停后，检查刀尖所处的方向，若与图中位置相反（相差 180°）时，须重新安装刀具使其按图 5-58 所示定位方向定位。

(3) 背镗镗孔循环指令（G87） 指令格式：

G87 X__ Y__ Z__ R__ Q__ P__ F__

其中，Q 为刀具在孔底的位移量（需为正值，负号将被忽略）。

G87 指令的动作如图 5-59 所示。

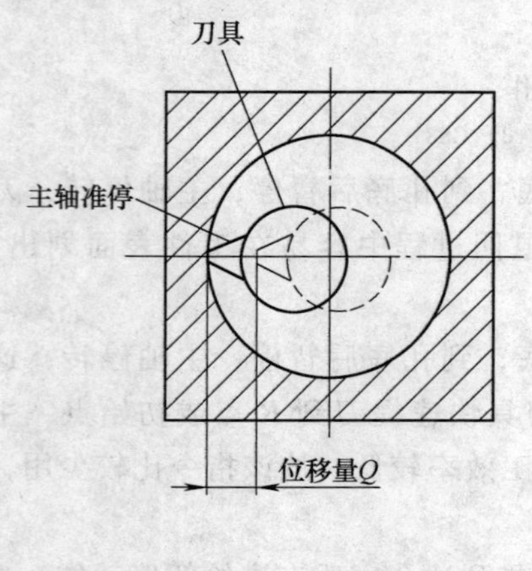

图 5-58 定向停止（OSS）与偏移

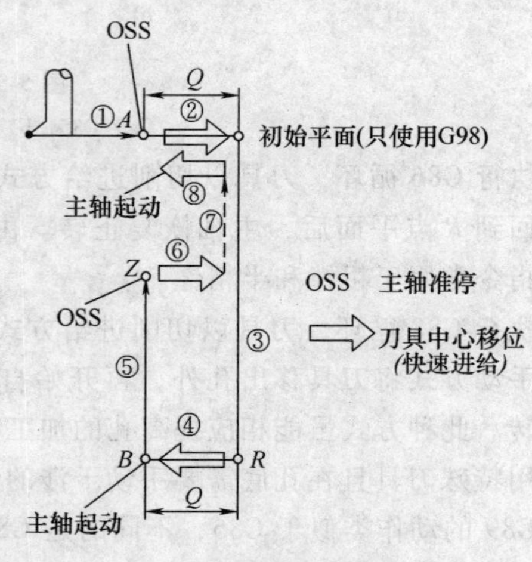

图 5-59 G87 的动作

动作说明：

1) 刀具快速定位到（X，Y）点，主轴准停。

2) 刀具沿刀尖的反方向位移 Q 值（让刀）。

3) 快进到 R 点（这时 R 点平面在孔底平面的下方）。

4) 消除让刀，使孔轴线与刀具轴线重合。

5) 主轴启动，刀具工进反镗（向上）到 Z 点。

6) 主轴准停，让刀。

7) 刀具快退到初始点。

8) 消除让刀，主轴起动。

该指令只能用于某些背镗操作，特殊的加工和安装要求限制了它的实际应用。只有当总成本预算合理时才会采用 G87 指令，大多数情况下都选择反转工件加工。注意，G87 不能与 G99 同时使用，且使用 G87 指令时主轴需准停功能。

3. 攻螺纹循环（内螺纹）

攻左旋螺纹循环指令为 G74，攻右旋螺纹循环指令为 G84。

指令格式：G74 X__ Y__ Z__ R__ P__ F__

G84 X__ Y__ Z__ R__ P__ F__

其动作如图 5-60 所示。

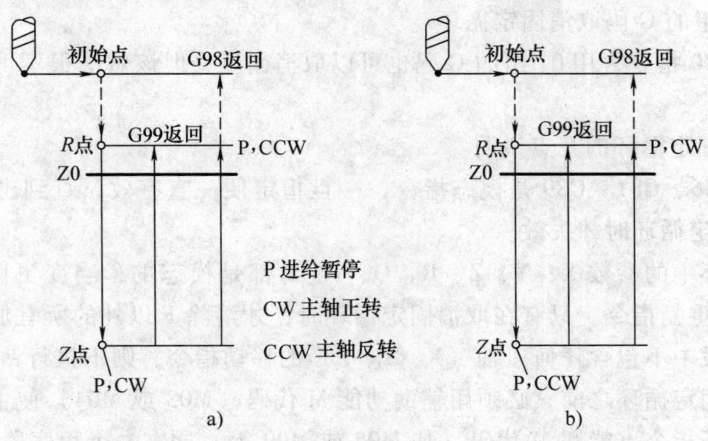

图 5-60 G74、G84 的动作

a) G74 b) G84

G74 循环用于加工左旋螺纹。执行该循环时，主轴反转，刀具在 XY 平面快速定位后快速移动到 *R* 点，执行攻螺纹动作到达孔底后，主轴正转退回到 *R* 点，主轴恢复反转，完成攻螺纹动作 。

G84 动作与 G74 基本类似，只是 G84 用于加工右旋螺纹。执行该循环时，主轴正转，刀具在 XY 平面快速定位后快速移动到 *R* 点，执行攻螺纹到达孔底后，主轴反转退回到 *R* 点，主轴恢复正转，完成攻螺纹动作。

使用注意事项：

1）在指令 G74 前，需先以 M04 指令使刀具反转；在指令 G84 前，需先以 M03 指令使刀具正转。

2）在 G74 和 G84 加工中，进给速度 F、主轴转速 S 均不接受倍率开关的控制（固定在 100%）。

3）攻螺纹的进给速度 *F*（mm/min）= 主轴转速 *n*（r/min）× 螺纹导程 *P*（mm）。

（四）固定循环的取消

当不再使用固定循环指令时，应将其取消，使系统恢复到通常的加工状态（如 G00、G01 等）。使用 G80 指令或 01 组的 G 码均可取消任何有效的固定循环。

1. 使用 G80 指令取消固定循环

G80 指令不但可以取消任何有效的固定循环，还可以自动切换到 G00 快速运动模式，例如

程序①	程序②	程序③
…	…	…
N30 G80	N30 G80	N30 G80 G00 X10.0 Y20.0
N35 X10.0 Y20.0	N35 G00 X10.0 Y20.0	…
…		

上例中，程序①、②、③的差别很小，但执行的结果完全一样。程序①是一个标准的编程应用，其中的 N35 程序段中并没有指定快速运动，它只是间接地表明了这一点。

注意：当用 G80 指令取消固定循环后，那些在固定循环前的插补模态（如 G00、G01、G02、G03）恢复，M05 指令也自动生效（G80 可使主轴停转）。

2. 使用 01 组的 G 码取消固定循环

尽管不用 G80 指令，用 01 组的 G 码也可以取消循环，但该做法很不可取，应该尽量避免。

（五）使用固定循环的几点说明

1）G73～G76、G81～G89 是模态指令，一旦指定便一直有效，直到出现其他孔加工循环指令或取消固定循环时才失效。

2）固定循环中的参数 X、Y、Z、R、Q、P、F 都是模态的，当变更固定循环方式时，不变的参数不必重复指令。只有在取消固定循环时，才清除 F 以外的所有加工数据。

3）若程序段中不包含任何一轴（X、Y、Z）的移动指令，则不执行钻孔动作。

4）在指定固定循环之前，必须用辅助功能 M 代码（M03 或 M04）使主轴旋转。

5）固定循环指令不能和 M 代码（如 M05 或 M09 等）同在一个程序段中，因为 M 代码在执行完循环指令的第一个动作（XY 轴向定位）后，即被执行。

6）使用具有主轴自动起动的固定循环指令（G74、G84、G86）时，如果连续加工的孔间距较小或者从初始点到 *R* 点之间的距离较短，则应使用 G04 暂停指令进行延时，其目的是为了防止在进入孔加工动作时，主轴尚未达到指定的转速。

7）在固定循环中，刀具半径补偿指令（G41、G42）无效，刀具长度补偿指令（G43、G44）在刀具至 *R* 点时生效。

（六）固定循环的重复

在固定循环指令的最后，用 K 地址指定执行固定循环的重复次数，可用于加工等间距的孔。但必须以增量模式（G91）指定第一个孔的位置，如果用绝对值方式（G90）指令的话，则会在相同位置重复钻孔。

例 5-14 执行程序段 G91 G99 G81 X20.0 Z－20.0 R－50.0 F200 K6，可加工六个孔，其运动轨迹如图 5-61 所示。

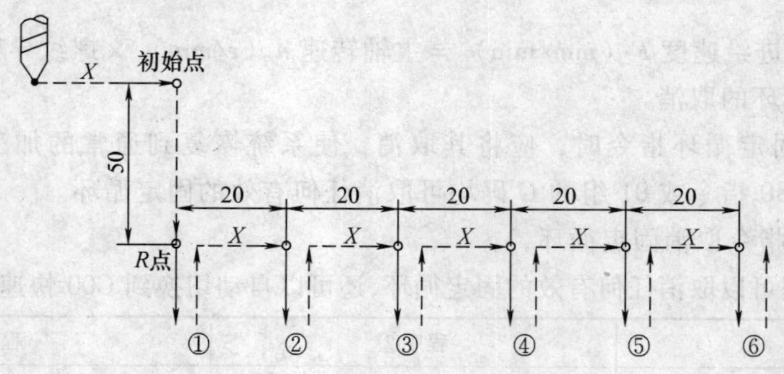

图 5-61 重复次数的使用

采用重复次数来编程时需要注意的是：

1）为节省提高加工效率，最好采用 G99 指令以使刀具返回 *R* 点。

2）如果使用 G74 或 G84 指令时，因为主轴回到 *R* 点或初始点时要反转，因此需一定时间，如果用 K 来进行多孔操作，则要估计主轴的起动时间。如果时间不足，不应使用 K 地址，而应对每一个孔给出一个程序段，并且每段中增加 G04 指令来保证主轴的起动时间。

3）当 K = 0 时，钻孔数据被存储，但不会执行该循环（即机床不动作）。

例 5-15 如图 5-62 所示，要求在一方板上钻 20 个通孔。已知工件材料为 45 钢，工件厚度为 15mm。试编制程序。

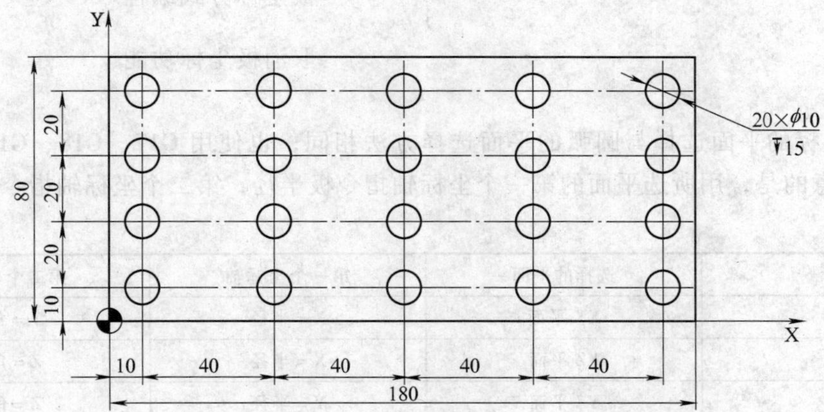

图 5-62 固定循环重复使用指令的编程实例

解：可采用固定循环的重复使用指令来编写程序，如下

程 序	说 明
O3000	
N10 G21 G17 G49 G80	
N20 G90 G54 G00 X - 30.0 Y10.0 S800 M03	刀具定位至第一行第一个孔的前一位置
N30 G43 H01 Z100.0 M08	
N40 G91 G99 G81 X40.0 Y0 Z - 25.0 R - 95.0 F100.0 K5	加工第一行孔
N50 G90 G00 X - 30.0 Y30.0	
N60 G91 G99 G81 X40.0 Y0 Z - 25.0 R - 95.0 K5	加工第二行孔
N70 G90 G00 X - 30.0 Y50.0	
N80 G91 G99 G81 X40.0 Y0 Z - 25.0 R - 95.0 K5	加工第三行孔
N90 G90 G00 X - 30.0 Y70.0	
N100 G91 G99 G81 X40.0 Y0 Z - 25.0 R - 95.0 K5	加工第四行孔
N110 G90 G80 G49 Z100.0 M09	
N120 G91 G28 Z0 M05	
N130 G28 X0 Y0	
N140 M30	
%	

上例程序 N40 段中 $Z-25.0=5$（R 绝对值）$+15$（孔深）$+2$（钻孔超越量）$+10\times0.3$（钻尖长度的计算）。

总之，使用 K 参数来实现对固定循环的重复使用时，应认真研究孔分布的规律，尽量简化程序。而且，在进入固定循环前刀具不能定位在第一个位置，而要向前移动一个孔的位置，因为在执行固定循环时，刀具要先定位后才执行钻孔的动作。

十一、极坐标指令（Polar Coordinates Command Mode）（G15、G16）

定义终点的坐标值除了可采用直角坐标输入外，还可以用极坐标输入，即可通过指定其相对极点的极半径和极角对其进行定位，指令格式为：

G90 G16；（或 G91 G16；）　　　　　　　　　　　开启极坐标功能

X_ Y_ ；（或 X_ Z_ ；或 Y _ Z_ ；）
…；　　　　　　　　　　　　　　　　　　　　　　　极坐标方式编程

G15；　　　　　　　　　　　　　　　　　　　　　　取消极坐标功能

说明：

1）极坐标的平面选择与圆弧的平面选择方法相同，也使用 G17、G18、G19 指令来指定。必须注意的是，用所选平面的第一个坐标轴指令极半径，第二个坐标轴指令极角度，见下表：

G 代码	选择的平面	第一个坐标轴	第二个坐标轴
G17	XY 平面	X = 半径	Y = 角度
G18	XZ 平面	X = 半径	Z = 角度
G19	YZ 平面	Y = 半径	Z = 角度

在 XY 和 XZ 平面内，X 后面的数值是极径值，Y 或 Z 后面的数值是极角值；在 YZ 平面内，Y 是极径值，Z 是极角值。极角的单位是“°”，规定所选平面的第一根轴（ +方向）的逆时针方向为角度的正方向，顺时针方向为角度的负方向。

2）除了极半径和极角度外，极坐标还需要旋转中心（也称为极点），它是 G16 指令前的最后一个编程点。图 5-63 所示为极坐标系统的三种基本特征。

3）极径和极角的值与绝对值方式（G90）还是增量值方式（G91）有关，也可以将绝对值方式和增量值方式混合使用。

4）在绝对值方式（G90）下，极径的起点是坐标系的原点，极角的起始边永远是当前有效平面的第一个坐标轴。图 5-64a 所示为绝对值方式的极坐标编程。

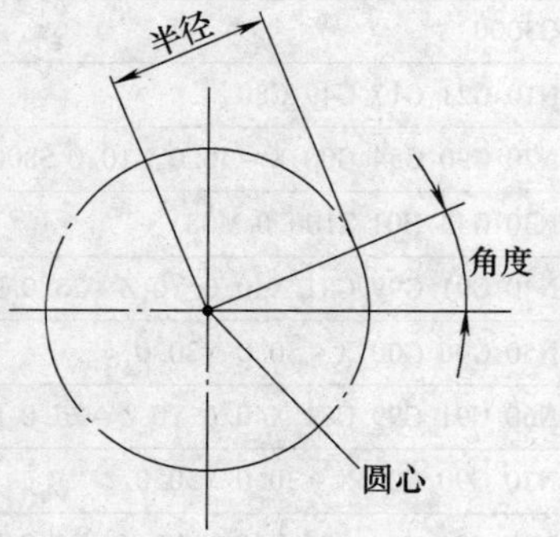

图 5-63　极坐标的三个基本特征

5）在增量值方式（G91）下，极径的起点是当前刀具位置，极角是相对于上一次编程角度的增量值，在刚进入极坐标编程方式时，极角的起始边是当前有效平面的第一个坐标轴，缺省表示极角为零。图 5-64b 所示为增量值方式的极坐标编程。

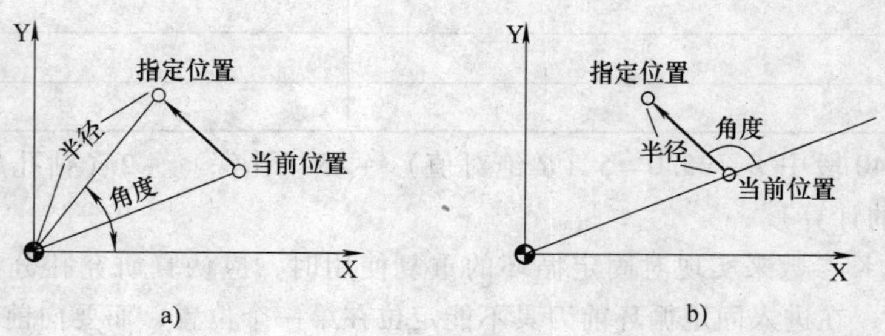

图 5-64　极坐标编程

a）绝对值方式　b）增量值方式

例 5-16 圆周均布孔加工。如图 5-65 所示，在半径为 50mm 的圆周上钻 8 个等分孔，已知加工第一个孔的起始角度为 30°，相邻两孔之间角度的增量为 45°，圆周中心坐标为（0，0）。

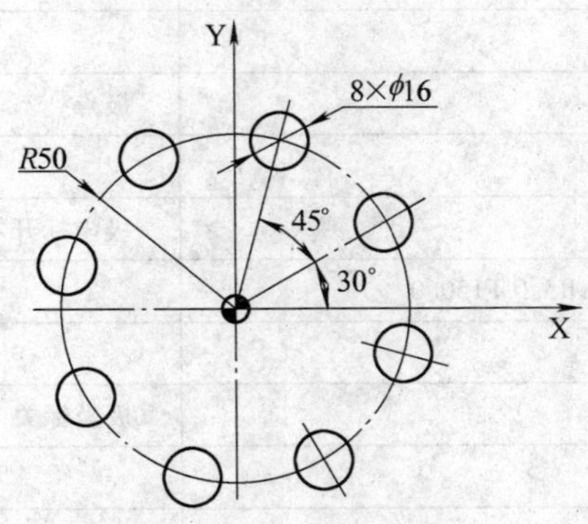

图 5-65 极坐标编程实例

参考程序如下

程　　序	说　明
O2700	
N10 G21	
N20 G17 G49 G80	
N30 G90 G54 G00 X0 Y0 S900 M03	极点
N40 G43 Z100.0 H01 M08	
N50 G16	极坐标开
N60 G99 G81 X50.0 Y30.0 Z-20.0 R5.0 F150.0	
N70 Y75.0	
N80 Y120.0	
N90 Y165.0	
N100 Y210.0	
N110 Y255.0	
N120 Y300.0	
N130 Y345.0	
N140 G15	极坐标关
N150 G80 M09	
N160 G91 G28 Z0 M05	
N170 G28 X0 Y0	
N180 M30	
%	

注意：程序段 N30 定义了极坐标的中心（即极点），它是调用极坐标指令 G16 前的最后 X 和 Y 编程位置。

还可以使用固定循环的重复指令 K，则程序简化如下

程　序	说　明
O2700	
N10 G21	
N20 G17 G49 G80	
N30 G90 G54 G00 X0 Y0 S900 M03	极点
N40 G43 Z100.0 H01 M08	
N50 G16	极坐标开
N60 G99 G81 X50.0 Y30.0 Z-20.0 R5.0 F150.0	
N70 G91 Y45.0 K7	
N80 G15	极坐标关
N90 G80 M09	
N100 G91 G28 Z0 M05	
N110 G28 X0 Y0	
N120 M30	
%	

十二、简化编程指令

（一）比例缩放功能指令（G50、G51）

该指令可使原编程尺寸按指定比例缩小或放大，因此可用一个程序加工出形状相同、尺寸不同的工件。该功能不是数控系统的标准功能，不同的系统采用不同的指令代码及格式。

指令格式为：

X__ Y__ Z__；

$G51\begin{cases} P\_\_ \\ I\_\_J\_\_K\_\_ \end{cases}$；缩放开始

…

G50；缩放取消

其中，X、Y、Z 为缩放中心的坐标值；P 为缩放系数（适用于各轴缩放比例值相同时）；I、J、K 为各轴（X、Y、Z）的缩放比例因子（适用于各轴缩放比例值不同时）；缩放因数的指定范围为 0.001~999.999。

说明：

1）G51 既可指定平面缩放，也可指定空间缩放。必须在单独的程序段内用 G51 指令，图形缩放后，用 G50 指令取消缩放功能。

2）在 G51 后，运动指令的坐标值以 X、Y、Z 为缩放中心，按规定的缩放比例进行计算。

3）在有刀具补偿的情况下，先进行缩放，然后才进行刀具半径补偿和刀具长度补偿。

4）G51、G50 为模态指令，可相互注销，G50 为缺省值。

例 5-17　精铣刀具中心轨迹如图 5-66 所示，图中右上角各部分尺寸为原图形（左下角图形）的 2 倍，起刀点为（10，-10），用 ϕ8mm 立铣刀，槽深 2mm，试编程。

解：参考程序如下

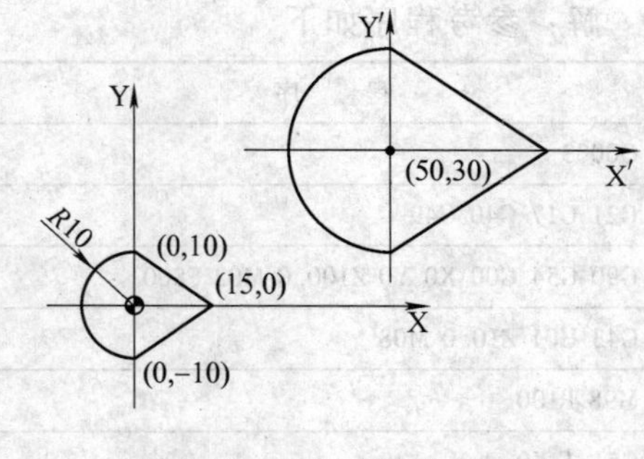

图 5-66　比例缩放编程实例

```
O0001              （主程序）
N100 G92 X0 Y0 Z100.0 S1000 M3
N110 G90 G00 Z2.0
N120 M98 P0100
N130 X50.0 Y30.0
N140 G51 P2.
N150 M98 P0100
N160 G50
N170 G00 Z100.0 M5
N180 M30
%
O0100       （子程序）
N5 G91 G00 X10.0 Y-10.0
N10 G01 Z-4.0 F100.0
N15 X-10.0 Y0
N20 G02 X0. Y20.0 I0.0 J10.0
N25 G01 X15.0 Y-10.
N30 G01 X-15. Y-10.0
N35 G90 Z2.0
N40 M99        （子程序返回）
%
```

（二）镜像加工（Programmable Mirror Image）指令（G50.1，G51.1）

该指令可以将刀具路径按指定规律转换到其他象限中去（产生镜像变换），以实现对称加工编程，简化加工程序。该功能不是数控系统的标准功能，不同的系统采用不同的指令代码及格式。指令格式为：

G51.1　X＿　Y＿　Z＿；镜像加工有效

…

G50.1；取消镜像加工模式

其中，X、Y、Z 为镜像中心的坐标值或指定的镜像轴。

必须注意的是：

1）在指定平面上，若仅有一轴指定镜像时，圆弧、刀具半径补偿或坐标回转等的回转方向或补正方向均反向执行。

2）取消镜像时，应在镜像中心进行或在取消镜像后以绝对值指令定位，否则绝对值和机械位置无法吻合。

例 5-18　精铣如图 5-67 所示的轮廓，试编程，设背吃刀量为 5mm。

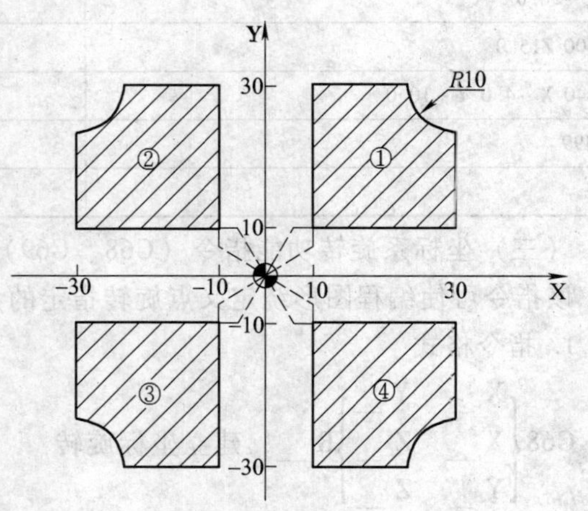

图 5-67　镜像功能编程实例

解：参考程序如下

程　　序	说　　明
O0003	主程序号
G21 G17 G40 G49	
G90 G54 G00 X0 Y0 Z100.0 M03 S800	
G43 H01 Z10.0 M08	
M98 P100	加工①
G51.1 X0	Y 轴镜像，镜像位置为 X=0
M98 P100	加工②
G51.1 X0 Y0	X 轴、Y 轴镜像，镜像位置为（0，0）
M98 P100	加工③
G50.1 X0	X 轴镜像继续有效，取消 Y 轴镜像
M98 P100	加工④
G50.1 Y0	取消镜像
G90 G49 G00 Z100.0 M09	
X0 Y0 M05	
M30	
%	

程　　序	说　　明
O100	子程序号（①的加工程序）
G91 G41 G00 X10.0 Y4.0 D01	
G01 Z-15.0 F100	
G01 Y26.0 F150	
X10.0	
G03 X10.0 Y-10.0 I10.0	
G01 Y-10.0	
X-26.0	
G00 Z15.0	
G40 X-4.0 Y-10.0	
M99	
%	

（三）坐标系旋转功能指令（G68、G69）

该指令可使编程图形绕定义点旋转指定的角度实现工件加工。

1. 指令格式

$$G68\left\{\begin{matrix} X\_\_ & Y\_\_ \\ X\_\_ & Z\_\_ \\ Y\_\_ & Z\_\_ \end{matrix}\right\}R\_\_$$；建立坐标旋转

…

G69；取消坐标旋转

其中，X、Y、Z 为旋转中心的坐标值；R 为旋转角度，单位是“°”，逆时针为正，顺时针为负。

2. 说明

1）坐标系旋转功能只需要三个要素：旋转中心、旋转角度、旋转的刀具路径。

2）坐标旋转绕旋转中心进行，根据所选平面，该点可用两个不同的轴来定义：用 G17 时 X、Y 轴是旋转点坐标，用 G18 时是 X、Z 轴，用 G19 时是 Y、Z 轴。

3）当程序在绝对值方式下时，G68 程序段后的第一个程序段必须使用绝对值方式移动指令，才能确定旋转中心。如果这一程序段为增量值方式移动指令，那么系统将以当前位置为旋转中心，按 G68 给定的角度旋转坐标。

4）坐标旋转激活后，所有移动指令将对旋转中心作旋转，因此整个几何图形将旋转一个角度。

5）在有刀具补偿的情况下，先旋转后刀补（刀具半径补偿、刀具长度补偿）；在有缩放功能的情况下，先缩放后旋转。

3. 应用

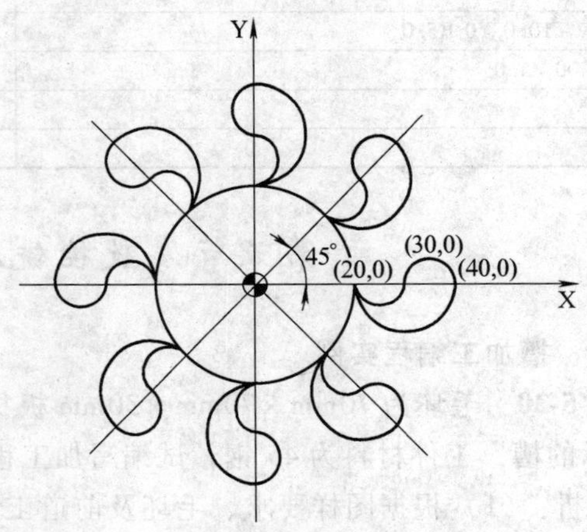

图 5-68　坐标系旋转编程实例

对于旋转重复图形，使用系统提供的旋转功能指令 G68 编程，可大大简化编程。先编出一个图形，再将其旋转，角度用增量值编程，重复调用，加工出所有图形。在程序设计上，一般要三级，即主程序、重复调用子程序、图形原形子程序。在主程序中，先调用原形子程序加工第一图形，再指令重复调用子程序重复调用，而原形子程序包含在重复调用子程序的旋转功能中。

例 5-19　加工图 5-68 所示零件，试编程。

解：参考程序如下

程　序	说　明
O0002	主程序
G21	
G69 G17 G49	
G90 G54 G00 X0 Y0 Z100.0 M3 S800	
G43 H01 Z5.0 M08	
M98 P85001	旋转加工八次
G69	
G90 G00 Z100.0 M09	
M05	
M30	
%	

（续）

程　　序	说　　明
O5001	重复调用子程序
G90 G00 X20.0 Y0	
M98 P5002	
G91 G68 X0 Y0 R45.0	
M99	
%	

程　　序	说　　明
O5002	图形原形子程序
G01 Z-2.0 F150	
G91 G03 X20.0 Y0 R10.0 F250	
G03 X-10.0 Y0 R5.0	
G02 X-10.0 Y0 R5.0	
G90 G00 Z5.0	
M99	
%	

第五节　数控铣床手工编程实例

一、槽加工编程实例

例 5-20　毛坯为 70mm×70mm×30mm 板材，六面均已粗加工过，要求数控铣铣出图 5-69 所示的槽，工件材料为 45 钢，试编写加工程序。

分析：(1) 根据图样要求、毛坯及前道工序加工情况，确定工艺方案及加工路线。

1) 以已加工过的底面为定位基准，用平口钳夹紧工件前后两侧面，并固定于铣床工作台上。

2) 工步顺序：

① 预钻工艺孔，以避免铣刀中心垂直切削工件。

② 铣刀沿工艺孔下刀，先走圆轨迹，再利用刀具半径补偿功能加工圆及 50×50 四角倒圆的正方形的轮廓。

③ 每次切深为 2mm，分二次加工完成。

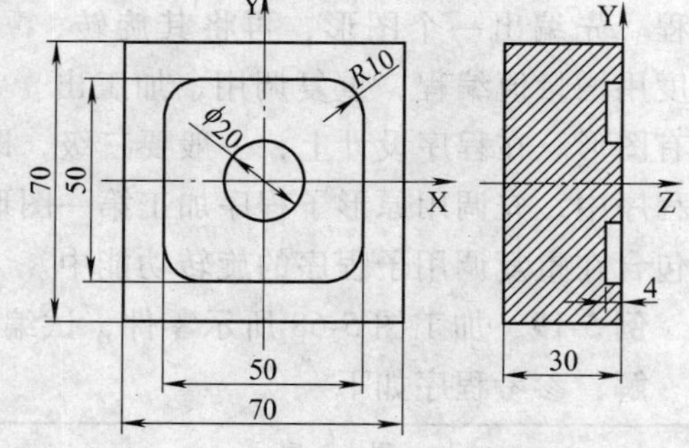

图 5-69　槽编程实例

(2) 选择刀具　采用 ϕ10mm 钻头和 ϕ10mm 的键槽铣刀，并把该刀具的直径输入刀具参数表中。

(3) 确定切削用量　切削用量的具体数值应根据该机床性能、相关的手册并结合实际经验确定。

在此选切削速度为 25m/min，进给量为 0.04mm/t，故

$n = 1000v/\pi D = 1000 \times 25/(3.14 \times 10)$ r/min = 796r/min ≈ 800r/min

$f = f_{齿} Zn = 0.04 \times 2 \times 800$mm/min = 64mm/min ≈ 70mm/min

（4）确定工件坐标系和对刀点　以工件的中心和工件的上表面为工件原点，建立工件坐标系，如图 5-72 所示。

（5）编写程序　为方便编程和减少指令条数，采用调用子程序的编程方法。参考程序如下

程　序	说　明
O0010	ϕ10mm 钻头预钻工艺孔
G90 G21 G17 G80 G40 G49	
G54 G00 Z100. M03 S800	
G43 H1 Z50.	
G98 G81 X17.5 Y0. Z-3.9 R5. F80.	
G80	
M05	
M30	
%	

程　序	说　明
O0011	ϕ10mm 键槽铣刀铣键槽
G90 G21 G17 G80 G40 G49	
G54 G00 Z50. M03 S800	
G43 H2 Z5.	
X17.5 Y0.	
M98 P21000	
G90 G00 Z5.	
M98 P22000	
G90 G00 Z5.	
M98 P23000	
G90 G00 G49 Z50.	
M05	
M30	
%	

程　序	说　明
O1000	铣全圆
G91 G01 Z-7. F80.	
G90 G02 I-17.5 J0. F120.	
G91 G00 Z5.	
M99	
%	

程　序	说　明
O2000	铣 ϕ20mm 全圆轮廓
G91 G01 Z-7. F80.	
G90 G01 G41 D1 X10. Y10. F120.	切线进刀
Y0.	
G02 I-10. J0.	
G01 Y-10.	
G01 G40 X17.5 Y0.	切线退刀
G91 G00 Z5.	
M99	
%	

（续）

程　序	说　明
O3000	铣带圆角的四边形轮廓
G91 G01 Z－7. F80.	
G90 G01 G41 D1 X19. Y－6. F120.	
G03 X25. Y0. R6.	圆弧切向进刀
G01 Y15.	
G03 X15. Y25. R10.	
G01 X－15.	
G03 X－25. Y15. R10.	
G01 Y－15.	
G03 X－15. Y－25. R10.	
G01 X15.	
G03 X25. Y－15. R10.	
G01 Y0.	
G03 X19. Y6. R6.	圆弧切向退刀
G01 G40 X17. 5Y0.	
G91 G00 Z5.	
M99	
%	

二、固定循环功能综合应用实例

例 5-21　加工图 5-70 所示工件，材料为 45 钢，试进行工艺分析和编制程序。

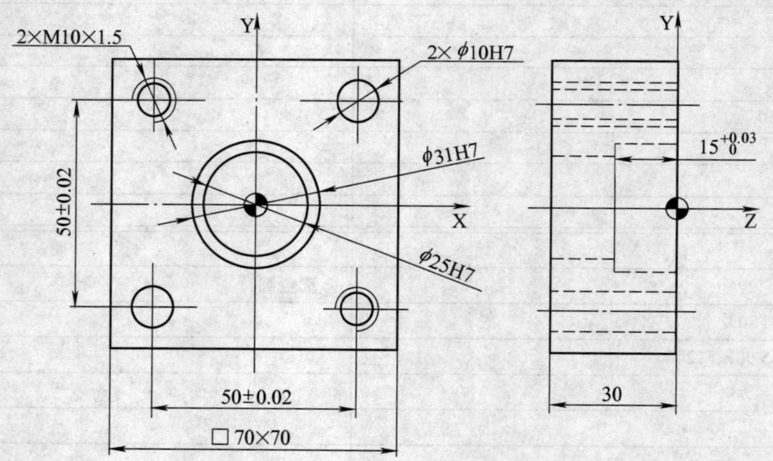

图 5-70　固定循环功能综合应用实例

1. 分析零件图样

该零件材料为 45 钢，毛坯为板材。如图 5-57 所示，零件的 4 个侧面、顶面及底面均为不加工面，需加工包括通孔、阶梯孔、螺纹孔等多个孔，加工精度及位置精度要求较高。

2. 工艺处理

（1）确定加工方案　加工方案如下：

1）钻中心孔：为保证孔的位置精度要求，均对所有孔采用 A3 中心钻钻中心孔。

2）2×ϕ10H7 通孔：ϕ8.5mm 钻头钻孔→ϕ9.8mm 钻头扩孔→ϕ10 H7mm 铰刀铰孔。

3）2×M10×1.5 螺纹孔：ϕ8.5mm 钻头钻螺纹底孔→螺纹孔口倒角→M10×1.5 机用丝锥攻螺纹。

4）ϕ25 H7 通孔：ϕ9.8mm 钻头钻孔→ϕ24mm 钻头扩孔→镗孔

5）ϕ31 阶梯孔：ϕ9.8mm 钻头钻孔→ϕ24mm 钻头扩孔→ϕ20mm 立铣刀铣孔→镗孔

（2）确定安装定位方案　选择平口钳，以下底面和两侧面定位。

（3）所选刀具和工艺参数　所选刀具和工艺参数见表 5-11、表 5-12。

表 5-11　数控加工刀具卡片

产品名称或代号		×××	零件名称	孔系加工	零件图号	×××
序号	刀具号	刀具规格名称	数量	加工表面		备 注
1	T01	A3 中心钻	1	所有孔		
2	T02	ϕ8.5mm 钻头	1	2×M10×1.5 螺纹及 2×ϕ10H7mm 通孔		
3	T03	ϕ9.8mm 钻头	1	2×ϕ10H7 和 ϕ25 H7mm 孔		
4	T04	ϕ24mm 钻头扩孔	1	ϕ25 H7mm		
5	T05	ϕ25mm 锪钻	1	2×M10×1.5mm 螺纹孔		90°
6	T06	M10×1.5 丝锥	1	2×M10×1.5 螺纹孔		机用
7	T07	ϕ10 H7mm 铰刀	1	2×ϕ10H7mm 通孔		
8	T08	ϕ20mm 立铣刀	1	ϕ31H7mm 通孔		
9	T09	ϕ22～ϕ28mm 镗刀	1	ϕ25H7mm、ϕ31H7mm 孔		
编 制	×××	审 核	×××	批 准	×××	共 1 页	第 1 页

表 5-12　数控加工工艺卡片

单位名称	×××	产品名称或代号	零件名称	零件图号
		×××	孔系加工	×××
工序号	程序编号	夹具名称	使用设备	车 间
001	×××	平口钳	数控铣床	数控中心

工步号	工步内容	刀具名称	刀具规格 /mm	主轴转速 /r·min^{-1}	进给速度 /mm·min^{-1}	备注
1	钻中心孔	中心钻	A3	1200	60	
2	钻 2×M10×1.5 的螺纹底孔及 2×ϕ10H7 孔	钻头	ϕ8.5	800	120	
3	钻 2×ϕ10H7 和 ϕ25 H7 孔	钻头	ϕ9.8	700	120	
4	对 ϕ25 H7 孔进行扩孔	钻头	ϕ24	300	50	
5	铣 ϕ31 阶梯孔	立铣刀	ϕ20	800	100	
6	对 2×M10×1.5 螺纹进行孔口倒角	锪钻	ϕ25	150	30	
7	攻 2×M10×1.5 螺纹	丝锥	M10×1.5	200	300	
8	铰 2×ϕ10H7 孔	铰刀	ϕ10 H7	100	25	
9	镗 ϕ25 H7 通孔和 ϕ31 阶梯孔	镗刀	ϕ22～ϕ28	200	30	
编制 ×××	审 核 ×××	批准	×××	年 月 日	共 页	第 页

(4) 程序原点的选择　程序原点设在工件上表面的中心上。

(5) 数值计算　这里只讨论螺纹孔口倒角的 Z 向编程深度的计算，其余略。

螺纹孔口需倒角，但图样中并没有给出倒角尺寸，一个有经验的工艺员通常会选择较小且又合理的倒角，这里比较合适的倒角为 $C1.25$，则 ϕ25mm 锪钻倒角时的 Z 点坐标为：Z = (8.5/2 + 1.25) mm = 5.5mm。

3. 编制程序

参考程序如下

程　序	说　明
O3010	主程序号
G21 G17 G49 G80 G90 G94	
G54	建立工件坐标系，选用 A3 中心钻
N10 G00 Z100.0 S1200 M03	钻中心孔
X - 50.0 Y - 25.0	
G91 G99 G82 X50.0 Y0 Z - 9.0 R - 95.0 P2000 F60.0 K2	
G90 G00 X - 50.0 Y25.0 Z100.0	
G91 G82 X50.0 Y0 Z - 9.0 R - 95.0 P2000 K2	
G90 X0 Y0 Z - 4.0R5.0	
G00 X - 100.0 Z100.0M5	
M00	程序暂停，手工换 ϕ8.5mm 钻头
N20 G00 G54 Z100.0 S800 M03	
X - 50.0 Y - 25.0	
G91 G99 G83 X50.0 Y0 Z - 40.0 R - 95.0 Q2 .0 F120.0 K2	
G90 G00 X - 50.0 Y25.0 Z100.0	
G91 G83 X50.0 Y0 Z - 40.0 R - 95.0 Q2.0 K2	
G90 X0 Y0 Z - 30.0 R5.0	
G00 X - 100.0 Z100.0 M05	
M00	程序暂停，手工换 ϕ9.8mm 钻头
G90 G00 G54 Z100.0 S700 M03	
G99 G83 X - 25.0 Y - 25.0 Z - 40.0 R5.0 Q2.0	
X0 Y0	
G98 X25.0 Y25.0	
G00 X - 100.0 M05	
M00	程序暂停，手工换 ϕ24mm 钻头
G90 G00 G54 Z100.0 S300 M03	
G98 G83 X0 Y0 Z - 43.0 R5.0 Q2.0 F50.0	
G00 X - 100.0 M05	
M00	程序暂停，手工换 ϕ20mm 立铣刀
G90 G00 G54 Z100.0 S800 M03	

（续）

程　序	说　明
X4.0 Y-10.0	
Z5.0	
G01 Z-14.5 F100.0	
G03 G41 D1 X14.0 Y0. R10.	D1=10
I-14.	
G40 X4. Y10. R10.	
G00 Z5.	
X5. Y-10.	
G01 Z-14.5	
G3 G41 D1 X15. Y0. R10.	
I-15.	
G40 X5. Y10. R10.	
G00 Z100.0	
X-100.0 M05	
M00	程序暂停，手工换 ϕ25mm 锪钻
G90 G00 G54 Z100.0 S150 M03	
G99 G82 X25.0 Y-25.0 Z-5.5 R5.0 P2000 F30.0	
G98 X-25.0 Y25.0	
G00 X-100.0 M05	
M00	程序暂停，手工换 M10×1.5mm 机用丝锥
G90 G00 G54 Z100.0 S200 M03	
G99 G84 X-25.0 Y25.0 Z-35.0 R10.0 F300.0	
G98 X25.0 Y-25.0	
M00	程序暂停，手工换 ϕ10 H7mm 铰刀
G90 G00 G54 Z100.0 S100 M03	
G99 G85 X-25.0 Y-25.0 Z-35.0 R10.0 F25.0	
G98 X25.0 Y25.0	
G00 X-100.0 M05	
M00	程序暂停，手工换 ϕ22～ϕ28mm 镗刀
N40 G00 Z100.0 S200 M03	
G99 G76 X0 Y0 Z-15.0 R5.0 Q1.0 F30.0	
G98 Z-31.0 R-10.0	
G80 M05	
M30	
%	

思考题与习题

5-1　数控铣削适用于哪些加工场合?

5-2　请根据下列程序 O0010（G90 方式）推画出轨迹图，并用 G91 方式重新编写一遍，程序名取为 O0011。

（1）O0010

```
G92 X0 Y0 Z0 S530 M03
G17 G90 G02 X30.0 Y0 R15.0 F300.0
G01 X0 Y-40.0
X-30.0 Y0
G02 X0 Y0 R15.0
M05
M30
%
```

（2）O0010

```
G92 X0 Y18.0 S530. M03
G90 G02 X18.0 Y0. R18.0 F100.0
G03 X68.0 Y0. R25.0
G02 X88.0 Y-20.0 R20.0
M05
M30
%
```

（3）O0010

```
G90 G92 X0 Y50.0 Z0
G01 Z-2.0 F100.0 M03
G02 X0 Y50.0 I0 J-50.0 F500.0
G01 X110.0 Y50.0
G03 X110.0 Y50.0 I0 J-50.0
G01 X250.0 Y50.0
G02 X250.0 Y-50.0 I0 J-50.0
G01 Z50.0 M05
M30
%
```

5-3　用 ϕ6mm 的立铣刀铣图 5-71 所示的三个字母，刀心轨迹为虚线，深度自定，试编写其数控加工程序。

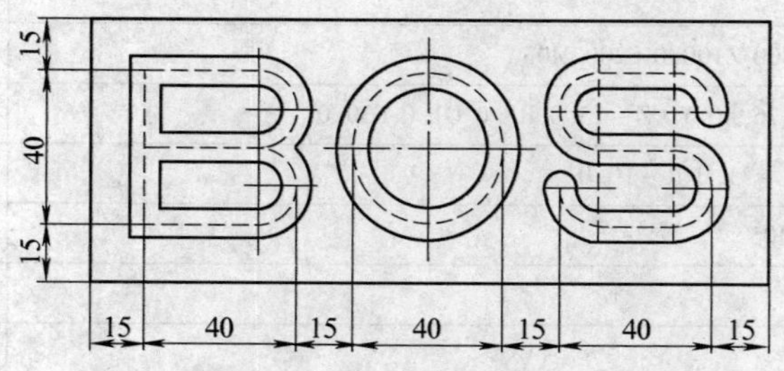

图 5-71　题 5-3 图

5-4　用 ϕ10mm 的立铣刀精铣图 5-72 所示内、外表面，采用刀具半径补偿指令编程。

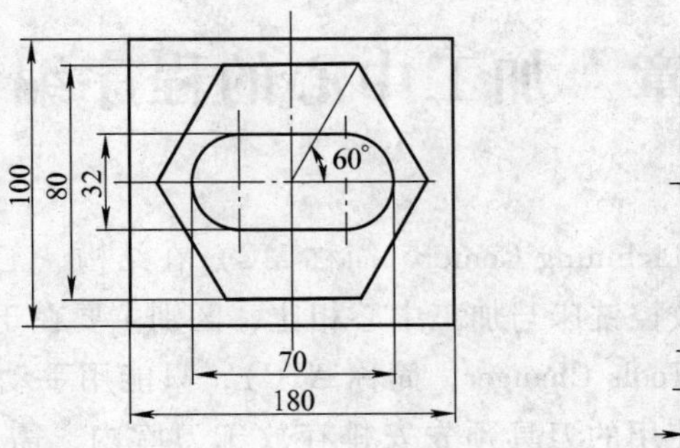

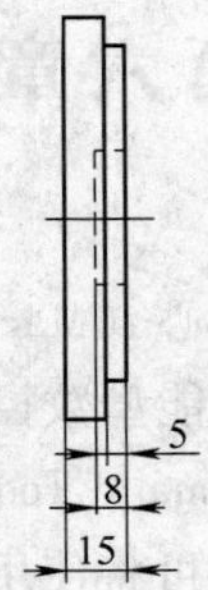

图 5-72　题 5-4 图

5-5　图 5-73 所示零件上有四个形状、尺寸相同的方槽，槽深 2mm，槽宽 10mm，未注圆角 R5，试用子程序编程。

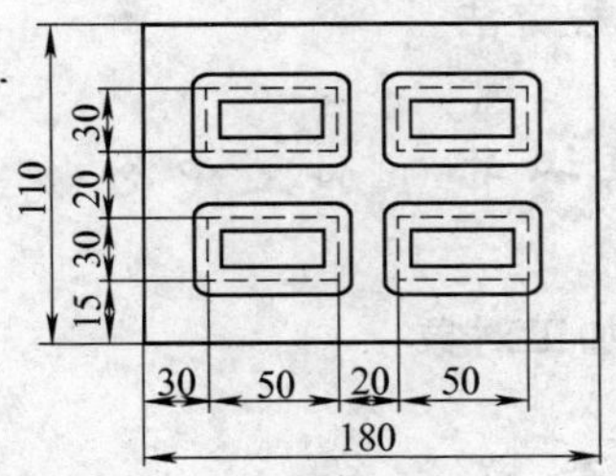

图 5-73　题 5-5 图

5-6　用 ϕ6mm 的刀具铣削图 5-74 所示的四个方槽，槽深 1.5mm，试用图形缩放指令及子程序编程。

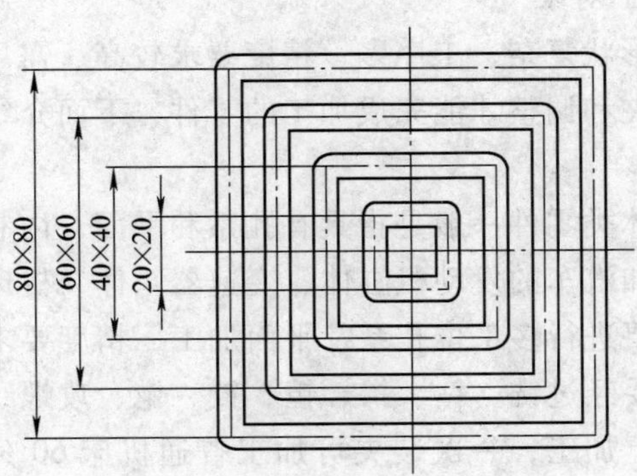

图 5-74　题 5-6 图

第六章　加工中心的程序编制

数控铣床和加工中心（Machining Center，简称 MC）在结构、工艺和编程等方面有许多相似之处，特别是全功能型数控铣床与加工中心相比，区别主要在于数控铣床没有刀库和自动刀具交换装置（Automatic Tools Changer，简称 ATC），只能用手动方式换刀；而加工中心因具备刀库和 ATC，故可将使用的刀具预先安排存放于刀库内，需要时再通过换刀指令由 ATC 自动换刀。

因此，在第五章的基础上，本章将介绍加工中心的功能、分类和基本结构等知识，并仍以 FANUC 0i-MA 系统为例，介绍了加工中心常用的编程指令和编程方法，还将介绍 SINUMERIK802S 系统的编程指令和编程方法。

第一节　加工中心概述

一、加工中心的功能和主要加工对象

1. 加工中心的功能

加工中心是一种集铣床、钻床和镗床三种机床功能于一体，由计算机控制的高效、高自动化程度的机床。其特点是数控系统能控制机床自动更换刀具，工件经一次装夹后能连续地对各加工表面自动进行铣、钻、扩、铰、攻螺纹等多种工序的加工。

2. 加工中心的主要加工对象

加工中心适用于加工形状复杂、工序多、精度要求较高、需用多种类型的普通机床和众多刀具、夹具且经多次装夹和调整才能完成加工的零件，下面介绍一下适合加工中心加工零件的种类。

（1）箱体类零件　箱体类零件一般是指具有孔系和平面，内有一定型腔，在长、宽、高方向有一定比例的零件，如汽车的发动机缸体、变速器箱体，机床主轴箱，齿轮泵壳体等。

箱体类零件一般都需要进行多工位孔系及平面加工，精度要求较高，特别是形状精度和位置精度要求严格，通常要经过铣、钻、扩、镗、铰、锪、攻螺纹等工序加工，需用刀具较多。此类零件在加工中心上加工，一次装夹可加工普通机床 60% ~95% 的工序内容，零件各项精度一致性好，质量稳定，同时节省费用，周期短。

（2）带复杂曲面的零件　零件上的复杂曲面用加工中心加工时，与数控铣削加工基本是一样的，所不同的是加工中心刀具可以自动更换，工艺范围更宽。

（3）异形件　异形件是外形不规则的零件，大都需要点、线、面多工位混合加工。

用加工中心加工时，利用加工中心多工位点、线、面混合加工的特点，通过采取合理的工艺措施，经一次或二次装夹，即能完成多道工序或全部的工序内容。加工异形件时，形状越复杂，精度要求越高，使用加工中心越能显示优越性。

（4）盘、套、轴、板、壳体类零件　带有键槽、径向孔或端面有分布的孔系及曲面的盘、套或轴类零件，适合在加工中心上加工。

二、加工中心的分类

1. 按机床主轴布局形式分类

加工中心可分为立式、复合式和龙门式加工中心等，如图 6-1 所示。

a) b)

c)

图 6-1 加工中心的类型

a) 立式加工中心 b) 复合式加工中心 c) 龙门式加工中心

2. 按工作台数量和功能分类

加工中心可分为单工作台加工中心、双工作台加工中心和多工作台加工中心。双工作台加工中心和多工作台加工中心一般带有工作台自动交换装置（Automatic Pallet changer，简称 APC），以实现工作台的自动交换。

APC 的作用是携带工件在工位及机床之间自动转换，使工件在工作位置的工作台上进行加工的同时，在装卸位置的工作台上可装卸工件。其优点是减小定位误差和装夹时间，提高加工精度及生产效率。按交换方式的不同，APC 可分为回转交换式和移动交换式两种，如图 6-2 和图 6-3 所示。回转交换式 APC 交换空间小，多为单机使用；移动交换式 APC 的工作台沿导（滑）轨移至工作位置进行交换，多用于加工中工位多、内容多的情况。

三、加工中心的基本结构

（一）加工中心的结构布局

图 6-2　回转交换式工作台

图 6-3　移动交换式工作台

同类型的加工中心与数控铣床的结构布局相似，主要的区别是加工中心多了自动刀具交换装置，同类型加工中心的结构布局相似，主要在刀库的结构和位置上有区别。加工中心的结构可分为两大部分，一是主机部分，二是控制部分。

1. 主机部分

（1）基础部件　基础部件由床身、立柱、滑座、工作台等部件组成，它们主要承受加工中心的静载荷以及在加工时产生的切削载荷，因此必须具有足够的强度。这些构件通常是铸铁或焊接而成的钢结构件，是加工中心上体积和质量最大的基础构件。

（2）主轴部件　由主轴箱、主轴电动机、主轴和主轴轴承等部件组成。主轴的起、停和变速等动作由数控系统控制，并通过装在主轴上的刀具参与切削运动，是切削加工的功率输出部件。

（3）进给机构　由进给伺服电动机、机械传动装置和位移测量元件等组成，它驱动工作台等移动部件形成进给运动。

（4）自动刀具交换装置（ATC）　自动换刀装置由刀库、机械手等部件组成。当需要换刀时，数控系统发出指令，由机械手（或通过其他方式）将刀具从刀库内装入主轴孔中。

（5）辅助装置　它包括润滑、冷却、排屑、防护、液压、气动和检测系统等部分。这些装置虽然不直接参与切削运动，但对加工中心的加工效率、加工精度和可靠性起着保障作用，因此也是加工中心不可缺少的部分。

2. 控制部分

控制部分包括硬件部分和软件部分。硬件部分包括计算机数字控制装置、可编程控制器（PLC）、输入输出设备、主轴驱动装置、显示装置，软件包括系统程序和控制程序。

图 6-4 所示为某一立式加工中心外观图。床身、立柱为该机床的基础部件，主轴电动机将运动经主轴箱内的传动件传给

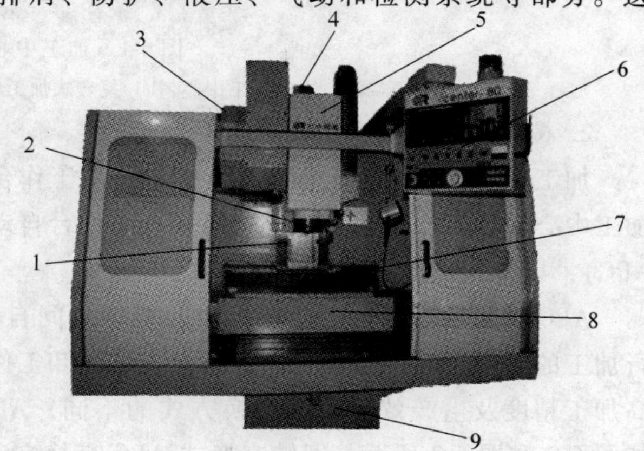

图 6-4　加工中心的组成

1—立柱　2—主轴　3—刀库　4—主轴电动机　5—主轴箱　6—操作面板　7—工作台　8—滑座　9—底座

主轴，实现旋转主运动。3 个进给伺服电动机分别经滚珠丝杠螺母副将运动传给工作台、滑座，实现 X、Y 坐标的进给运动，及将传给主轴箱使其沿立柱导轨作 Z 坐标的进给运动。立柱左上侧是刀库，由机械手实现换刀。

（二）加工中心的主要技术参数

加工中心的主要技术参数包括工作台面积、各坐标轴行程、主轴切削范围、切削进给速度范围、刀库容量、换刀时间、定位精度、重复定位精度等，其具体内容及作用详见表 6-1。

表 6-1 加工中心的主要技术参数

类 别	主 要 内 容	作 用
尺寸参数	工作台面积（长×宽），承重	影响加工工件的尺寸范围（重量）、编程范围及刀具、工件、机床之间干涉
	主轴端面到工作台距离	
	交换工作台尺寸、数量及交换时间	
接口参数	工作台 T 型槽数、槽宽、槽间距	影响工件、刀具安装及加工适应性和效率
	主轴孔锥度、直径	
	最大刀具尺寸及重量	
	刀库容量、换刀时间	
运动参数	各坐标行程及摆角范围	影响加工性能及编程参数
	主轴转速范围	
	各坐标快进速度、切削进给速度范围	
动力参数	主轴电动机功率	影响切削荷载
	伺服电动机额定转矩	
精度参数	定位精度、重复定位精度	影响加工精度及其一致性
	分度精度（回转工作台）	
其他参数	外形尺寸、重量	影响使用环境

四、加工中心的自动换刀装置（ATC）

数控机床自动换刀装置的作用是交换主轴与刀库中的刀（工）具，加工中心的自动换刀装置属于带刀库式自动换刀装置。

带刀库式自动换刀装置由刀库、选刀机构、刀具交换机构及刀具在主轴上的自动装卸机构等四部分组成。带刀库式自动换刀装置的主轴箱和转塔主轴头相比较，主轴部件有足够刚度，因而能够满足各种精密加工的要求。

（一）对自动换刀装置的要求

1）刀库容量适当。

2）换刀时间短。

3）换刀空间小。

4）动作可靠、使用稳定。

5）刀具重复定位精度高。

6）刀具识别准确。

（二）刀库的功能和类型

刀库是用来存储加工刀具及辅助工具的地方，其容量、布局以及具体结构，对数控机床的设计都有很大影响，是自动换刀装置最主要的部件之一。

在加工中心上使用的刀库主要有两种，一种是圆盘式刀库，另一种是链式刀库。

圆盘式刀库的结构紧凑、简单，但刀库容量相对较小，一般能容纳 1 ~ 24 把刀具，主要适用于小型加工中心，如图 6-5 所示。

链式刀库是在环形链条上装有许多刀座，刀座的孔中装夹各种刀具，链条由链轮驱动。它的结构紧凑，刀库容量大，一般能容纳 1 ~ 100 把刀具，主要适用于大中型加工中心。链环的形状可根据机床的布局制成各种形状，常用的有单环链式和多环链式等几种，如图 6-6 和图 6-7 所示。在一定范围内，需要增加刀具数量时，可增加链条的长度，而不增加链轮直径。当链条较长时，可以增加支承链轮的数目，使链条折叠回绕，提高空间利用率，进一步增加存刀量，如图 6-8 所示。

图 6-5　圆盘式刀库

图 6-6　单环链式刀库

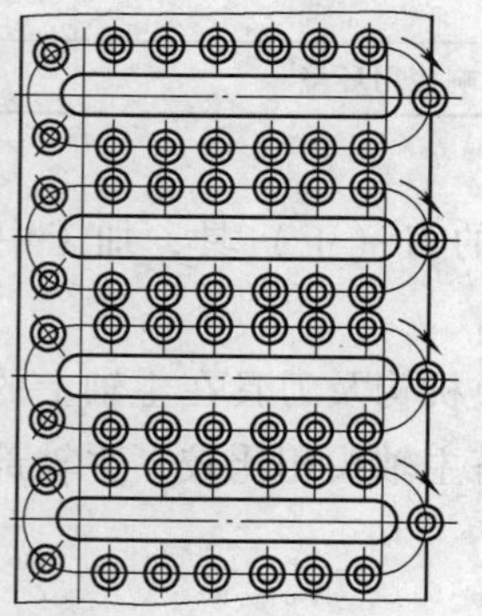

图 6-7　多环链式刀库

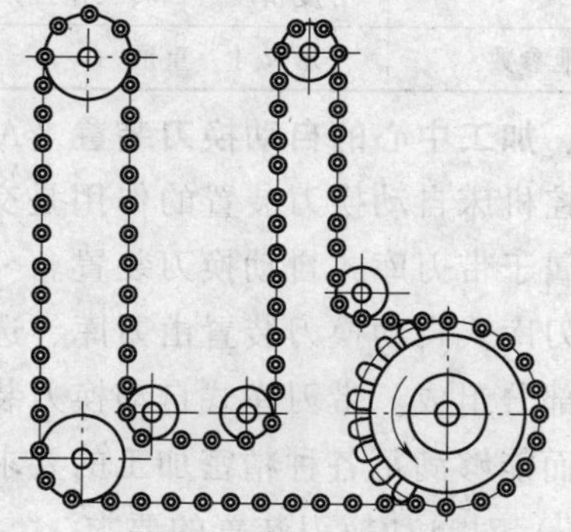

图 6-8　折叠链式刀库

（三）换刀过程

自动换刀装置的换刀过程由选刀和换刀两部分组成，选刀即是根据数控装置发出的刀具选择指令，从刀库中将所需的刀具转换到取刀位置，完成自动选刀过程，为下面换刀做好准备；换刀即是把主轴上用过的刀具取下，将选好的刀具安装在主轴上。

1. 选刀

常用的选刀方式有顺序选刀和任意选刀两种。

（1）顺序选刀　刀具的顺序选择方式是将加工所需要的刀具，按预先确定的加工顺序依次安装在刀库的刀座中，换刀时，刀库按顺序转位，取出所需要的刀具。

已经使用过的刀具可以放回到原来的刀座内，也可以按顺序放入下一个刀座内。采用这种选刀方式的刀库，不需要刀具识别装置，而且驱动控制也比较简单，可以直接由刀库的分度机构来实现。因此刀具的顺序选择方式具有结构简单，工作可靠等优点。但由于刀库中刀具在不同的工序中不能重复使用，因而必须相应地增加刀具的数量和刀库的容量，这样就降低了刀具和刀库的利用率。此外，人工装刀操作必须十分谨慎，如果刀具在刀库中的顺序发生差错，将造成设备或质量事故。

顺序选刀方式适合加工批量较大、工件品种数量较少的中、小型自动换刀装置。

（2）任意选刀　采用任意选择方式的自动换刀系统中必须有刀具识别装置。刀具在刀库中不必按照工件的加工顺序排列，可任意存放，每把刀具（或刀座）都编上代码，自动换刀时，刀库旋转，每把刀具（或刀座）都经过“刀具识别装置”接受识别，当某把刀具的代码与数控指令的代码相符合时，该刀具就被选中，并将刀具送到换刀位置，等待机械手来抓取。

任意选择刀具法的优点是刀库中刀具的排列顺序与工件加工顺序无关，相同的刀具可重复使用。因此，刀具数量比顺序选择法的刀具可少一些，刀库也可相应得小一些。

任意选择刀具法必须对刀具或刀座编码，以便识别。常用的编码方式有：

1）刀具编码式（刀柄编码式）。如图 6-9 所示，这种方式是利用安装在刀柄上的编码元件（如编码环、编码螺钉等）预先对刀具编码后，再将刀具放入刀座中，换刀时，通过编码识别装置根据刀具的编码选刀。由于每把刀具都有自己的代码，因此采用这种方式编码的刀具可以存放于刀库的任一刀座中，刀库中的刀具不仅可在不同的工序中重复使用，而且换下来的刀具也不一定要放回原刀座中，这对装刀和选刀都十分有利，刀库的容量也可以相应的减小，而且还可避免由于刀具存放在刀库中的顺序差错而造成事故。

图 6-9　刀柄编码　　图 6-10　刀座编码

2）刀座编码式。这种方式是对刀库中的每个刀座都进行编码，刀具也编码（在编程时指出），并将刀具放到与其号码相符的刀座中（即刀具在刀库中的位置是固定的）。换刀时刀库旋转，使各个刀座依次经过识刀器，直至找到规定的刀座，刀座便停止旋转。

由于这种编码方式取消了刀柄中的编码环，使刀柄结构大为简化。因此，刀具识别装置的结构不受刀柄尺寸的限制，而且可以放在较适当的位置。另外，在自动换刀过程中，必须将用过的刀具放回原来的刀座中，不然会造成事故，增加了换刀动作。与顺序选择刀具的方式相比，刀座编码方式的突出特点是刀具在加工过程中可以重复使用。

图 6-10 所示为圆盘刀库的刀座编码装置，在圆盘的圆周上均布若干个刀座识别装置。

注意，刀具的选刀方式一般采用就近移动的原则，即无论采取哪种选刀方式，在根据程序指令把下工序要用的刀具移到换刀位置时，都要向距离所换刀具最近的方向移动，以节省选刀时间。

2. 换刀

刀具的交换方式和换刀装置的具体结构对机床的生产率和工作可靠性有着直接的影响。在加工中心上，刀具的交换方式通常分为无机械手换刀和有机械手换刀两种。

(1) 无机械手换刀　无机械手换刀是利用刀库与机床主轴的相对运动来实现刀具的交换，故也称为主轴换刀。这种换刀机构不需要机械手，结构简单、紧凑。但换刀时，必须首先将用过的刀具送回刀库，然后再从刀库中取出新刀具，这两个动作不可能同时进行，因此换刀时间长；而且由于交换刀具时机床不工作，虽不会影响加工精度，但会影响机床的生产效率；再者受刀库尺寸所限，装刀数量不能太多，故这种换刀方式常用于小型加工中心。

(2) 机械手换刀　采用这种换刀方式的换刀机构是由刀库和机械手组成，机械手完成换刀动作。由于机械手换刀灵活，而且可以减少换刀时间，故应用最为广泛。

带机械手的自动换刀装置的布局结构多种多样，其换刀过程的动作顺序也不尽相同。下面以常见的钩刀机械手为例用动作分图加以说明。

钩刀机械手换刀作为最常用的一种换刀形式，其换刀过程如图 6-11 所示，换刀一次所需的基本动作如下。

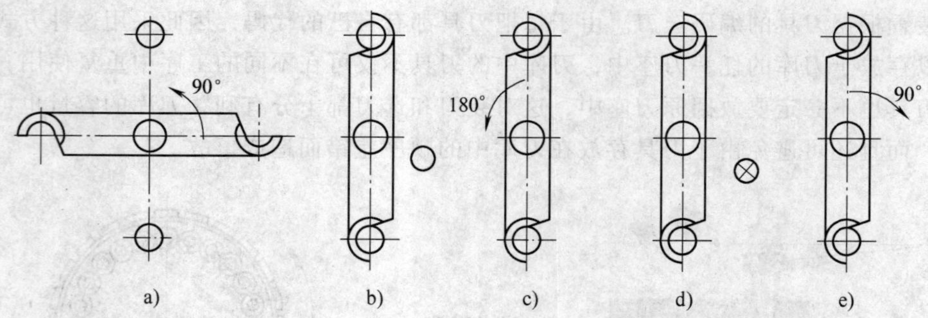

图 6-11　钩刀机械手的换刀过程

a) 抓刀　b) 拔刀　c) 换刀　d) 插刀　e) 复位

1) 抓刀。手臂旋转 90°，同时抓住刀库和主轴上的刀具。

2) 拔刀。主轴夹头松开刀具，机械手同时将刀库和主轴上的刀具拔出。

3) 换刀。手臂旋转 180°，新旧刀具交换。

4) 插刀。机械手同时将新旧刀具分别插入主轴和刀库，然后主轴夹头夹紧刀具。

5) 复位。转动手臂，回到原始位置。

第二节　加工中心的编程特点

一般使用加工中心加工的工件形状复杂、所需工序多，使用的刀具种类也多，往往一次装夹后要完成粗加工、半精加工到精加工的全部过程，因此程序比较复杂。在编程时要考虑下述问题：

1）仔细地对图样进行工艺分析，确定合理的工艺路线。

2）根据加工要求、批量等情况，决定采用自动换刀还是手动换刀。一般情况下，当加工批量在10件以上，而刀具更换又比较频繁时，以采用自动换刀为宜；但当加工批量很小而使用的刀具种类又不多时，把自动换刀安排在程序中，反而会增加机床调整时间。

3）要留出足够的自动换刀空间，以避免刀具与工件或夹具发生碰撞，换刀位置建议设置在机床原点。

4）为提高机床利用率，尽量采用刀具机外预调，并将测量尺寸填写到刀具卡片中，以便于操作者在运行程序前及时修改刀具补偿参数。

5）为便于检查和调试程序，尽量将各工序内容分别安排到不同的子程序中，主程序主要完成换刀及子程序的调用，这样可使程序简单而清晰。

6）对于编制好的程序，必须进行认真检查，并于加工前安排好试运行。从编程的出错率来看，采用手工编程比自动编程出错率高，特别是在生产现场为临时加工而编程时，出错率更高，认真检查程序并安排好试运行就更为必要。

第三节　FANUC 0i-MA 系统的加工中心编程指令

本节以配置 FANUC 0i-MA 系统的加工中心为例展开叙述。对于同一种数控系统的加工中心和数控铣床来说，它们的编程指令是基本相同的。因此，本节将主要介绍反映加工中心特征的常用指令——刀具功能指令、主轴定向停止指令、刀具补偿功能指令等，还将对宏程序进行详细介绍。

一、刀具功能

数控铣床因无 ATC，必须采用人工换刀，所以 T 功能只用于加工中心。数控铣床加工程序与加工中心加工程序的主要区别在换刀指令。通过对换刀指令的判别，可知加工程序是在何种机床上使用的程序。数控铣床与加工中心在工序能力上是基本相同的。

由于加工中心的自动换刀一般包括选刀和换刀两个动作，因此对应着有两个指令，即刀具选择 T 指令和刀具交换 M06 指令。

1. 刀具选择指令（T 指令）

刀具的选择是把刀库上指定了刀号的刀具转到换刀位置，为下次换刀做好准备。这一动作的实现是通过选刀指令（T 功能指令）来实现的。T 功能指令用“T× ×”表示，即选刀指令用字母 T 表示，其后是所选刀具的刀具号（允许有两位数，最大允许为 99），如选用 1 号刀，则写为“T01”或“T1”均可。

2. 刀具交换指令（M06）

加工中心使用选择刀具 T 指令时，并不发生实际换刀，程序中必须使用辅助功能 M06 指令时才可实现换刀，即刀具的交换是指将刀库上位于换刀位置的刀具与主轴上的刀具进行调换。

在程序调用换刀指令 M06 前，通常要有一个安全的使用条件。只有在具备下列条件时才可以安全地进行自动换刀：

1）机床轴已经回零。轴完全退回是指立式机床的 Z 轴位于机床原点，卧式机床的 Y 轴位于机床原点。

2）必须在非工作区域选择刀具的 X 轴和 Y 轴位置。

3）T 功能必须已提前选择好下一刀具。

3. 自动换刀程序的编制

常用的刀具选择方式有顺序选刀和预选选刀两种，对应自动换刀程序的编制可使用以下两种方法进行。

（1）顺序选刀的自动换刀程序编制　使用顺序刀具选择方式的加工中心，要求 CNC 操作员将所有刀具放置在刀库中与之编号相对应的刀位上，例如 1 号刀具（在程序中称作 T01）必须放置在刀库中的 1 号刀位上，5 号刀具（T05）必须放置在刀库中的 5 号刀位上，以此类推。

换刀编程非常容易，无论程序何时用到 T 指令，都要用换刀中所选择的刀具号。例如

N100 T01 M06

或

N100 M06 T01

或

N100 T01

N102 M06

其含义很简单，就是将 1 号刀具安装至主轴上（首选上述程序中最后一种编写方法）。那么主轴上的刀具怎么办呢？M06 换刀指令就是指将主轴上的刀具在新的刀具定位前放回到它原来所在刀库的刀位上去。

所以刀具的顺序选择方式即是将当前主轴上的刀具用完放回到原处后，再选择新刀具，使用中刀库刀座号中的刀具号保持不变。在机床结构上，一般没有机械手，换刀时由主轴直接与刀库进行交换。这种方法的刀具选择效率较低，因为在刀库中找到所选择的刀具并将其安装到主轴前，机床必须等待，这就占用了加工时间。

（2）预先选刀的自动换刀程序编制　使用预选刀具选择方式的加工中心，当通过 T 功能选刀时，常常会在机床使用当前刀具切削工件的同时，将刀库里所需的刀具移动到换刀位置上以完成选刀动作，实际换刀可以在稍后的任何时间里进行。这就是所谓下一刀具的等待，即 T 功能表示下一刀具，而不是当前刀具。故该方法的换刀效率高，不占用加工时间。

在机床结构上，需要有机械手。使用中，刀库的刀座号与刀具号可以不一致，由系统记住刀具所在的刀座号。在程序中，为使选刀时间与加工时间重合，往往先指令 T 代码，在需要换刀时，再指令 M06 换刀指令，即：

T03；刀库中的 3 号刀准备，即位于换刀位置 ⎫
… ⎭ 使用当前刀具进行切削加工

M06；实际换刀，即将 3 号刀换到主轴上

T05；刀库中的 5 号刀准备，即位于换刀位置 ⎫
… ⎭ 使用 3 号刀进行切削加工

二、主轴定向停止指令（M18、M19）

M19 指令是使主轴准停（定向停止），即是使主轴准确地停止在预定的角度位置上，以实现自动换刀时，使主轴上的端面键与刀柄上的键槽口对准，如图 6-12 所示。它是模态指令。

M18 指令是使主轴准停解除

注意：M06 指令中包含了 M19 指令，故在有 M06 指令的程序段中，不必再指令 M19，也不需再指令 M05 使主轴停止转动。

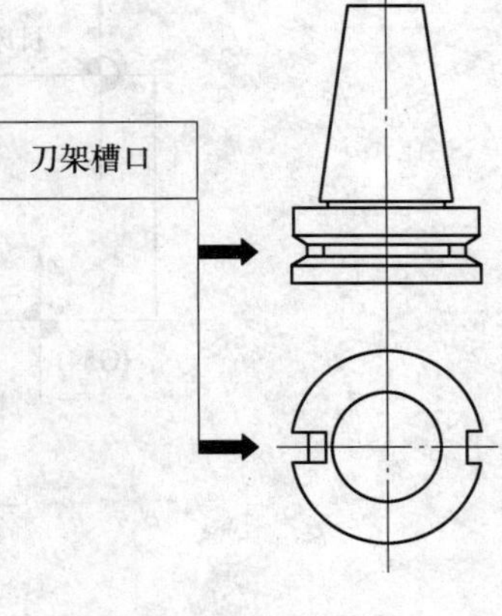

图 6-12　M19 指令作用

三、刀具补偿功能

（一）刀具半径补偿

在数控铣床中，由于数控系统控制的是刀具中心的运动轨迹，为简化编程，需按零件的轮廓尺寸编程，因此使用了刀具半径补偿功能。加工中心也是一样的，不再赘述。

（二）刀具长度补偿

1. 刀具长度补偿在加工中心的应用与意义

在数控铣床上需要用刀具长度补偿功能补偿刀具的磨损，加工中心也有同样的需要。而且由于在加工中心上能自动换刀，那么当在一个零件的加工中需要用到多把刀时，还产生了新的问题，就是每把刀具的长度总会有所不同，因而在同一个坐标系内，在 Z 值不变的情况下，可能每把刀具的端面在 Z 方向的实际位置有所不同，这给编程带来了困难。

如果采用刀具长度补偿功能，则可在编程时将每把刀具的长度看成是相同的来进行编程。而在实际加工操作中则可将一把刀作为标准刀具，以此为基准，将其他刀具长度相对于标准刀具长度的增加值或减少值作为补偿值（即是当前刀具与标准刀具的长度差值）记录在机床数控系统的某个单元内。在调用程序进行加工时，当刀具作 Z 方向运动时，数控系统将通过刀具补偿功能根据已记录的补偿值对每把刀具作相应的修正，以使每把刀具的端面在 Z 方向的实际位置一致。

如图 6-13 所示，T01 为标准刀，L_0 为标准刀的长度；T02、T03 为当前刀，L_2、L_3 为当前刀的长度；ΔL_2 为当前 2 号刀的长度补偿值，ΔL_3 为当前 3 号刀的长度补偿值。设当前刀长度为 L_i，则当前刀的长度补偿值为 $\Delta L_i = L_i - L_0$。若 $\Delta L_i > 0$，则表示当前刀比标准刀长；若 $\Delta L_i < 0$，则表示当前刀比标准刀短。

2. 刀具长度补偿值的获取方法

刀具长度补偿值可通过以下三种方法获得。

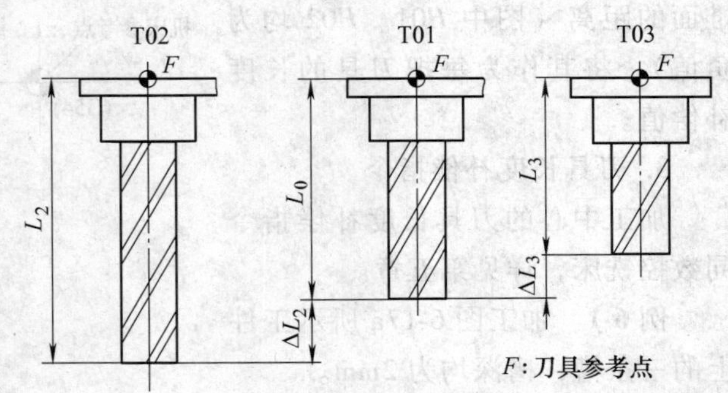

图 6-13　刀具长度补偿

方法一：如图 6-14 所示，将其中一把刀具作为基准刀，其长度补偿值为零，其他刀具的长度补偿值为其与基准刀的长度差值（可通过机外对刀测量）。此时应先通过机内对刀法测量出基准刀在 Z 轴返回机床原点时刀位点相对工件基准面的距离，并输入到工件坐标系（G54）的 Z 值偏置参数中。

方法二：如图 6-15 所示，事先通过机外对刀法测量出刀具长度（图 6-15 中 *H*01 和 *H*02），作为刀具长度补偿值（该值为正），输入到对应的刀具补偿参数中。此时，工件坐标

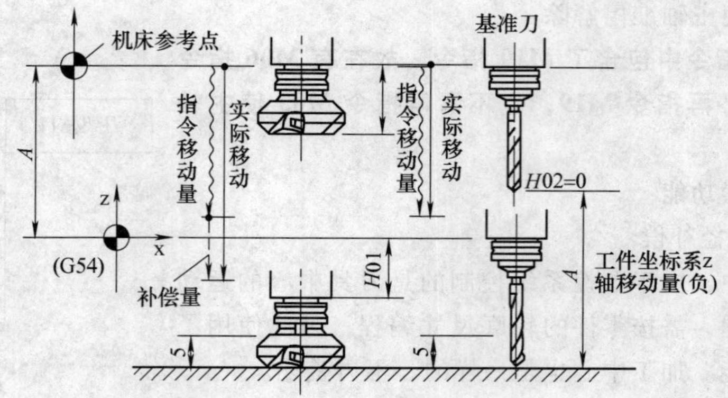

图 6-14　刀具长度补偿设定方法一

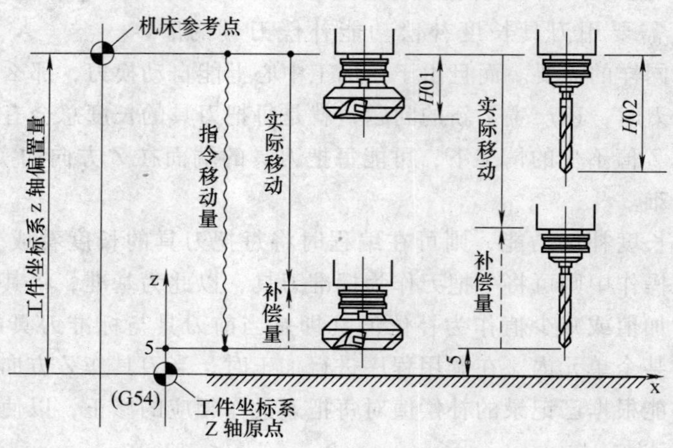

图 6-15　刀具长度补偿设定方法二

系（G54）中 Z 值的偏置值应设定为工件原点相对机床原点 Z 向坐标值（该值为负）。

方法三：如图 6-16 所示，将工件坐标系（G54）中 Z 值的偏置值设定为零，即 Z 向的工件原点与机床原点重合，通过机内对刀测量出刀具 Z 轴返回机床原点时刀位点相对工件基准面的距离（图中 $H01$、$H02$ 均为负值），将其作为每把刀具的长度补偿值。

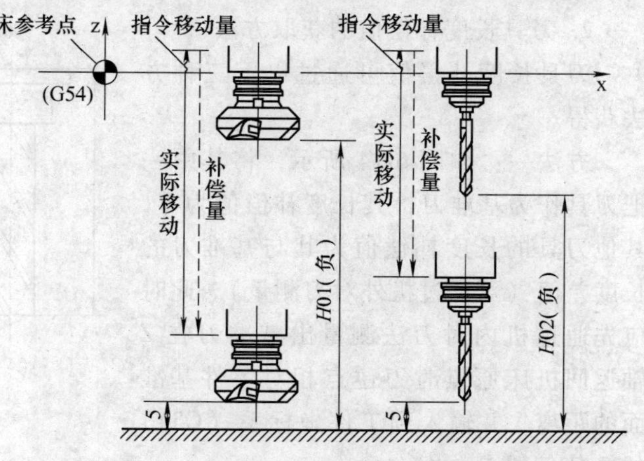

图 6-16　刀具长度补偿设定方法三

3. 刀具长度补偿指令

加工中心的刀具长度补偿指令同数控铣床，详见第五章。

例 6-1　加工图 6-17a 所示工件上的三条槽，槽深均为 2mm。

分析：用刀具长度补偿指令编程。选择 ϕ8mm 铣刀为 1 号刀，ϕ6mm 铣刀为 2 号刀。1 号标准刀的长度补偿值设置为零，2 号刀相对 1 号标准刀的长度差值用长度补偿值自动设置。程序编制如下：

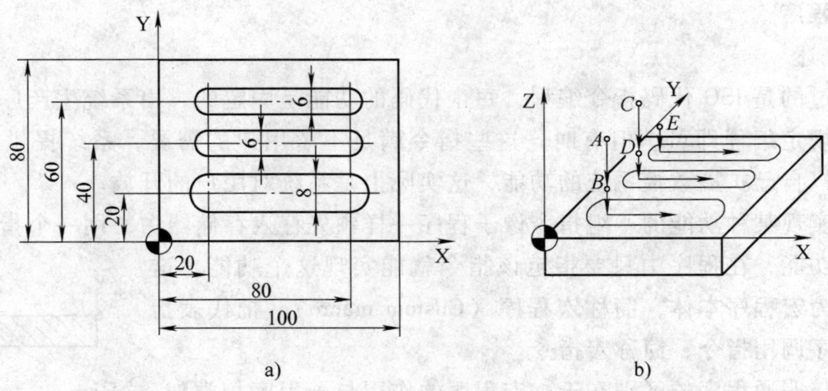

图 6-17　刀具长度补偿应用实例

程　　序	说　　明
%	
O2001	程序号
N05 G21 G17 G90 G49	
N10 T1 M6	调用 1 号刀（ϕ8mm 铣刀）
N15 G00 G54 X20.0 Y20.0 Z100.0 S1500 M03	1 号标准刀移至 8mm 槽上方 A 点，主轴正转
N20 G43 H01 Z2.0	1 号刀执行刀长补偿，刀位点至 Z2（*B* 点）
N25 G01 Z－2.0 F150	Z 向进刀至槽底
N30 X80.0	X 向进给获得槽长
N35 Z2.0	退刀到工件的上方（*B* 点）
N40 G91G28 Z0 M05	回机床参考点，主轴停
N45 G28 X0 Y0	
N50 T2 M6	调用 2 号刀（ϕ6mm 铣刀）
N55 G90 G00 X20.0 Y40.0 Z100.0	2 号刀移到 6mm 槽上方（*C* 点）
N60 S1500 M03	主轴正转
N70 G43 H02 Z2.0	2 号刀产生长度补偿，刀位点至 Z2（*D* 点）
N80 G01 Z－2.0 F150	Z 向进刀至槽底
N90 X80.0	X 向进给获得槽长
N95 Z2.0	退刀到工件的上方（*C* 点）
N100 G00 X20.0 Y60.0 Z2.0	退刀至第三条槽上方（*E* 点）
N110 G01 Z－2.0	Z 向进刀至槽深
N120 X80.0	X 向进给获得槽长
N125 Z2.0	退刀到工件的上方
N130 G49 G00 Z100.0	取消长度补偿退刀至安全高度
N135 M05	主轴停
N140 M02	程序结束
%	

四、宏程序

（一）概述

前面讲过的是 ISO 代码指令编程，每个代码的功能是固定的，由系统生产厂家开发，使用者只需按规定编程即可。但有时，这些指令满足不了用户的需要，系统提供了宏程序功能，用户可以自己扩展数控系统的功能，这实际上是系统对用户的开放。

用户把实现某种功能的一组指令像子程序一样预先存入存储器中，用一个指令代表这组存储指令的功能，在程序中只要指定该指令就能实现这个功能。这一组指令称为宏程序本体，简称宏程序（Custom macro）。把代表指令称为宏程序调用指令，简称宏指令。

宏程序与普通程序的区别在于：宏程序的作用与子程序相类似，程序运行可以跳转，但在宏程序本体中能使用变量代替某些数值，可以给变量赋值，变量间可以运算，因而具有某种通用功能；而在普通程序中，只能指定常量，常量之间不能运算，程序只能顺序执行，不能跳转，因此功能是固定的，不能变化。

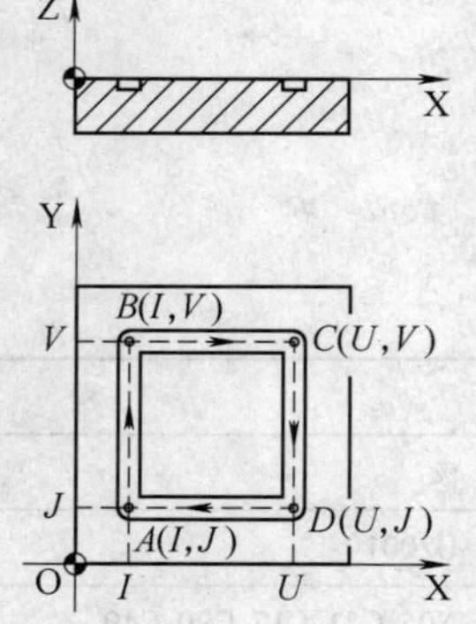

图 6-18　宏程序编程示例

例 6-2　加工图 6-18 所示零件，其刀具中心轨迹为 $AB \to BC \to CD \to DA \to AB$。对于不同尺寸但形状相同的一批零件，刀具中心轨迹的终点坐标值 I、J、U、V 是不同的，可以通过调用宏程序进行编程加工。若 $AB = BC = CD = AD = 30\text{mm}$，$OI = OJ = 10\text{mm}$，则编制的程序如下：

程　序	说　明
%	
O3000	主程序号
N5 G21 G17 G49 G90	设定程序的初始状态
N10 G92 X0 Y0 Z100.0	设定工件坐标系
N20 S800 M03	主轴正转
N30 G00 G43 H1 Z2.0	刀具快速到达工件上方 2mm 处，建立刀具长度补偿
N40 G65 P5000 I10.0 J10.0 U40.0 V40.0	调用宏程序
N50 G49 G00 Z100.0	刀具快速返回至安全高度，取消刀具长度补偿
N60 X0 Y0	快速返回到工件原点
N70 M30	程序结束
O5000	宏程序号
G00 X#4 Y#5	刀具快速至 A 点
G01 Y#22 Z－2.0 F50.0	由 A→B 斜线下刀至加工深度
X#21	B→C
Y#5	C→D
X#4	D→A
Y#22	A→B
Z2.0	刀具返回至工件上方 2 mm
M99	宏程序结束
%	

在主程序 O3000 中，N40 程序段用 G65 指令调用宏程序 O5000，I10.0、J10.0、U40.0、V40.0 分别表示刀具中心轨迹的终点坐标 I、J、U、V 的具体数值，并分别赋值给变量#4、#5、#21、#22。

在宏程序中，把可用的英文字母叫地址，变量用#i（i = 1 ~ 36，100 ~ 199，500 ~ 599，…）表示，本例中字母与变量的对应关系是 I = #4、J = #5、U = #21、V = #22，在宏程序中的变量用#i 而不用字母。

从例 6-2 可以看出，在宏程序中可以用变量代替具体数值，因而在加工同一类型工件时，只需对变量赋不同的值，而不必对每一个零件都编一个程序。

FANUC 系统提供两种宏程序功能，即用户宏程序功能 A 和用户宏程序功能 B，这里仅介绍 B 类宏程序应用的基本问题，有关应用详细说明，请查阅 FANUC-0i 系统说明书。

（二）宏程序调用

1. 宏程序调用命令

用户宏指令是调用用户宏程序本体的指令，调用方式有以下两种。

（1）非模态调用指令（单一调用）（G65） 宏程序的非模态调用是指在主程序中，宏程序本体被单次调用，即宏指令只在一个程序段内有效。指令格式为：

G65 P_L_（自变量赋值）

式中，G65 是宏程序非模态调用指令；P 为被调用的宏程序号；L 为宏程序重复运行的次数（1 ~ 9999，缺省为 L1）；自变量赋值是由地址及数值构成，用以对宏程序中使用的局部变量赋值。

宏程序与子程序相同的一点是，一个宏程序可被另一个宏程序调用，最多可调用 4 重。

（2）模态调用指令（G66、G67） 指令格式为：

G66 P_L_（自变量赋值）

…

G67

式中，G66 是宏程序模态调用指令；P 为被调用的宏程序号；L 为宏程序重复运行的次数（1 ~ 9999，缺省为 L1）；自变量赋值与非模态调用相同；G67 为取消宏程序模态调用指令。

模态调用指令的应用，是在宏程序调用方式下，每执行一次移动指令，就调用一次前面所指定的宏程序。

2. 自变量赋值

若要向宏程序本体传递数据时，由自变量赋值来指定，其值可以有符号和小数点，而与地址无关。自变量赋值有两种类型：

（1）自变量赋值 I 用字母后加数值进行赋值，除了 G、L、N、O 和 P 以外的其他字母作为地址给自变量赋值。赋值不必按字母顺序进行，但使用 I、J、K 时，必须按顺序指定，不赋值的地址可以省略。

（2）自变量赋值 II 除了 A、B、C 之外，还可用 10 组 I、J、K 对自变量进行赋值，同组的 I、J、K 必须按顺序指定，不赋值的地址可以省略。

自变量赋值 I 和 II 中的地址与宏程序本体中变量号之间的对应关系见表 6-2。

表 6-2　地址与变量号的对应关系

自变量赋值 I	自变量赋值 II	宏程序本体中的变量	自变量赋值 I	自变量赋值 II	宏程序本体中的变量
A	A	#1	S	I_6	#19
B	B	#2	T	J_6	#20
C	C	#3	U	K_6	#21
I	I_1	#4	V	I_7	#22
J	J_1	#5	W	J_7	#23
K	K_1	#6	X	K_7	#24
D	I_2	#7		I_8	#25
E	J_2	#8	Y	J_8	#26
F	K_2	#9	Z	K_8	#27
—	I_3	#10		I_9	#28
H	J_3	#11		J_9	#29
—	K_3	#12		K_9	#30
M	I_4	#13		I_{10}	#31
—	J_4	#14		J_{10}	#32
—	K_4	#15		K_{10}	#33
—	I_5	#16			
Q	J_5	#17			
R	K_5	#18			

注意：

1）表中 I、J、K 的下标只表示组号，并不写在实际命令中。

2）在 G65 的程序段中，自变量赋值 I 和 II 可以时共存，此时后者有效。

例如：G65 P_　A2.0　B5.0　I－8.0　I6.0　D3.0

　　　　　　　↓　　↓　　↓　　↓　　↓

　　　　　　　#1　　#2　　#4　　#7　　#7

可以看出，I6.0 和 D3.0 都对#7 赋值，此时后面的 D3.0 有效，所以#7＝3.0。

3）I、J、K 的顺序不能颠倒，不赋值的可以省略。

例如：G65 P_　J－8.0　I6.0

　　　　　　　　↓　　↓

　　　　　　　　#5　　#7

（三）宏程序本体的结构

宏程序本体的结构与子程序类似，也是由三部分组成：宏程序号、宏程序主体、宏程序结束指令 M99，如

O××××　（宏程序号）

N10 …
…
…
…　} （宏程序主体）

N×× M99　（宏程序结束）

（四）变量

在普通程序中，指令是由地址后跟数值组成的，如 G01、X100.0 等。在宏程序中，地

址后除了可以直接跟数值以外，还可使用各种变量代替数据，变量的值可以通过程序改变或通过 MDI 操作面板输入。在执行宏程序时，变量随着设定值的变化而变化。变量的使用是宏程序最主要的特征，它可以使宏程序具有柔性和通用性。宏程序中使用多种类型的变量，可以通过变量号码的不同进行识别。

1. 变量的表示

变量是用符号“#”后面加上数值（变量号）表示，即#i（i = 0，1，2，3，…）。例如#8，#110，#5008。

变量号也可以用一个表达式来指定，这时表达式必须用括弧括起来，格式为

#［<表达式>］

例如：#［#100］，#［#1 + #2 - 12］

2. 变量的引用

跟在地址后的数值可以被变量替换，假设程序中出现有“<地址>#i”或“<地址> - #i”时，这就意味着把变量值或它的负值作为地址后的指令值，例如

F#10——若#10 = 20，则表示 F20。

X - #20——若#20 = 100.0，则表示 X - 100.0。

G#130——若#130 = 2，则表示 G2。

注意：当一个变量的值未被定义时，这个变量被当作“空”变量。变量#0 始终是空变量，它不能被赋任何值。

3. 变量的类型

变量按变量号可分为局部变量（<100）、公用变量（≥100）和系统变量（≥1000）。各种变量的类型和功能是不同的，见表 6-3。

表 6-3　各种变量的类型及其功能

变量号	变量类型	功能
#0	空	该变量的值总为空
#1 ~ #33	局部变量	局部变量是只能在一个宏程序中使用的、用来表示运算结果等的变量。在系统上电、复位、急停及执行 M02、M30 指令后局部变量的值被置零
#100 ~ #149（#199） #500 ~ #531（#999）	公用变量	可在各宏程序中被共同使用的变量称为公用变量。公用变量直接用#i 赋值和调用，可通过操作面板赋值。它们能够在任何主程序、子程序中被调用 #100 ~ #149 区域中的变量是非保持型变量，断电后其值被清除。#500 ~ #509 区域中的变量是保持型变量，断电后其值仍被保存。作为可选择的公用变量，#150 ~ #199 和#532 ~ #999 也是允许的
#1000 ~	系统变量	系统变量是系统固定用途的变量，它的值决定系统的状态，它们可被任何程序使用，用户必须按规定使用。有些系统变量是只读的，有些可以被赋值或修改

系统变量的主要类型及其用途见表 6-4。

4. 变量的运算

在宏程序中，变量之间、变量和常量之间可以进行各种运算，运算指令的通用表达式为“#i = <表达式>”，运算指令右边的“<表达式>”是常数、变量、函数和运算符的组合。常数可以代替“<表达式>”中的变量，“<表达式>”中不带小数点的常数可以认为在其末尾带一小数点。常用的算术和逻辑运算的和格式和说明见表 6-5。

表 6-4　系统变量的主要类型及其用途

变量号	类型	用途
#1000 ~ #1133	接口信号	可以作为在可编程控制器和用户之间交换的信号
#2001 ~ #2400	刀具补偿量	可以用来读和写刀具补偿量
#3000	报警	当#3000 变量被赋值 0 ~ 99 时，NC 停止并产生报警
#3001、#3002、#3011、#3012	时间信息	能够用来读和写时间信息
#3003、#3004	自动操作控制	能改变自动操作控制状态（单步、连续控制）
#3005	设置变量	该变量可作读和写的操作，把二进制值转换成十进制表示，可控制镜像开/关、英制/米制输入、绝对值编程/增量值编程
#4001 ~ #4022	模态信息	用来读取指定的、直到当前程序段有效的模态指令（G、B、D、F、H、M、S、T 代码等）
#5001 ~ #5104	位置信息	能够读取位置信息（包括各轴程序段终点位置、各轴当前位置、刀具偏置值等）

表 6-5　算术和逻辑运算

运算的类型			格式	说明
算术运算	数值运算	赋值	#i = #j	
		加	#i = #j + #k	
		减	#i = #j - #k	
		乘	#i = #j * #k	
		除	#i = #j/#k	
	函数运算	正弦	#i = SIN［#j］	单位为°（度），如 120°30′应表示为 120.5°
		余弦	#i = COS［#j］	
		正切	#i = TAN［#j］	
		余切	#i = ATAN［#j］	
		平方根	#i = SQRT［#j］	
		绝对值	#i = ABS［#j］	
		四舍五入圆整	#i = ROUND［#j］	
逻辑运算		或	#i = #JOR#k	逻辑运算对二进制数逐位进行
		异或	#i = #JXOR#k	
		与	#i = #JAND#k	

以上运算可以混合进行，其优先顺序如下：

1）函数。

2）乘除、逻辑与。

3）加减、逻辑或、逻辑异或。

可以用括号“［　］”来改变运算顺序。表达式中括号的运算将优先进行，连同函数中使用的括号在内，括号在表达式中最多可用 5 层。

（五）控制指令

使用控制指令控制程序的走向。

1. 分支语句

（1）无条件转移语句（GOTO）　无条件转移到顺序号为 n 的程序段中，语句格式为：

GOTO n

式中，n 为顺序号（1～9999），可用变量或［<表达式>］表示。例如 GOTO 1（转移到 N1 程序段），GOTO #10。

（2）条件转移语句（IF）　语句格式为：

IF［转移条件式］GOTO n

说明：

1）转移条件式成立时，从顺序号为 n 的程序段开始执行；条件式不成立时，则顺序执行下一个程序段。

2）转移条件式有以下几类：

#j EQ #k	（是否#j ＝ #k）
#j NE #k	（是否#j ≠ #k）
#j GT #k	（是否#j ＞ #k）
#j LT #k	（是否#j ＜ #k）
#j GE #k	（是否#j ≥ #k）
#j LE #k	（是否#j ≤ #k）

3）转移条件式中变量#j 或#k 也可以是常数或表达式，条件式必须用括号“［　］”括起来。例如，下面的程序可以得到从 1 到 10 的和：

```
O7100
#1 =0                       （保存和的变量赋初始值）
#2 =0                       （保存加数的变量赋初始值）
N1 IF［#2 GT 10］GOTO 2     （当加数大于 10 时转入 N2 执行）
#1 =#1 +#2                  （计算两数的和）
#2 =#2 +1                   （加数加 1）
GOTO 1                      （转入 N1 执行）
N2 M30                      （程序结束）
```

4）程序段号 n 可以用变量或“［<表达式>］”来替代。

2. 循环重复语句

（1）无条件循环语名（DO）　语句格式为：

```
DO m
…
END m
```

式中，m 表示循环执行范围的识别号，可以使用数字 1、2、3，如果是其他数字，系统会产生报警，前后两个识别号 m 必须相同。

若循环体内无转移语句或有程序段跳过符号（/），将产生死循环，因此，常在循环体内增加条件转移语句，例如：

```
#12 =0
#17 =1
```

```
DO 1
IF [#12 GT 13] GOTO 5
#12 = #12 + #17
END 1
N5…
```

程序段跳过符号的作用是当跳过按钮按下时，计算机不执行带有/号的程序段。

（2）条件循环语句（WHILE）　语句格式为：

```
WHILE [循环条件式] DO m
…
END m
```

说明：

1）m 表示循环执行范围的识别号，可以使用数字 1、2、3，如果是其他数字，系统会产生报警，前后两个识别号 m 必须相同。

2）循环条件式成立时，执行从 DO m 至 END m 的程序段；条件式不成立时，则执行 END m 之后的程序段。

3）如果“WHILE [条件式]”部分被省略，则程序段 DO m 至 END m 之间的部分将一直重复执行。

注意：

1）“WHILE DO m”和“END m”必须成对使用。

2）DO 语句允许有 3 层嵌套，即

```
DO  1
  ⋮
  DO  2
    ⋮
    DO  3
      ⋮
    END  3
    ⋮
  END  2
  ⋮
END  1
```

3）DO 语句范围不允许交叉，如

```
DO  1
  ⋮
  DO  2
  ⋮
END  1
  ⋮
END  2
```

此语句是错误的。

(六) 用户宏程序应用实例

1. 圆周均布孔加工

例 6-3 如图 6-19 所示，在半径为 r 的圆周上钻 H 个等分孔，已知加工第一个孔的起始角度为 A，相邻两孔之间角度的增量为 B，圆周中心坐标为（X，Y）。调用宏程序指令格式为

G65 P_ X_ Y_ Z_ R_ F_ I_ A_ B_ H_

式中，各字母的含义及各字母对应的变量为

X、Y——圆周中心的 X、Y 坐标（#24、#25）；

Z——孔深（#26）；

R——钻孔循环 R 点坐标（#18）；

F——切削进给速度（#9）；

I——圆周半径（#4）；

A——第一个孔加工起始角度（#1）；

B——角度增量（#2）；

H——加工孔数（#11）。

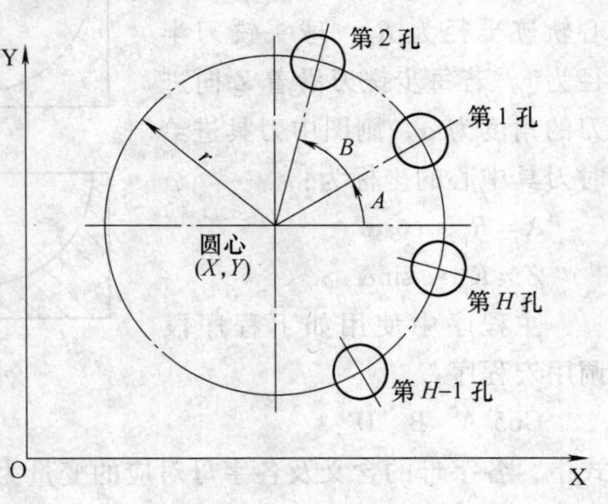

图 6-19 圆周等分孔加工编程实例

编制参考程序如下：

程序	说明
O1005	主程序号
G80 G90 G54 X0 Y0 M03 S800	设定工件坐标系，主轴正转
G43 H01 Z100.0 M08	建立刀长补偿，切削液开
G65 P5010 X100.0 Y100.0 R5.0 Z-10.0 F100 I100.0 A30.0 B45.0 H8	调用宏程序
G00 G49 Z100.0	提刀，取消刀度补偿
X0 Y0	返回起刀点
M30	主程序结束
%	
O5010	宏程序号
G90 G99 G81 Z#26 R#18 F#9 L0	钻孔循环
WHILE [#11 GT 0] DO 1	直到加工余下的孔为 0
#5 = #24 + #4 * cos [#1]	计算钻孔的 X 坐标
#6 = #25 + #4 * sin [#1]	计算钻孔的 Y 坐标
X#5 Y#6	刀具移动到目标点位置后钻孔
#1 = #1 + #2	计算下一加工孔的角度
#11 = #11 - 1	孔数减 1
END 1	
M99	宏程序结束
%	

2. 铣削内半球体

例 6-4 如图 6-20 所示，在立式加工中心上铣削内半球体。假设大部分余量已通过预钻孔去除，现选用适当直径的球头铣刀（ϕ12mm）对半球体进行精加工。若要用同一程序以

及用不同半径的球头铣刀加工不同半径的内球体，则对球头铣刀的半径用变量表示。若内球体半径为 SR，铣削时刀具中心轨迹半径为 R_p，球头铣刀半径为 r，若每步铣刀沿着 Z 向进刀的角度为 α，则图中刀具进给时刀具中心的坐标为：

$$X = R_p * \cos\alpha$$

$$Z = R_p * \sin\alpha$$

主程序中使用如下程序段调用宏程序：

G65 A_ B_ D_

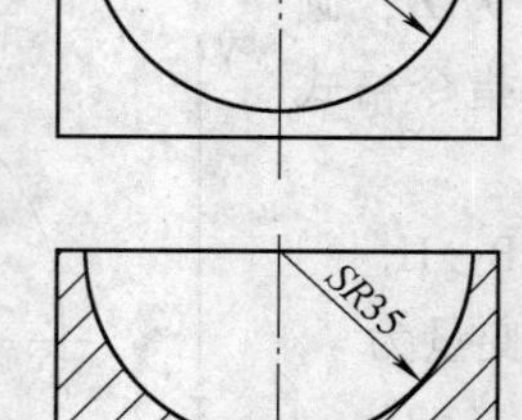

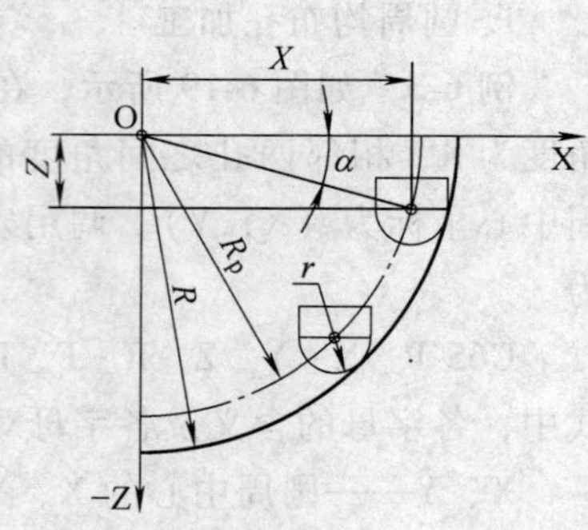

图 6-20　铣削内半球体编程实例

式中，各字母的含义及各字母对应的变量为

A——内球体半径（#1）；

B——球头铣刀半径（#2）；

D——每步进刀的角度（#7）。

编制参考程序如下：

程　序	说　明
O1010	主程序号
G00 G90 G54 X0 Y0 M03 S800	设定工件坐标系，刀具快速到工件中心
G43 H01 Z10.0	建立刀具长度补偿
G65 P5010 A35.0 B6.0 D5.0	调用宏程序
G00 Z100.0	Z 方向退刀
M30	主程序结束
%	
O5010	宏程序号
#101 = #1	内球体半径赋值给#101
#102 = #2	球头铣刀半径赋值给#102
#103 = #1 - #2	刀具中心轨迹半径赋值给#103
#104 = #7	每步进刀的角度赋值给#104
G00 X [#103]	刀具 X 轴定位
G01 Z0 F120	刀具进刀与工件表面接触
WHILE [#104 LE 90] DO 1	WHILE 语句
#110 = #103 * COS [#104]	X 坐标
#120 = #103 * SIN [#104]	Z 坐标
G01 X [#110] Z - [#120] F80	X、Z 轴联动进刀
G02 I - [#110]	铣削整圆
#104 = #104 + #7	计算下一步进刀角度
END 1	
M99	宏程序结束
%	

第四节 加工中心编程综合实例

加工中心的编程方法与数控铣床的编程方法基本上是一样的，本节将通过数控加工的典型实例介绍加工中心编程与数控铣床编程的不同。

例 6-5 加工图 6-21 所示的平面凸轮槽，毛坯为 80mm × 80mm × 26mm 板材，六面均已粗加工过，且已完成 $\phi 20^{+0.025}_{0}$mm 孔和 4 × ϕ8mm 通孔的加工，工件材料为 45 钢，试编写加工程序。

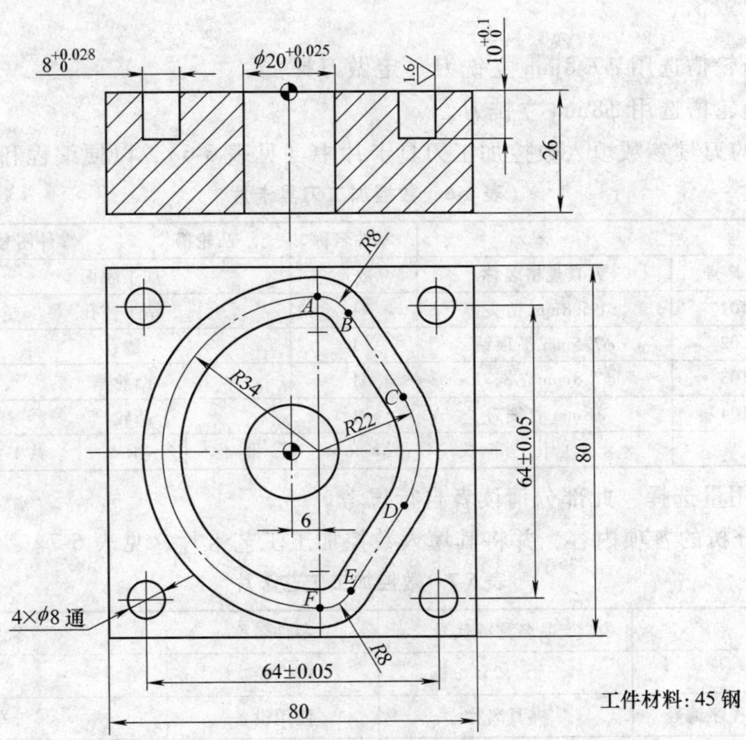

图 6-21 平面凸轮槽

1. 数控加工工艺设计

（1）图样的工艺分析　该零件是平面凸轮槽，其工作原理是凸轮转动时，凸轮槽中的滚子按凸轮曲线运动来达到控制从动件的目的。因此，该滚子在凸轮槽中运动要顺利，但间隙不能太大，否则会影响从动件的运动精度。凸轮槽的两侧面是主要工作面，因此对其表面粗糙度做了严格的要求。而槽底为非配合面，其表面粗糙度要求较低。零件图尺寸标注完整，轮廓描述清楚。零件材料为 45 钢，无热处理和硬度要求。

（2）选择设备　根据被加工零件的外形和材料等条件，选用 VMV-800 加工中心。

（3）确定零件的定位基准和装夹方式　由于此零件在铣凸轮槽之前已完成 $\phi 20^{+0.025}_{0}$ mm 孔和 4 × ϕ8mm 通孔加工，装夹方法可以采用一柱一销的定位方法，保证了工艺基准与装配基准的重合原则。

（4）确定加工顺序及进给路线　该凸轮槽加工是从实体上挖出封闭槽，槽宽为 8mm，槽深为 10mm，若采用一次加工成形，切深力太大，受机床夹具、刀具刚性的影响，会使凸轮轮廓不准确，两侧面的表面粗糙度难以达到要求。因此，采用粗、精两次加工的方法，以达到较高的轮廓精度和表面粗糙度要求。

故加工顺序安排如下：

1）预钻工艺孔，引入孔位置在点 A（6，34），以避免铣刀中心垂直切削工件。

2）粗铣凸轮槽，深度方向分四次进刀，切第四刀时留 0.05mm 余量给精加工。

3）精铣凸轮槽。

（5）选择刀具　刀具选择如下：

1）选择 $\phi 6.8$mm 的钻头钻铣刀引入孔，再用 $\phi 7.5$mm 平顶钻锪孔，孔底留余量为 0.5mm。

2）粗铣凸轮槽选用 $\phi 7.8$mm 立铣刀（定做刀具）。

3）精铣凸轮槽选用 $\phi 8$mm 立铣刀。

将所选定的刀具参数填入数控加工刀具卡片中（见表 6-6），以便编程和操作管理。

表 6-6　数控加工刀具卡片

<table>
<tr><td colspan="2">产品名称或代号</td><td colspan="2">×××</td><td>零件名称</td><td colspan="2">凸轮槽</td><td>零件图号</td><td>×××</td></tr>
<tr><td>序号</td><td>刀具号</td><td colspan="2">刀具规格名称</td><td>数量</td><td colspan="3">加工表面</td><td>备注</td></tr>
<tr><td>1</td><td>T01</td><td colspan="2">$\phi 6.8$mm 钻头</td><td>1</td><td colspan="3">钻工艺孔</td><td></td></tr>
<tr><td>2</td><td>T02</td><td colspan="2">$\phi 7.5$mm 平顶钻</td><td>1</td><td colspan="3">锪孔</td><td></td></tr>
<tr><td>3</td><td>T03</td><td colspan="2">$\phi 7.8$mm 立铣刀</td><td>1</td><td colspan="3">凸轮槽</td><td></td></tr>
<tr><td>4</td><td>T04</td><td colspan="2">$\phi 8$mm 立铣刀</td><td>1</td><td colspan="3">凸轮槽</td><td></td></tr>
<tr><td colspan="2">编 制</td><td>×××</td><td>审 核</td><td>×××</td><td>批 准</td><td>×××</td><td>共 1 页</td><td>第 1 页</td></tr>
</table>

（6）切削用量选择　此部分请读者自行思考。

综合前面分析的各项内容，并将其填入数控加工工艺卡片，见表 6-7。

表 6-7　数控加工工艺卡片

<table>
<tr><td>单位名称</td><td>×××</td><td colspan="2">产品名称或代号</td><td>零件名称</td><td colspan="2">零件图号</td></tr>
<tr><td></td><td></td><td colspan="2">×××</td><td>凸轮</td><td colspan="2">×××</td></tr>
<tr><td>工序号</td><td>程序编号</td><td colspan="2">夹具名称</td><td>使用设备</td><td colspan="2">车间</td></tr>
<tr><td>×××</td><td>×××</td><td colspan="2"></td><td>VMC-800 加工中心</td><td colspan="2">数控中心</td></tr>
<tr><td rowspan="2">工步号</td><td rowspan="2">工步内容</td><td colspan="2">刀具名称</td><td colspan="3">切削用量</td></tr>
<tr><td>刀具号</td><td>刀长补偿号</td><td>S 功能</td><td>F 功能</td><td>背吃刀量/mm</td></tr>
<tr><td rowspan="2">1</td><td rowspan="2">预钻孔</td><td colspan="2">$\phi 6.8$mm 钻头</td><td>$v_c = 15$ m/min</td><td>$F = 0.15$mm/r</td><td rowspan="2">9.5</td></tr>
<tr><td>T03</td><td>H03</td><td>S700</td><td>F100</td></tr>
<tr><td rowspan="2">2</td><td rowspan="2">锪孔</td><td colspan="2">$\phi 7.5$mm 平顶钻</td><td>$v_c = 15$ m/min</td><td>$F = 0.15$mm/r</td><td rowspan="2">9.5</td></tr>
<tr><td>T04</td><td>H04</td><td>S650</td><td>F90</td></tr>
<tr><td rowspan="2">3</td><td rowspan="2">粗铣凸轮槽</td><td colspan="2">$\phi 7.8$mm 立铣刀（2 刃）</td><td>$v_c = 20$ m/min</td><td>$F = 0.15$mm/t</td><td rowspan="2">9.95</td></tr>
<tr><td>T01</td><td>H01</td><td>S800</td><td>F240</td></tr>
</table>

（7）编程原点的选择　编程原点设在 $\phi 20^{+0.025}_{0}$ mm 孔圆心的上表面，工件坐标系用 G54 设定。

（8）基点坐标计算　基点 $A \sim F$ 的坐标如下：

A（X6，Y34），B（X12.741，Y30.308），C（X24.538，Y11.846），D（X24.538，Y

-11.846)，*E*（X12.741，Y-30.308），*F*（X6，Y-34）

2. 编制程序

程　序	说　明
O2050	主程序号
N10 T03 M06	预钻孔
G54 G90 G00 X0 Y0	
S700 M03	
G43 H03 Z50.0 M08	
G81 X6.0 Y34.0 Z-9.5 R5.0 F100	
G00 G40 Z50.0 M05	
G91 G28 Z0	
N20 T04 M06	锪孔
S650 M03	
G90 G43 H04 Z50.0	
G82 X6.0 Y34.0 Z-9.5 R5.0 F90 P2000	
G00 G40 Z0 M05	
G91 G28 Z0	
N30 T1 M06	粗铣轮廓
S800 M03	
G90 G00 G43 H01 Z50.0	
X6.0 Y34.0	
Z2.0	
G01 Z-2.5 F240	
M98 P2051	调用凸轮槽轮廓尺寸的子程序，粗铣第一刀
G01 Z-5.0	
M98 P2051	调用凸轮槽轮廓尺寸的子程序，粗铣第二刀
G01 Z-7.5	
M98 P2051	调用凸轮槽轮廓尺寸的子程序，粗铣第三刀
G01 Z-9.95	
M98 P2051	调用凸轮槽轮廓尺寸的子程序，粗铣第四刀
G40 Z50.0 M05	
G91 G28 Z0	
N40 T2 M06	精铣轮廓
S1000 M03	
G90 G00 G43 H02 Z50.0	
X6.0 Y34.0	
Z2.0	
G01 Z-10.0 F320	
M98 P2051	
G40 Z50.0 M05	
G91 G28 Z0 M09	
M30	
O2051	描述凸轮槽轮廓尺寸的子程序
G02 X12.741 Y30.308 R8.0	
G01 X24.538 Y11.846	
G02 Y-11.846 R22.0	
G01 X12.741 Y-30.308	
G02 X6.0 Y-34.0 R8.0	
G02 Y34.0 R34.0	
G00 Z5.0	
M99	

第五节　SINUMERIK802S 系统的编程介绍

西门子 SINUMERIK802S 数控系统是由德国西门子公司开发的一种控制系统，它可以三轴联动控制，具有自动换刀功能，广泛应用于数控车、数控铣和加工中心。

一、SINUMERIK802S 系统的编程指令概述

西门子 SINUMERIK802S 指令系统也是按照国际上广泛使用的 ISO 标准制订了 G 代码和 M 代码，因此其绝大部分的 G 代码和 M 代码格式、用法和功能与 FANUC 系统的指令差不多，只有个别指令不一样。

西门子 SINUMERIK802S 系统的指令主要包括：G 指令代码、辅助指令 M 代码、R 参数、循环指令以及刀具和子程序指令等，下面就分类简略介绍。

（一）西门子 802S G 指令

表 6-8 是西门子 802S 系统的 G 指令代码表。西门子 802S 的 G 指令代码与其他系统的 G 指令用法类似，这里就不再举例说明，表中未列出的指令就是西门子系统未使用和未定义的。

表 6-8　西门子 802S G 指令代码表

指令	意　义	格　式	参 数 含 义
G0	快速点定位	G0 X_Y_Z	X_Y_Z_：终点坐标
G1	直线插补	G1 X_Y_Z_F	X_Y_Z_：终点坐标；F_：进给速度
G2	顺时针圆弧插补	G2 X_Y_Z_I_J_F G2 X_Y_Z_CR = _F	X_Y_Z_：终点坐标；I_J_：圆心相对于起点坐标 CR = _：圆弧半径。当圆心角 > 180°，CR 取负值；当圆心角≤180°，CR 取正值 F_：进给速度
G3	逆时针圆弧插补	G3 X_Y_Z_I_J_F_ G3 X_Y_Z_CR = _F	同 G2
G5	中间点圆弧插补	G5 X_Y_Z_IX = _ JY = _KZ = _F_	X_Y_Z_：终点坐标 IX = _JY = _KZ = _：圆弧中间点坐标
G33	恒螺距的螺纹	G17 G33 Z_K_ G18 G33 Y_J_ G19 G33 X_I_	X、Y、Z：钻孔深度 I、J、K：螺距
G331	不带补偿螺纹切削	SPOS = _ G331 Z_K_S_	SPOS = _：主轴定位 X、Y、Z：钻孔深度 I、J、K：螺距 S：主轴转速
G332	不带补偿内螺纹加工退刀	G332 Z_K_	同 G331 和 G331 配合使用，反转退刀
G63	带补偿内螺纹切削（进刀、退刀配合同时使用）	G63 Z_M_F	Z_：钻孔深度 M_：M03 进刀，M04 退刀 F_：F = S［主轴转速］ × P［螺距］

（续）

指令	意　义	格　式	参 数 含 义
G4	暂停时间	G4 F_ G4 S_	F_：暂停时间（s） S_：暂停主轴转数
G74	回参考点	G74 X0 Y0 Z0	参考点坐标存储在机床数据中
G75	回固定点	G75 X0 Y0 Z0	固定点坐标存储在机床数据中
G158	坐标平移	G158X_Y_Z_	X_Y_Z_：新原点坐标，并取消前面的偏置和旋转
G258	坐标旋转	G258 RPL = _	RPL = _：旋转角度，并取消前面的偏置和旋转
G259	附加坐标旋转	G259 RPL = _	RPL = _：旋转角度，不取消前面的偏置和旋转
G25	主轴转速上限	G25 S_	S_：主轴转速下限数值（r/min）
G26	主轴转速下限	G26 S_	S_：主轴转速下限数值（r/min）
G17	X/Y 平面		
G18	Z/X 平面		
G19	Y/Z 平面		
G40	半径补偿取消		
G41	半径左补偿	D_ G41 X_Y_	D_：半径补偿号 X_Y_：补偿结束点坐标
G42	半径右补偿	D_ G42 X_Y_	同 G41
G500	取消零点偏置		
G54 ~ G57	零点偏置		
G53	取消零点偏置		
G9	准确定位		
G70	英制		
G71	米制		
G90	绝对坐标		
G91	增量坐标		
G94	进给速度 F 设置	G94 F_	单位：mm/min
G95	进给速度 F 设置	G95 F_	单位：mm/r
CHF =	倒斜角	G1X_Y_CHF = _ X_Y_	CHF = _：斜角边长
RND =	倒圆角	G1X_Y_RND = _ X_Y_	RND = _：圆角半径

（二）辅助指令 M

辅助指令 M 代码一般没有参数，可以直接在程序中使用，每个指令一般要求占用一个独立的程序段。表 6-9 是西门子 802S 系统中常用的一些 M 指令。

表 6-9　辅助指令 M 代码表

指令	意　　义	指令	意　义
M0	程序暂停，可以按“起动”使加工继续执行	M6	更换刀具，机床数据有效时用 M6 直接更换刀具
M1	程序有条件停止	M40	自动变换齿轮集
M2	程序结束，位于程序的最后	M70	预定义
M30	程序结束，位于程序的最后	M8	切削液开
M3	主轴顺时针转动	M9	切削液关
M4	主轴逆时针转动	M41	低速
M5	主轴停止	M42	高速

（三）刀具指令

表 6-10 为西门子 802S 刀具指令表。

表 6-10　刀具指令表

地　址	含　义	赋　值
D 指令	刀具半径补偿号	0～9，不带符号
T 指令	刀具号	1～32000，整数

（四）子程序指令

表 6-11 为西门子 802S 子程序指令表。

表 6-11　子程序指令表

地　址	含　义	赋　值
P 指令	子程序调用次数	无符号整数
L 指令	子程序名称及子程序调用	7 位十进制整数无符号
RET	子程序结束	代替 M2 使用，保证路径连续进行。要求占用一个独立的程序段

例如：N10 L785 P3；表示调用子程序 L785，运行三次。

说明：子程序调用次数最大为 9999 次；子程序最多可以嵌套 3 次，加上本身为 4 次。

（五）参数赋值说明

在西门子 802S 指令代码系统中，每个指令中的参数应用和赋值是有一定范围的，表 6-12 具体给出它们的应用和赋值范围。

表 6-12　参数赋值说明

地址	含　义	赋 值 范 围	说　明
I 指令	插补参数	±0.001～999.999 X 轴尺寸，螺纹：0.001～200000	X 轴尺寸，在 G2/G3 中为圆心坐标；在 G33，G331，G332 中表示螺距大小
J 指令	插补参数	同 I 指令	Y 轴尺寸，在 G2/G3 中为圆心坐标；在 G33，G331，G332 中表示螺距大小
K 指令	插补参数	如 I 指令	Z 轴尺寸，在 G2/G3 中为圆心坐标；在 G33，G331，G332 中表示螺距大小
S 指令	主轴转速	0.001～99 999.999	主轴单位为 r/min，在 G4 中作为暂停时间
X 指令	坐标轴	±0.001 ～99999.999	位移信息

（续）

地址	含 义	赋值范围	说 明
Z 指令	坐标轴	±0.001～99999.999	位移信息
STOPRE	停止解码		只有在 STOPRE 之前的程序段结束后才译码下一个程序段
F 指令	进给率	0.001～999999.999	刀具/工件的进给速度，对应 G94 或 G95，单位 mm/min 或 mm/r
AR	圆弧插补张角	0.00001～359.99999	单位是°（度），参见 G2/G3
CR	圆弧插补半径	0.010～99999.999	在 G2/G3 中确定圆弧
IX	中间点坐标	±0.001～99999.999	X 轴尺寸
JY	中间点坐标	±0.001～99999.999	Y 轴尺寸
KZ	中间点坐标	±0.001～99999.999	Z 轴尺寸
RPL	旋转角	±0.00001～359.9999	单位为°（度），表示在当前平面 G17 到 G19 中可编程旋转的角度
SF	G33 中螺纹加工切入点	0.001～359.999	G33 中螺纹切入角度偏移量
SPOS	主轴定位	0.0000～359.9999	单位是°（度），主轴在给定位置停止

（六）西门子 802S 循环指令

1. 概述

西门子 802S 系统的循环指令与 FANUC 系统的固定循环指令在功能上是类似的，主要是完成一些钻孔、攻螺纹、镗孔等循环动作。它们是一个程序集，通过 R 参数来确定循环加工的下刀位置、背吃刀量、钻孔数量、退刀距离等的加工参数。表 6-13 为西门子 802S 的循环指令说明。

表 6-13　西门子 802S 的循环指令说明

指 令	意 义	参 数	
LCYC82	沉孔钻削	R101	退回平面（绝对坐标）
		R102	下刀位置距离
		R103	参考平面（绝对坐标）
		R104	最后钻深（绝对坐标）
		R105	孔底暂留时间
LCYC83	深孔钻削	R101	退回平面（绝对坐标）
		R102	下刀位置距离
		R103	参考平面（绝对坐标）
		R104	最后钻深（绝对坐标）
		R105	孔底暂留时间（断屑）
		R107	钻削进给率
		R108	首钻进给率
		R109	在起始点和排屑时停留时间
		R110	首钻深度（绝对）
		R111	递减量，无符号
		R127	加工方式：断屑=0，排屑=1

（续）

指　　令	意　　义	参　　数	
LCYC840	带补偿夹具切削螺纹	R101	退回平面（绝对坐标）
		R102	下刀位置距离
		R103	参考平面（绝对坐标）
		R104	最后钻深（绝对坐标）
		R106	螺纹导程值，数值范围：0.001～20000mm
		R126	攻螺纹时主轴旋转方向 数值范围：3（正转），4（反转）
LCYC84	不带补偿夹具切削螺纹	R101	退回平面（绝对坐标）
		R102	下刀位置距离
		R103	参考平面（绝对坐标）
		R104	最后钻深（绝对坐标）
		R106	螺纹导程值，数值范围：±0.001～±20000mm
		R112	攻螺纹速度
		R113	退刀速度
LCYC85	镗孔	R101	退回平面（绝对坐标）
		R102	下刀位置距离
		R103	参考平面（绝对坐标）
		R104	最后钻深（绝对坐标）
		R105	孔底暂留时间
		R107	钻削进给速度
		R108	退刀时速度
LCYC60	线性孔排列	R115	钻孔或攻螺纹循环号数值：82（LCYC82），83（LCYC83），84（LCYC84），840（LCYC840），85（LCYC85）
		R116	X坐标参考点
		R117	Y坐标参考点
		R118	第一个孔中心到参考点的距离
		R119	孔的总数量
		R120	平面上孔排列中心线的角度
		R121	孔间距离
LCYC61	圆弧孔排列	R115	钻孔或攻螺纹循环号数值：82（LCYC82），83（LCYC83），84（LCYC84），840（LCYC840），85（LCYC85）
		R116	圆弧圆心X坐标（绝对坐标）
		R117	圆弧圆心Y坐标（绝对坐标）
		R118	圆弧半径
		R119	孔的总数量
		R120	起始角，数值范围：-180 < R120 < 180
		R121	角增量

（续）

指　　令	意　　义	参　　数	
LCYC75	矩形槽，键槽，圆形凹槽铣削	R101	退回平面（绝对坐标）
		R102	下刀位置距离
		R103	参考平面（绝对坐标）
		R104	凹槽深度（绝对坐标）
		R116	凹槽圆心 X 坐标
		R117	凹槽圆心 Y 坐标
		R118	凹槽长度
		R119	凹槽宽度
		R120	拐角半径
		R121	最大进刀深度
		R122	深度进刀进给速度
		R123	表面加工的进给速度
		R124	表面加工的精加工余量
		R125	深度加工的精加工余量
		R126	铣削方向，数值范围：2（G2），3（G3）
		R127	铣削类型：1（粗加工），2（精加工）

2. 循环指令简介

下面以 LCYC82（钻孔，沉孔加工）指令为例来说明循环指令的功能、参数和时序过程等内容。其他循环指令功能、参数和时序过程与 LCYC82 类似，在此就不赘述。

（1）功能　刀具以设定的主轴速度和进给速度钻孔，直至到达给定的钻孔深度，在到达最终钻孔深度时可以设定一个停留时间。退刀时以快速移动速度进行。

（2）格式　格式为

N30 R101 =_ R102 =_ R103 =_ R104 =_ R105 =_；

LCYC82；

式中，R101 为退回平面，循环结束之后退刀停止的位置；R102 为下刀位置距离，循环相对于参考平面开始以进给速度下刀的距离；R103 为参考平面，就是钻削的起始平面；R104 为最后钻深，孔底位置坐标，绝对坐标；R105 为孔底暂留时间，设定刀具在孔底停留的时间（S）。

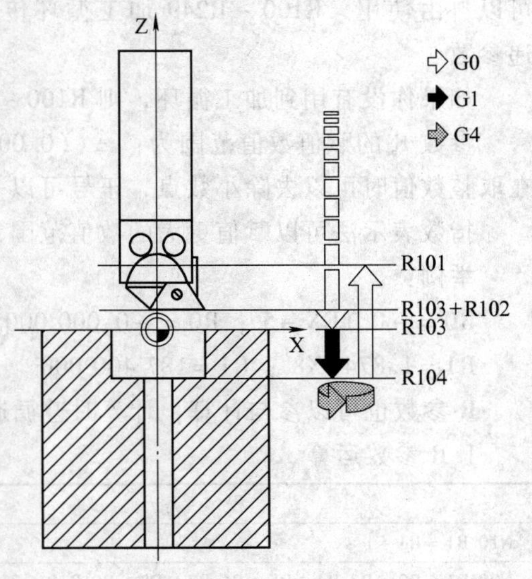

图 6-22　循环时序过程及参数

（3）时序过程　如图 6-22 所示，用 G0 移动刀具至下刀位置，按照编程中的进给率以 G1 进行钻削，钻孔到设定深度后，执行设定的孔底停留时间，以 G0 退刀，回到退回平面。

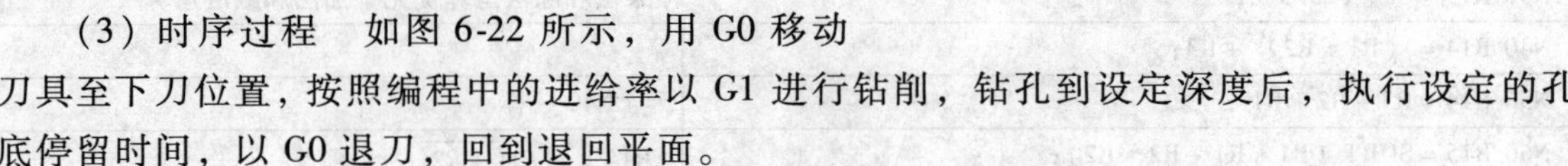

例 6-6 编制循环程序，完成图 6-23 所示工件上的沉孔加工

分析：使用 LCYC82 循环编制程序在 XY 平面（90，40）位置加工深度为 27mm 的孔，在孔底停留时间为 2S，钻孔坐标轴方向安全距离为 4mm。循环结束后刀具处于（90，40，65）。程序如下

程　　序	说　　明
N10 G0 G17 G90 F500 T2 D1 S1500 M3	设定基本参数值
N20 X24 Y15	移刀具到钻孔的起始位置
N30 R101 = 65 R102 = 4 R103 = 60 R104 = 33 R105 = 2	设定参数
N40 LCYC82	调用循环
N50 M2	程序结束

（七）R 参数

在西门子 802S 指令系统中，可以使一个 NC 程序用于特定数值下的一次加工，而且可以计算出数值，这两种情况均可以使用计算参数 R。参数 R 的数值可以由控制器计算或程序赋值，也可以通过操作面板输入设定。如果参数 R 已经赋值，则它们可以在程序中对由变量确定的地址进行赋值。

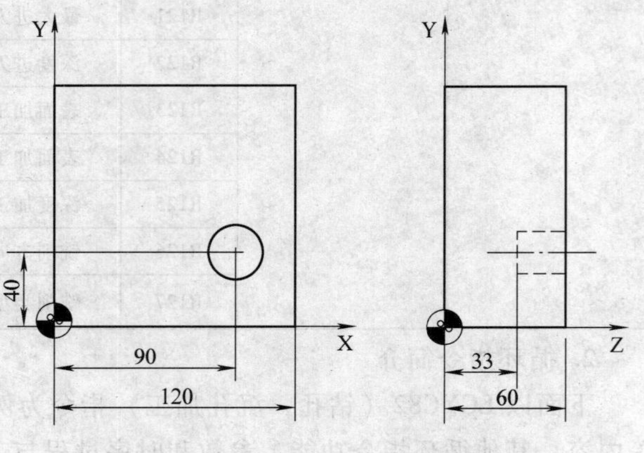

图 6-23　沉孔加工示例

编程时可以使用的 R 参数有 R0 = _ ~ R249 = _，共 250 个，其中：R0 ~ R99 可以自由使用，R100 ~ R249 加工循环传递参数。

如果你没有用到加工循环，则 R100 ~ R249 的 R 参数也同样可以自由使用。

参数 R 的赋值数值范围为：±（0.000 0001 ~ 9999 9999）（8 位，带符号和小数点），在取整数值时可以去除小数点，正号可以一直省略。

指数表示法可以赋值更大的数值范围，EX 值范围为 -300 ~ +300。

举例：

R0 = -0.1EX-5 ；R0 = -0.000 0001

R1 = 1.874EX8 ；R1 = 187 400 000

R 参数也可以参与计算，计算时遵循通常的数学运算规则。

1. R 参数运算

程　　序	说　　明
N10 R1 = R1 + 1 ；	由原来的 R1 加上 1 后得到新的 R1
N20 R1 = R2 + R3 R4 = R5 - R6 R7 = R8 * R9 R10 = R11/R12；	
N30 R13 = SIN（25.3）；	乘法和除法运算优先于加法和减法运算
N40 R14 =（R1 * R2）+ R3；	
N50 R14 = R3 + R2 * R1 ；	与 N40 一样
N60 R15 = SQRT（R1 * R1 + R2 * R2）；	$R15 = \sqrt{R1^2 + R2^2}$

2. 坐标轴赋值

```
N10 G0 G91 X = R1 Z = R2;
N20 G1 Z = R3 F300;
N30 X = -R4;
N40 Z = -R5;
```

二、SINUMERIK802S 系统加工中心编程实例

例 6-7 加工图 6-24 所示内、外轮廓图形，使用刀具半径补偿指令编程。外形铣削刀具直径为 10mm，挖槽铣削刀具直径为 8mm。

分析：外轮廓沿圆弧切线方向$\overline{P_1P_2}$切入，切出时沿切线方向$\overline{P_2P_3}$，根据判断，用左侧刀具半径补偿。内轮廓加工时，P_4P_5 为切入段，P_6P_4 为切出段，故用右侧刀具半径补偿。外轮廓加工完毕取消左侧刀具半径补偿，待刀具移至 P_4 点，再建立右侧刀具半径补偿。加工应选用高度为 14mm、边长为 120mm 的正方形毛坯。编制程序如下：

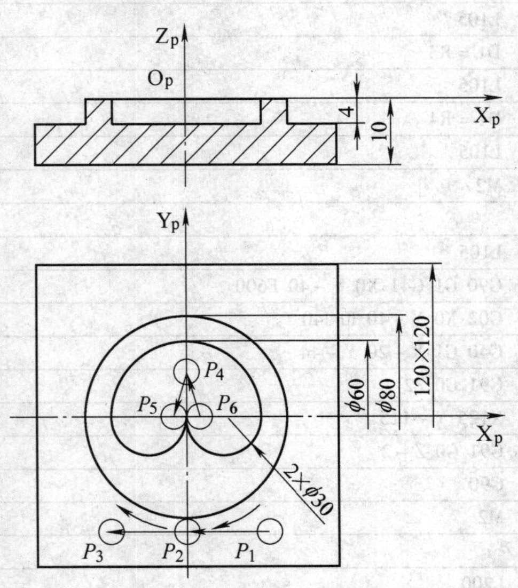

图 6-24 SINUMERIK802S 系统编程实例

程　序	说　明
N100	主程序名
G0 G71 G90 G17 G40 G64	初始化
T1 M06	换 1 号刀
G0 G54 X125 Y -125 Z20 M03 S3000	移刀至下刀位置
G0 Z1 M08	
G1 Z0 F300	
L100 P4	调用外形切削子程序 4 次
G0 Z20.	
M05	
T2 M06	换 2 号刀
M03 S3000	
G0 G54 X0 Y30.	
G0 Z1.	
G1 Z0 F300	
L200 P4	调用挖槽切削子程序 4 次
G0 Z20	
X0 Y0	
M05	
M09	
M30	主程序结束
L100	外形分层切削子程序
R1 = 23 R2 = 14 R3 = 6 R4 = 5	
G91 G0 Z -1. F300	
D1 = R1	
L105	调用外形切削子程序
D1 = R2	

（续）

程　　序	说　明
L105	调用外形切削子程序
D1 = R3	
L105	调用外形切削子程序
D1 = R4	
L105	调用外形切削子程序
M2	子程序结束
L105	外形切削子程序
G90 G1 G41 X0 Y -40 F600	刀具左补偿
G02 X0 Y -40 I0 J40	
G40 G1 X -20 Y -44	刀具补偿取消
G91 G0 Z2	
X125 Y -125	
G91 G0 Z -2	
G90	
M2	子程序结束
L200	挖槽分层切削子程序
R5 = 11.5 R6 = 8.5 R7 = 5 R8 = 4	
D1 = R5	
L205	调用挖槽切削子程序
D1 = R6	
L205	调用挖槽切削子程序
D1 = R7	
L205	调用挖槽切削子程序
D1 = R8	
L205	调用挖槽切削子程序
M2	子程序结束
L205	挖槽切削子程序
G91 G0 2 I -3 Z -1 F300	螺旋下刀
G90 G1 G42 X0 Y0 F600	刀具右补偿
G02 X -30 Y0 I -15 J0	
X30 Y0 CR = 30	
X0 Y0 CR = 15	
G40 G01 X0 Y15	刀具补偿取消
M2	子程序结束

思考题与习题

6-1　试述加工中心与数控铣床的区别。

6-2　试述加工中心编程与数控铣床编程的区别。

6-3　解释子程序和用户宏程序之间的区别。

6-4　变量有哪些类型？其主要功能有哪些？

6-5　解释 G65 程序段的功能。

6-6　加工中心的主轴为什么要有准停？准停的指令是什么？

第七章　数控技术的发展趋势

第一节　数控系统与数控机床的发展趋势

一、数控系统的发展趋势

(一) 数控系统的发展进程

数控机床最早产生于美国，从1952年世界上第一台数控三坐标镗铣床问世后，数控系统先后经历了两个阶段共六代的发展。第一代数控系统是采用电子管元件，其体积大、可靠性低、价格高，主要用于军工部门，未得到推广应用，产量较低；第二代是1961年出现的由晶体管构成的数控系统，其可靠性有所提高，体积大为减小；第三代是1965年商品化的集成电路数控系统，它大大缩小了数控装置的体积，其可靠性得到实质性的提高，从而被一般用户所接受，数控机床的产量增大、品种增多，以上三代数控系统实质上是一种专用的计算机，主要靠硬件来实现各种控制功能。前三代为第一阶段，称作数字控制系统，简称数控系统。

1968年，小型计算机在数控系统中得到应用，称为第四代数控系统；1974年，微处理器在数控系统中得到应用，称为第五代数控系统；1990年，基于PC控制的开放型数控系统称为第六代数控系统。后三代为第二阶段，称作计算机数控系统，也称CNC系统。

数控系统五十多年来经历了两个阶段共六代的发展，只是发展到了第五代以后，才从根本上解决了可靠性低、价格昂贵、应用很不方便等关键性问题。因此，即使在工业发达的国家，数控系统大规模的应用和普及也是20世纪70年代末80年代初以后的事情，即数控技术经过了近三十年的发展才得到普及应用。国外已改称为计算机数控（即CNC），而我国仍习惯称为数控（NC），所以我们日常讲的“数控”实质上是指“计算机数控”。

(二) 数控系统的发展趋势

数控系统综合了当今世界上许多领域最新的技术成果，主要包括计算机及信息处理、自动控制、精密检测及传感和网络通信技术。随着一些相关技术的发展和应用，如超高速切削、超精密加工等技术，这对数控机床的数控系统提出了更高的性能要求，使数控系统在技术上呈现以下几方面的发展趋势。

1. 补偿技术的发展和应用

利用计算机数控系统的软件补偿功能对伺服系统进行多种补偿，如轴向运动定点误差补偿、丝杠螺距误差补偿、齿轮间隙补偿、热变形补偿等，来提高数控机床的加工精度。

2. 提高系统的数据处理和实时控制能力

微处理器是数控系统的核心部件，采用位数、频率更高的微处理器，可以提高系统的基本运算速度。目前CPU已由16位过渡到32位，并向64位发展，采用32位微处理器和多微处理器结构，以提高系统的数据处理能力，即提高插补运算的速度和精度。

通过提高可编程控制器的运行速度，可以满足数控机床高速加工的要求。新型PLC具有专用的CPU，基本指令执行速度可达μs/step（步），可编程步数可扩大到16 000步以上，利用 PLC 的高速处理功能，使 CNC 与 PLC 有机结合，满足数控机床运行中的各种实时控制。

3. 提高数控系统的多轴和多刀架控制水平

提高数控系统的多轴控制水平，可采用多轴联动实现对复杂及特殊形面的加工。提高数控系统的多刀架控制水平，可实现复杂形面的多刀具同时加工。

4. 提高数控系统的可靠性

数控机床工作的可靠性主要取决于数控系统和各伺服系统的可靠性。选用更高集成度的电路芯片，通过对元器件严格筛选、稳定产品制造、完善性能测试等来提高数控系统的硬件质量。目前，随着数控系统功能越来越强大，数控系统硬件、软件结构模块化、标准化和通用化，便于组织生产、质量把关及用户的维护，有利于提高数控系统的可靠性。

5. 增强数控系统的通信功能

数控机床由单机发展到柔性制造单元（Flexible Manufacturing Cell，简称 FMC）、柔性制造系统（Flexible Manufacturing Systems，简称 FMS），进而联网形成计算机集成制造系统（Computer Integrated Manufacturing System，简称 CIMS），需要数控系统具有更强的通信功能。为了适应自动化技术的进一步发展，满足工厂自动化规模越来越大的要求，满足不同厂家不同类型数控机床联网的需要，发展具有 DNC（Direct Numerical Control，简称 DNC）接口的高档数控系统，可以实现几台数控机床之间的数据通信，也可以直接对几台数控机床进行控制。

6. 自适应控制技术的应用

在数控系统中引进自适应控制技术以提高数控系统的智能化。自适应控制（Adaptive Control，简称 AC）技术是要求在随机变化的加工过程中，通过自动调节加工过程中所测得的工作状态，按照给定的评价指标自动校正自身的工作参数，以达到或接近最佳工作状态的技术。自适应控制技术能根据切削条件的变化，自动调整并保持最佳工作状态，以达到很高的加工精度及较小的表面粗糙度，同时也能提高刀具的使用寿命和设备的生产效率。

具有自适应控制技术的数控系统的特点主要体现在以下几个方面：

（1）刀具寿命自动检测更换　对工件超差、刀具磨损、破损，进行及时报警、自动补偿或更换备用刀具。

（2）自动诊断、自动修复　出现故障时自动诊断、自动修复。

（3）实时补偿　根据加工时的热变形，对滚珠丝杠等的伸缩进行实时补偿。

（4）引进模式识别技术　应用图像识别和声控技术，由系统自己辨认图样，按照自然语言命令进行 CNC 自动加工。

二、数控机床的发展展望与新技术

（一）数控机床的发展展望

数控机床的广泛应用使得机械加工自动化由原来的刚性自动化向柔性自动化方向发展。同时，机械制造业自动化水平的不断提高又对数控机床提出了更高的发展要求，如超高速切削、超精密加工等。

目前，机械制造业自动化不断向更高水平发展，经历 NC（硬件数控）→CNC（计算机数控）→DNC（计算机直接数字控制）→FMC（柔性制造单元）→FMS（柔性制造系统）→AF（自动化工厂）→CIMS（计算机集成制造系统）的发展路程，朝着市场需求、设计、制造、管理、服务全自动化方向发展。

1. 计算机数控（CNC）

计算机数控即用计算机通过数字信息来自动控制机床。具体来说，它是通过数字（代码）指令来自动完成机床各个坐标的协调运动，正确地控制机床运动部件的位移量，靠控制加工的顺序来自动控制机床各个部件的动作，它兼有专用机床的高效率、精密机床的高精度和万能机床的高柔性等特点。

2. 计算机直接数字控制（DNC）

计算机直接数字控制也称为计算机群控系统，是用一台通用计算机直接控制多台数控机床进行多品种、多工序的自动加工。它解决了 CNC 系统存储量不够的问题，同时也使从计算机辅助设计、计算机辅助工艺编制、自动程序编制到数控机床之间信息的直接传递成为可能，减少了生产准备时间。

3. 柔性制造系统（FMS）

柔性制造系统是由多台数控机床（CNC）和加工中心（MC）组成，并有自动上下料装置、刀库和输送系统，在计算机及其软件的集中控制下，实现自动化加工的系统。柔性制造系统（FMS）是集数控技术、计算机技术、工业机器人技术以及现代生产管理技术于一体的先进的现代制造技术。FMS 一般由自动加工系统、物料流系统和信息流系统三部分组成，如图 7-1 所示，它可实现几十甚至上百种零件的自动混流加工。

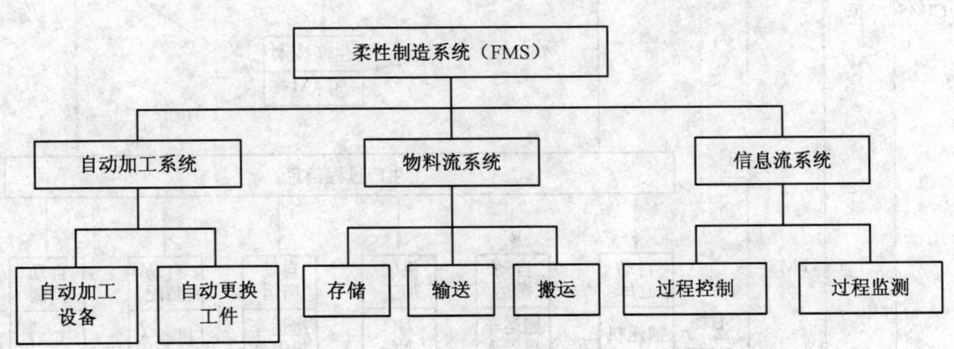

图 7-1　柔性制造系统的组成

（1）自动加工系统　包括数控机床（数控、计算机数控、计算机直接数控、加工中心）、刀具和一些辅助设备（如清洗机、测量机等）。

（2）物料流系统　包括输送工件、刀具、切屑及切削液等加工过程中所需的搬运装置及装卸工作站，即包括传送带、轨道小车、工业机器人、工件交换站、托盘及夹具、托盘站等。

（3）信息流系统　它的作用是对整个 FMS 控制和监督，它实际上是由中央控制器与各级控制装置所组成的分级控制网络。中央控制器根据作业计划，通过各级控制器，控制加工设备和物料流系统自动进行加工，同时还要对在线测量和状态监控反馈回来的信息和数据进行处理，出了问题能自动修改作业计划，具有自动调度功能。

（4）自动化工厂　所谓自动化工厂（Automated Factory，简称 AF），实际上是制造车间的自动化。它由一台通用计算机控制车间内的几条柔性制造系统（FMS），自动加工各种零件，车间内只有几个工人负责工件的装卸。

（5）计算机集成制造系统　计算机集成制造系统是通过计算机及其软件，将制造工厂生产、经营的全部活动（包括市场调研、生产决策、生产计划、生产管理、产品研发、产品设计、生产制造、质量检验、营销服务等方面）和与整个生产过程有关的能源流、物料流及信息流相连，实现计算机系统化的管理。图 7-2 所示为 CIMS 的组成示意图。

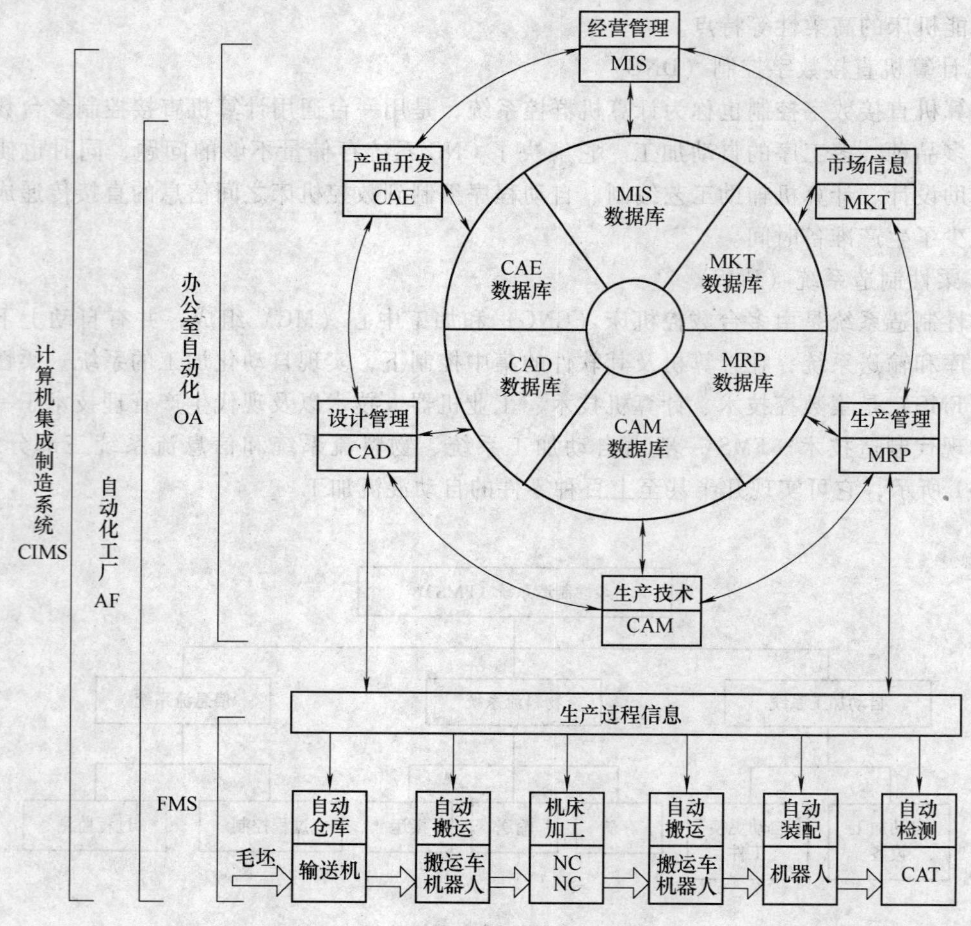

图 7-2　CIMS 的组成示意图

CIMS 可实现从用户订货合同开始直到产品出厂的全过程自动化，也能实现企业各部分和各种作业的自动化，即实现全局自动化，是机械制造自动化的最高理想形式。CIMS 具有集成化、网络化、柔性化、智能化等特点，它可大大提高设备利用率，提高产品质量，改善劳动条件，大幅度提高企业管理水平，全面提高竞争力。

（二）数控新技术（并联机床）应用介绍

1. 并联机床的工作原理

并联机床（Parallel Machine Tool）又称为虚拟轴机床或六轴数控机床，它是 20 世纪 90 年代初期出现的一种全新概念的机床，与传统机床相比，在传动原理、结构和布局上有巨大的飞跃，它的出现被认为是机床发展史上的一次重大变革。图 7-3 所示是六轴联动的并联机床示意图，它由六根驱动杆并行连接在固定平台和活动平台之间，每根杆件的两端均采用球

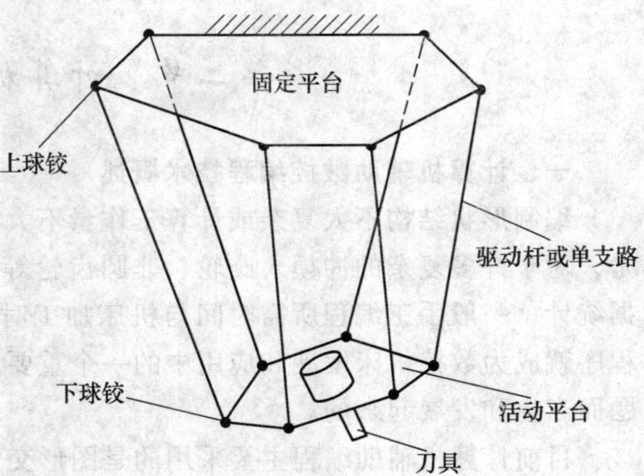

图 7-3　六轴联动的并联机床示意图

面支承，刀具装夹在活动平台上。机床工作时由六根驱动杆同时相互耦合地做伸缩运动来实现刀具位置的改变，以进行切削加工。并联机床的关键技术之一是六对球面支承的设计与制造，球面支承对运动平台的运动精度和定位精度产生直接影响。六轴联动的并联机床具有六个自由度，可用于加工具有复杂曲面的零件，如叶片、叶轮和复杂模具等。

2. 并联机床的特点

（1）结构简单、刚度高　与传统机床相比较，并联机床的主轴部件质量较小，主轴部件和切削刀具的受力由六根杆分担，每根杆受力要小得多，且只承受拉力或压力，不承受弯矩或扭矩。因此，并联机床不仅结构简单，而且具有比传统机床更高的刚度。特别在高速运动时，由于运动部件的质量大幅度减小，改善了机床的动态特性，更显示出了它的优点。

（2）功能强、适用面广　并联机床可以实现铣、镗、钻、磨和雕刻，还能做成多坐标数控测量机，以适应现代生产中柔性加工和一机多用的需求。

（3）重量轻、刚度高、动态性能好　并联机床框架型主结构的质量刚度比高，而且以其独特的结构避免了传统机床的几何结构误差。它的六杆结构使误差平均化，且传动链误差累积小，易于提高运动速度和加工或测量精度，能够达到很高的重复定位精度。由于并联机床采用虚拟轴实现刀具与零件的定位，使零件的装夹和调整大为简化。

3. 并联机床国内外研制概况

并联机床自 1994 年第一次在美国芝加哥国际机床展会上展出以后，引起各国机床行业制造商和有关专家学者的高度重视，被称为“21 世纪的机床”，因此成为全世界机床行业研究开发的前沿和热点。1997 年在德国的（EMO-Hanover）国际机床展会上就有十多台各式结构的并联机床展出，但这些机床都是试验性样机，其加工精度一般不超过 0.025mm。在中国北京举办的“1997 CIMT 国际机床展”上展出的俄罗斯 Lapic 公司研制的高精度并联机床，其加工精度和测量精度可达到 0.001mm 左右。目前，美国、英国、德国、日本、瑞士和韩国等国家的有关研究领域和有实力的机床制造商都投入了大量资金研究和开发各类并联机床，并努力实现其产业化。

近年来，我国清华大学和天津大学共同研制的六自由度并联机床已在 1998 年北京机床展会上展出，由哈尔滨工业大学研制的六自由度并联机床、天津大学与天津第一机床厂共同研制的三自由度并联机床在“1999 年国际机床展”上展出。之后，哈尔滨工业大学和哈尔滨量具刃具厂共同研制的一台七轴联动并串联机床，于 2002 年在哈尔滨量具刃具厂完成了用于加工 1Cr13 不锈钢汽轮机叶片的工业试验。目前，各研制单位均已注入资金把研究向深化和产业化方向发展。

第二节　计算机辅助数控编程

一、计算机辅助数控编程技术概述

编制形状结构不太复杂或计算工作量不大零件的加工程序时，手工编程简便、易行，但是，对于许多复杂的冲模、凸轮、非圆齿轮等零件，则手工编程周期长、精度差、易出错。据统计，一般手工编程所需时间与机床加工时间之比约为30:1。因此，快速、准确地编制程序就成为数控机床发展和应用中的一个重要环节，而计算机自动编程技术正是针对这个问题而产生和发展起来的。

目前计算机辅助编程主要采用的是图形交互式自动编程，即CAD/CAM编程。它的主要特点是，零件的几何形状可在零件设计阶段采用CAD/CAM集成系统的几何设计模块在图形方式下进行定义、显示和修改，最终得到零件的几何模型。数控编程的一般过程包括刀具的定义或选择、刀具相对于零件表面的运动方式的定义、切削加工参数的确定、进给轨迹的生成、加工过程的动态图形仿真显示、程序验证直到后置处理等，一般都是在屏幕菜单及命令驱动等图形交互方式下完成的。CAD/CAM编程具有高效、形象直观等优点，已被广泛应用于现代企业中。

二、计算机辅助数控编程的基本步骤

图形交互式自动编程建立在CAD和CAM基础上，其处理过程一般分为五大步骤：零件图样及加工工艺分析、几何造型、刀具轨迹的生成、后置处理和程序输出。

1. 零件图样及加工工艺分析

零件图样及加工工艺分析是数控编程的基础，计算机辅助编程和手工编程一样都首先要进行这项工作。目前，由于国内计算机辅助工艺规划（Computer Aided Process Planning，简称CAPP）技术尚未达到普及应用阶段，因此该项工作还不能由计算机承担，仍需依靠人工进行。因为，自动编程需要将零件被加工部位的图形准确地绘制输入计算机，并需要确定有关工件的装夹位置、工件坐标系、刀具尺寸、加工路线及加工工艺参数等数据之后才能进行编程。所以，作为编程前期工作的加工工艺分析的任务主要是：①核准零件的几何尺寸、公差及精度要求。②确定零件相对机床坐标系的装夹位置以及被加工部位所处的坐标平面。③选择刀具并准确测定刀具有关尺寸。④确定工件坐标系、编程零点、找正基准面及对刀点。⑤确定加工路线。⑥选择合理的工艺参数。

2. 几何造型（几何建模）

几何造型亦称几何建模，是利用CAD/CAM软件的图形构建、编辑修改、曲线曲面造型、三维实体造型等功能，将零件被加工部位的几何图形准确地输入计算机，同时在计算机内自动形成零件图形的数据文件，作为下一步刀具轨迹计算的依据。自动编程过程中，软件将根据加工要求提取这些数据，进行分析判断和必要的数学处理，以形成加工的刀具位置数据。

3. 刀具轨迹的生成

自动编程的刀具轨迹生成是面向屏幕上的图形交互进行的，首先在刀具轨迹生成菜单中选择所需的菜单项，然后根据屏幕提示，用光标选择相应的图形目标，点取相应的坐标点，输入所需的各种参数。软件将自动从图形文件中提取编程所需要的信息，进行分析判断，计

算节点数据，且将其转换为刀具位置数据，存入指定的刀位文件中或直接进行后置处理，生成加工程序代码，同时在屏幕上显示刀具轨迹图形。

4. 后置处理

后置处理是为了形成可执行的数控加工程序。当采用自动编程时，经过刀具轨迹计算产生的是刀位文件（例如 MasterCAM 的 . NCI 文件），而不是数控程序（即 NC 程序）。因此，需要将刀位文件转换成指定数控机床能执行的数控程序，即刀位文件必须经过后置处理才能转换成 NC 程序。由于不同的数控机床所采用的数控系统出自不同的厂商，因此后置处理必须是针对指定机床的。采用通用后置处理方式较灵活，只要生成本企业拥有的几种数控系统的后置处理程序即可。

5. 程序输出

由于自动编程软件在编程过程中，可在计算机内自动生成刀位轨迹图形文件和数控指令文件，所以程序的输出可以通过计算机的各种外部设备进行，如使用打印机，可以打印出数控加工程序单，并可在程序单上用绘图机绘制出刀位轨迹图，使机床操作者更加直观地了解加工的进给过程；使用标准通信接口可以将机床控制系统和计算机直接联机，由计算机将加工程序直接送给机床控制系统。

三、计算机辅助数控编程软件及功能介绍

1. MasterCAM 软件

MasterCAM 软件是美国 CNC Software 公司开发的基于微机上运行的机械 CAD/CAM 一体化软件系统。该软件侧重于数控加工方面，在数控加工领域内占有重要地位，有较高的推广价值。MasterCAM 的主要功能包括三维设计（DESIGN）、车床（LATHE）、线切割（WIRE-EDM）、2 ~ 5 轴铣床（MILL）等。另外，MasterCAM 提供多种图形文件接口，如 . SAT、. IGES、. VDA、. DXF、. CADL 以及 . STL 文件等。该软件三维造型功能稍差，但操作简便，容易学习，是一种广泛应用的中低档 CAD/CAM 软件。本书将以该软件为例，介绍计算机辅助数控编程系统的使用方法。

2. UG 软件

UG（UNIGRPHICS）软件是美国通用汽车公司的子公司 EDS 发布的 CAD/CAE/CAM 一体化软件，广泛应用于汽车、机械、模具、航空、航天等领域。国内外已有许多科研院所和企业选择了 UG 作为企业的 CAD/CAM 系统，进行相关方面的设计与开发。UG 可以运行于 Windows NT 平台，无论装配图还是零件图设计，都是从三维实体造型开始，可视化程度很高。三维实体生成后，可自动生成二维视图，如三视图、轴侧图、剖视图等。其三维 CAD 是参数化的，一个零件尺寸的修改，可导致相关零件的变化。该软件还具有人机交互方式下的有限元求解程序，可以进行应力、应变及位移分析。UG 的 CAM 模块功能非常强大，它提供了一种产生精确刀具路径的方法，该模块允许用户通过观察刀具运动来图形化地编辑刀具轨迹，如延伸、修剪等，它所带的后置处理模块支持多种数控系统。UG 具有多种图形文件接口，可用于复杂形体的造型设计，特别适合于大企业和研究所使用。

3. Pro/ENGINEER 软件

Pro/ENGINEER 软件是美国参数技术公司（Parametric Technology Corporation，简称 PTC）开发的大型 CAM/CAE/CAM 软件，集零件造型、零件组合、创建工程图、模具设计、数控加工等功能于一体。Pro/ENGINEER 是由一个产品系列组成的，是专门应用于机械产品

从设计到制造全过程的产品系列。它采用面向对象的统一数据库和全参数化造型技术，为三维实体造型提供了一个优良的平台。其工业设计方案可以直接读取内部的零件和装配文件，当原始造型被修改后，具有自动更新的功能。而它的 MOLDESIGN 模块用于建立几何外形，产生模具的模芯和腔体，产生精加工零件和完善的模具装配文件。在数控加工方面，该软件提供了最佳加工路径控制和智能化加工路径创建，允许 NC 编程人员控制整体的加工路径，甚至最细节的部分，该软件还支持高速加工和多轴加工，带有多种图形文件接口。

4. Cimatron 软件

Cimatron 软件是加拿大安大略省的 Cimatron Technologies 公司开发的，可运行于 DOS、WindowsNT 系统，是早期的 CAD/CAM 软件。它的 CAD 部分支持复杂曲线和复杂曲面造型设计，在中小型模具制造业有较大的市场。在确定工序所用的刀具后，其 NC 模块能够检查出应在何处保留材料不加工，对零件上符合一定几何或技术规则的区域进行加工；通过保存技术样板，可以指示系统如何进行切削，可以重新应用于其他加工件。该软件能够对含有实体和曲面的混合模型进行加工，它还具有 . IGES、. DXF、. STA、. CADL 等多种图形文件接口。

5. DELCAM 公司的 PowerMILL 等系列软件

DELCAM 公司是英国专业化三维 CAD/CAM 系统公司，其系统最适用于复杂形体的产品、零件、模具的设计和制造，主要软件有 PowerSHAPE、PowerMILL、CopyCAD、ArtCAM、PowerINSPECT 等。PowerSHAPE 是一套复杂形体的造型系统，采用全新的 Windows 用户界面、智能化光标新技术，操作简单，易于掌握。它具有实体和曲面建模相连接的技术，发挥了实体与曲面两种系统的优势，提供了多曲面、多实体等圆角和双圆角及自动修剪功能。PowerMILL 是一个独立的加工软件包，它是功能强大、加工策略最丰富的数控加工编程软件系统。它可以帮助用户产生最佳的加工方案，具有输入模型快速产生无过切刀具路径的特点，这些模型可以是由其他软件包产生的曲面，如 . IGES 文件、. STL 文件或是直接从 PowerSHAPE 输出的曲面文件。PowerMILL 的用户界面十分友好，菜单结构非常合理，它提供了从粗加工到精加工的全部选项，还提供刀具路径动态模拟和加工仿真，可直观检查和查看刀具路径。CopyCAD 是一个采用最新数字模型和软件技术研制开发的逆向工程软件系统，广泛地应用于根据现有产品和主模型的测量数据，创建复杂曲面的计算机模型，再根据计算机模型编制加工程序。ArtCAM 是根据二维艺术设计建立三维浮雕，并进行数控加工的软件。PowerINSPECT 用于复杂形体的实时在线检测，并自动产生检测结果报告，包括复杂形体关键位置精度、误差等重要参数，使用户可以控制所加工产品的误差范围，进行严格的质量控制。

6. CAXA 软件

CAXA 软件是北京北航海尔软件有限公司面向我国工业界推出的全中文界面软件，包括工程绘图、数控加工、数控线切割自动编程、注射模设计、注射工艺分析、数控机床通信等方面一系列 CAD/CAE/CAM 软件。CAXA 为制造企业提供了从产品订单到制造交货直至产品维护的信息化解决方案，其中包括设计、工艺、制造和管理等解决方案，使企业对市场能做出快速响应，提高市场竞争力。CAXA 拥有自己的核心技术，依托大学的科研力量，融入国外公司的最新成果，将先进的技术和产品同中国制造业的具体需要相结合，开发具有自主知识产权的软件产品，CAXA 软件连续四年被评为“国产十佳软件”。CAXA 实体设计提供了丰富的数据接口，可与所有流行的 CAD/CAM 软件交换数据。该软件不但可以读入其他三维软件的造型结果加以修改，并且可调入不同软件设计的零件造型生成数据装配。CAXA 实体设计还拥有 CAXA 电子图板的功能，可将实体设计快速、方便地转成符合国标的二维工程图样。

CAXA 系列软件主要包括：CAXA 制造工程师（CAXA-ME）、CAXA 数控车（CAXA-lathe）、CAXA 线切割（CAXA-WEDM）、CAXA 注射模具设计（CAXA-IMD）和 CAXA 注射工艺设计（CAXA-IPD）。

7. JDPaint 软件

JDPaint 软件是一款功能强大的专业的雕刻 CAD/CAM 软件，是由北京精雕公司历经多年时间不断研发和完善，具有自主版权的软件，是国内最早的专业雕刻软件。目前，JDPaint 已由较为单一的雕刻设计加工功能，逐步扩展为面向 CNC 产品加工的一整套解决方案。随着 JDPaint 5.0 软件推出，JDPaint 已经构建成为一个强大的开放性 CAD/CAM 软件产品开发平台，在此平台上，形成了一个具有专业特色的、功能更为全面丰富的 CAD/CAM 软件产品家族。这个家族目前包含 JDPaint 5.0 精雕雕刻软件、JDVirs 1.0 精雕虚拟雕塑软件以及 SurfMill 1.0 曲面造型与加工软件北京进取者软件技术有限公司基于 JDPaint 平台研发等三个主要产品。三个产品既能独立运行，也可被整合在同一环境下，各展所长，共同完成产品模型的设计与加工。

四、MasterCAM 软件加工实例

（一）MasterCAM 系统特性概述

MasterCAM 是美国专业从事计算机数控程序设计专业化的公司 CNC Software INC 研制出来的一套计算机辅助制造系统软件，它将 CAD 和 CAM 这两大功能综合在一起，在我国目前应用十分广泛。它有以下特点：

1）MasterCAM 除了可生成 NC 程序外，本身也具有 CAD 功能（2D、3D、图形设计、尺寸标注、动态旋转、图形阴影处理等功能）可直接在系统上制图并转换成 NC 加工程序，也可将用其他绘图软件绘好的图形，经由一些标准的或特定的转换文件如 .DXF 文件（Drawing Exchange File）、.CADL 文件（CADkey Advanced Design Language）及 .IGES 文件（Initial Graphic Exchange Specification）等转换到 MasterCAM 中，再生成数控加工程序。

2）MasterCAM 是一套以图形驱动的软件，应用广泛，操作方便，而且它能同时提供适合目前国际上通用的各种数控系统的后置处理程序文件。以便将刀具路径文件（.NCI）转换成相应的 CNC 控制器上所使用数控加工程序（NC 代码），用于 FANUC、MELADS、AGIE、HITACHI 等数控系统。

3）MasterCAM 能预先依据使用者定义的刀具、进给率、转速等，模拟刀具路径和计算加工时间，也可从 NC 加工程序（NC 代码）转换成刀具路径图。

4）MasterCAM 系统设有刀具库及材料库，能根据被加工工件材料及刀具规格尺寸自动确定进给率、转速等加工参数。

5）提供 RS-232C 接口通信功能及 DNC 功能。

（二）MasterCAM 系统界面介绍

MasterCAM 软件在 Windows 系统下完成安装后，被自动设置在 Start \ Programs \ MasterCAM 菜单中，因此，在 MasterCAM 菜单下用鼠标选取 Mill9 图标（假定使用的是 MasterCAM

Version 9.0)，即自动进入 MasterCAM 系统的主界面，如图 7-4 所示，主界面分为四个功能区：主功能表区、第二功能表区、绘图（图形显示）区、信息输入/输出区。

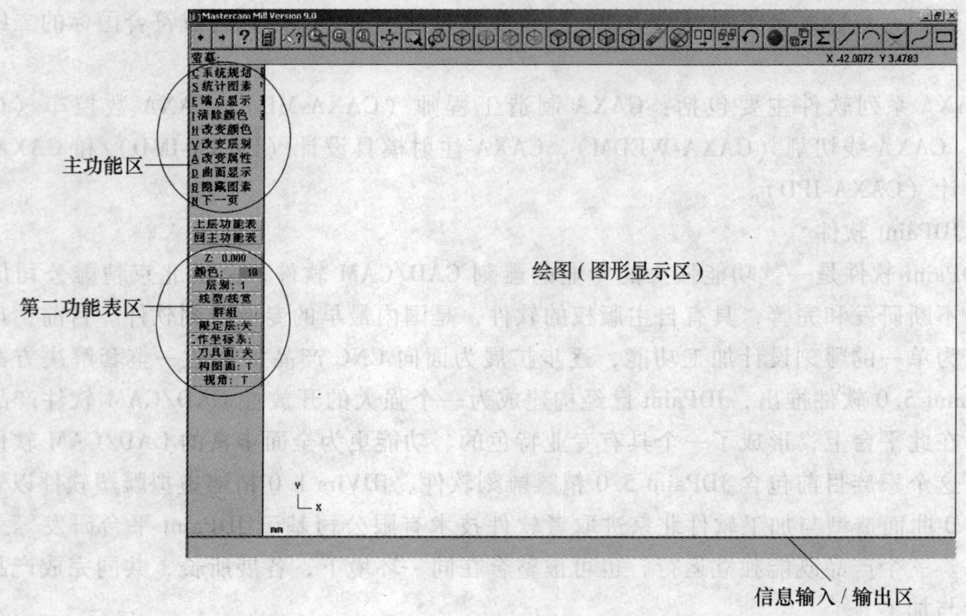

图 7-4　系统界面

1. 系统界面主功能表简要说明

1）A 分析：显示屏幕上的点、线、面及尺寸标注等资料。

2）C 绘图：绘制点、线、弧、Spline 曲线、矩形、曲面等。

3）F 文件：存取、浏览几何图形、屏幕显示、打印、传输、转换、删除文件等。

4）M 修整：可用倒圆角、修整、打断和连接等功能去修改屏幕上的几何图形。

5）D 删除：用于删除屏幕或系统图形文件中的图形元素。

6）S 屏幕：用来设置 MasterCAM 系统及其显示的状态。

7）T 刀具路径：用轮廓、型腔和孔等指令产生 NC 刀具路径。

8）N 公用管理：修改和处理刀具路径。

9）E 离开系统：退出 MasterCAM 系统，回到 Windows。

10）上层功能表：回到前一页目录。

11）主功能：返回主功能表（最上层目录）。

2. 第二功能表简要说明

1）Z（工作深度）：用来设定绘图平面的工作深度。当绘图平面设定为 3D 时，设定的工作深度被忽略不计。

2）颜色：设定系统目前所使用的绘图颜色。

3）图层：设定系统目前所使用的图层。

4）限定层：指定使用的图层，关掉非指定的图层的使用权。当设定为 OFF 时，全部的图层均可使用。

5）刀具平面：设定一个刀具面。

6）构图面：用来定义目前所要使用的绘图平面。

7）视角：定义目前显示于屏幕上的视图角度。

（三）MasterCAM 系统流程图

MasterCAM 系统流程图如图 7-5 所示。

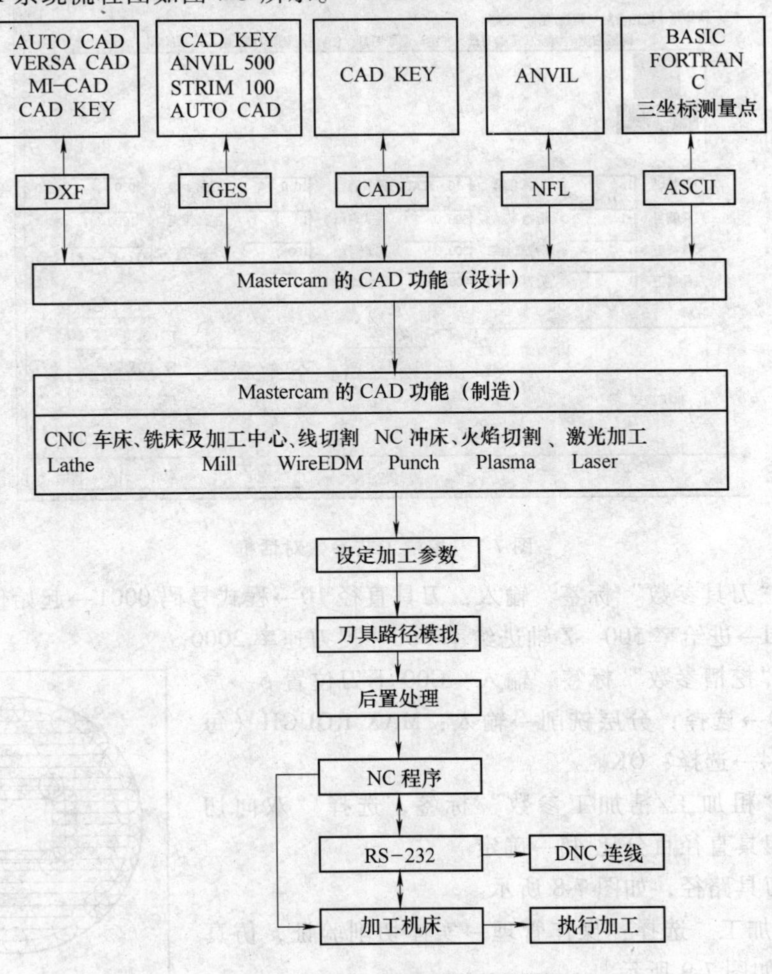

图 7-5 MasterCAM 系统流程图

（四）MasterCAM 软件典型应用实例

1. 平面类零件加工实例

加工图 7-6 所示的平面类零件，步骤如下。

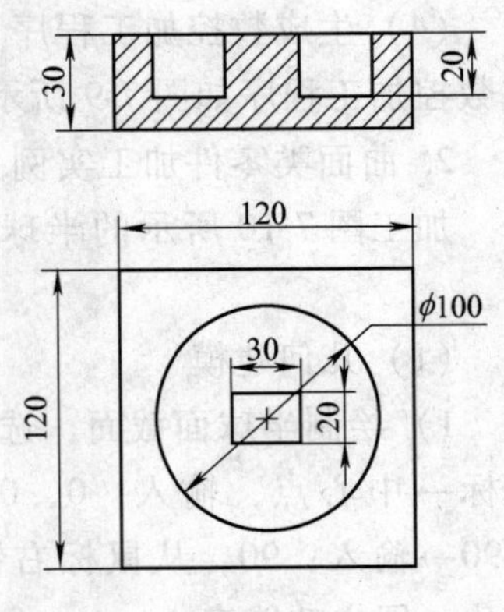

图 7-6 零件图

（1）几何建模

1）绘制外轮廓，选择：绘图→矩形→一点→输入：0，0→输入：120→输入：120→从鼠标右键快捷菜单中选择：适度化→回主功能表。

2）绘制凸台，选择：绘图→矩形→一点→输入：0，0→输入：30→输入：20→回主功能表。

3）绘制槽轮廓，选择：绘图→圆弧→点半径圆→中心点→输入：0，0→输入：50→回主功能表。

（2）生成刀具路径

1）选择：刀具路径→挖槽加工→串连→从图上选择 $R50$ 圆→从图上选择 30×20 矩形→执行→出现图 7-7 所示的“挖槽工艺参数”对话框。

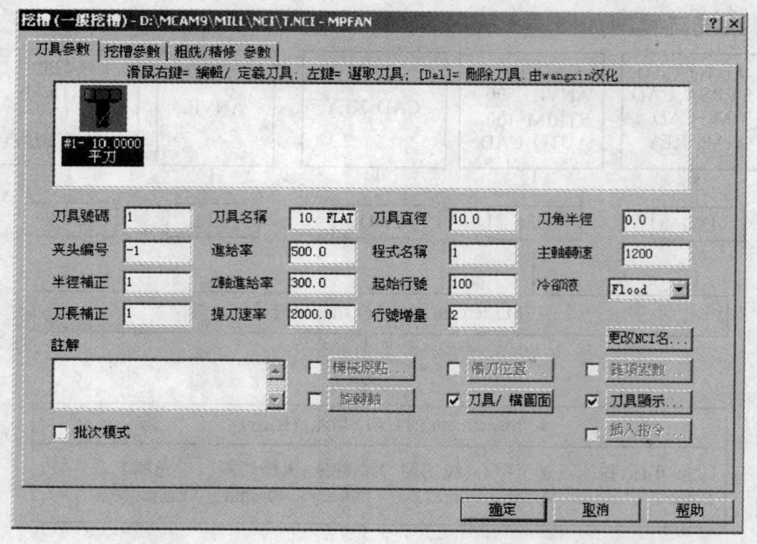

图 7-7　挖槽工艺参数对话框

2）选择“刀具参数”标签，输入：刀具直径 10→程式号码 0001→起始值 100→增量 2→冷却液 Flood→进给率 500→Z 轴进给率 300→提刀速率 2000。

3）选择“挖槽参数”标签，输入：G00 下刀位置 5→最后切深度 -20→选择：分层铣削→输入：MAX ROUGH（每层切深 0，0）4→选择：OK。

4）选择“粗加工/精加工参数”标签，选择“双向切削”，输入：刀具直径百分比 45→确定

5）生成刀具路径，如图 7-8 所示。

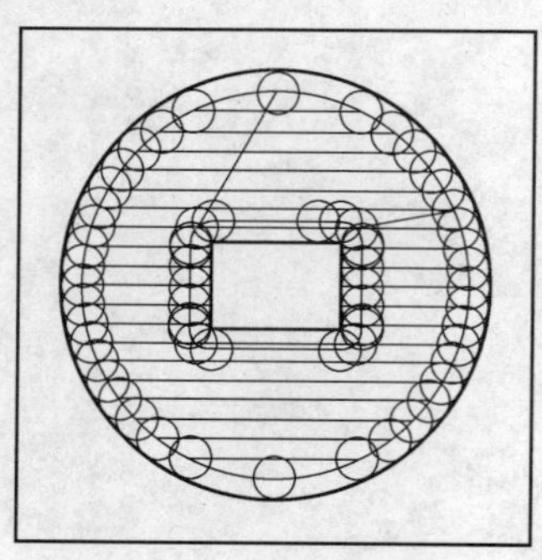

图 7-8　刀具路径图

（3）仿真加工　选择：操作管理→实体切削验证，仿真加工后的结果如图 7-9 所示。

（4）生成数控加工程序　选择：操作管理→后处理，生成数控加工程序如图 7-9 所示。

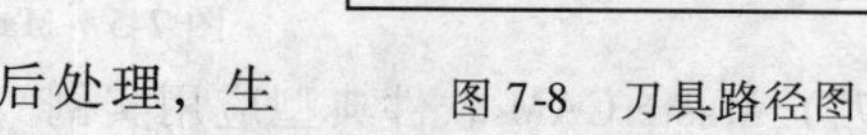

2. 曲面类零件加工实例

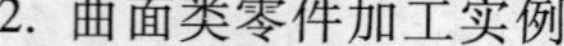

加工图 7-10 所示的半球面截面零件，步骤如下。

（1）几何建模

1）绘制半球面截面，选择：绘图→圆弧→极坐标→中心点，输入：0，0→输入：25→输入：-90→输入：90，从鼠标右键快捷菜单中选择适度化→回主功能表。

2）绘制旋转轴，选择：绘图→线→任意线段，从图上选择圆弧的两端点。

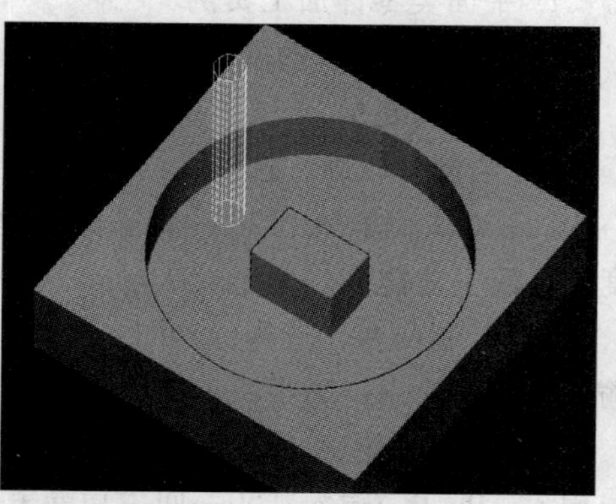

图 7-9　数控加工实体图

3）绘制圆弧面，选择：绘图→曲面→旋转曲面，从图上选择圆弧，选择：执行，从图上选择旋转轴（注意图上箭头沿 Z 向），输入：起始角度 0→终止角度 180。

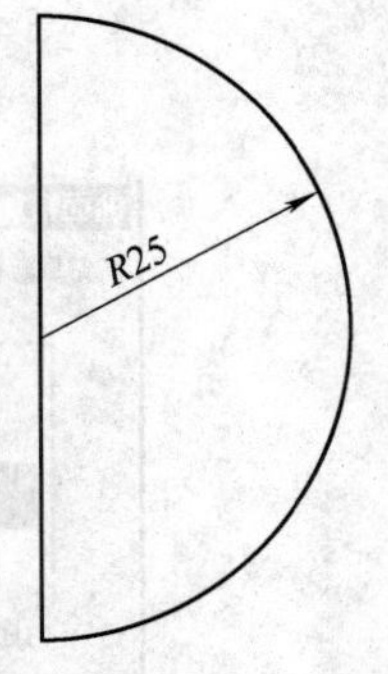

图 7-10 半球面截面

4）绘制牵引面截面，如图 7-11 所示，选择：构图面→前视图→视角→前视图→绘图→线→连续线段，输入：－15，0→输入：－15，15→输入：15，15→输入：15，0→回主功能表，选择：修整→倒圆角→半径值→输入：10→从图上选择圆角的两个直边。

5）绘制牵引面，如图 7-12 所示，选择：绘图→曲面→牵引曲面→从图上选择截面线→选择：执行→输入：指定长度 40→选择：执行。

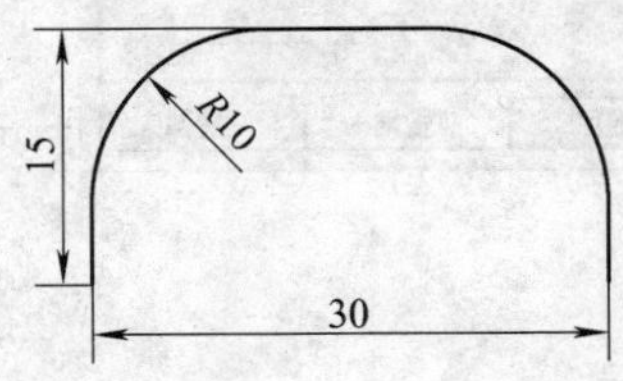

图 7-11 牵引面截面

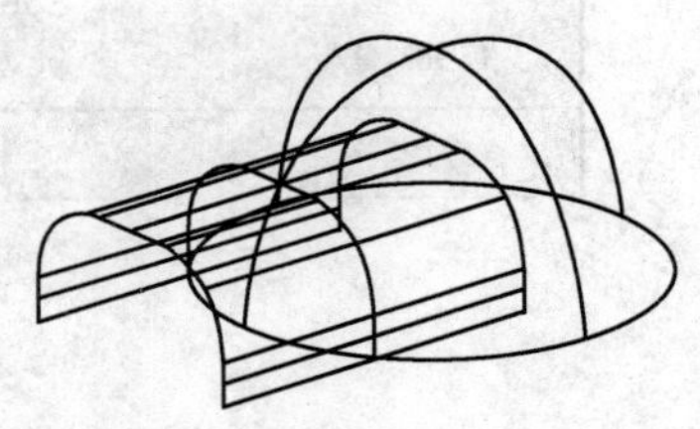

图 7-12 绘制完成曲面图

6）修整曲面，如图 7-13 所示，选择：修整→修剪延伸→曲面→修整至曲面→从图上选择圆弧面→选择：执行→从图上选择牵引曲面→选择：执行→执行→从图上选择要保留的部分。

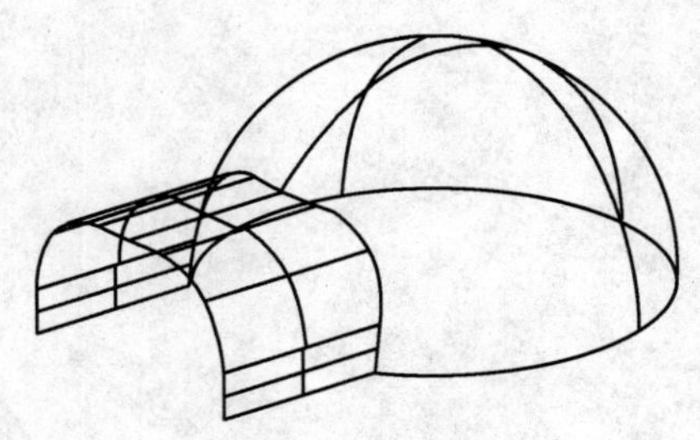

图 7-13 修整曲面

（2）生成刀具路径

1）选择：刀具路径→曲面加工→精加工→等高外形→所有的→曲面→执行，出现图 7-14 所示的“曲面精加工 - 等高外形”对话框。

2）选择“刀具参数”标签，输入：刀具直径 10；程式号码 0002；起始值 100；增量 2；冷却液 Flood；进给率 500；Z 轴进给率 300；提刀速率 2500→选择：确定，如图 7-14 所示。

3）选择“曲面加工参数”标签，输入：参考高度 20；进给下刀位置 5；预留量 0。

4）选择“等高外形精加工参数”标签，输入：切削误差值 0.025；最大 Z 轴进给量 0.5→选择：确定。

5）生成刀具路径，如图 7-15 所示。

（3）仿真加工　选择：操作管理→实体切削验证，仿真加工后的结果如图 7-16 所示。

（4）生成数控加工程序　选择：操作管理→选择：后处理，生成加工程序。

曲面精加工-等高外形 - D:\MCAM9\MILL\NCI\T.NCI - MPFAN

刀具參數 | 曲面加工參數 | 等高外形精加工參數

滑鼠右鍵= 編輯/ 定義刀具; 左鍵= 選取刀具; [Del]= 刪除刀具.由wangxin汉化

#1- 10.0000
球刀

刀具號碼	1	刀具名稱	10. BALL	刀具直徑	10.0	刀角半徑	5.0
夹头编号	-1	進給率	500.0	程式名稱	0	主軸轉速	1200
半徑補正	1	Z軸進給率	300.0	起始行號	100	冷卻液	Flood
刀長補正	1	提刀速率	2500.0	行號增量	2		

更改NCI名...

註解

機械原點... 備刀位置... 雜項變數...

旋轉軸... ☑ 刀具/ 構圖面 ☑ 刀具顯示...

☐ 批次模式 插入指令...

確定 取消 帮助

图 7-14　曲面加工工艺参数设置对话框

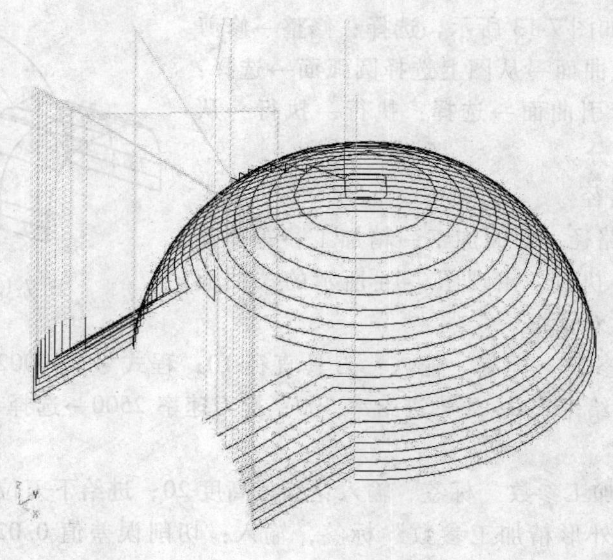

图 7-15　曲面加工刀具路径

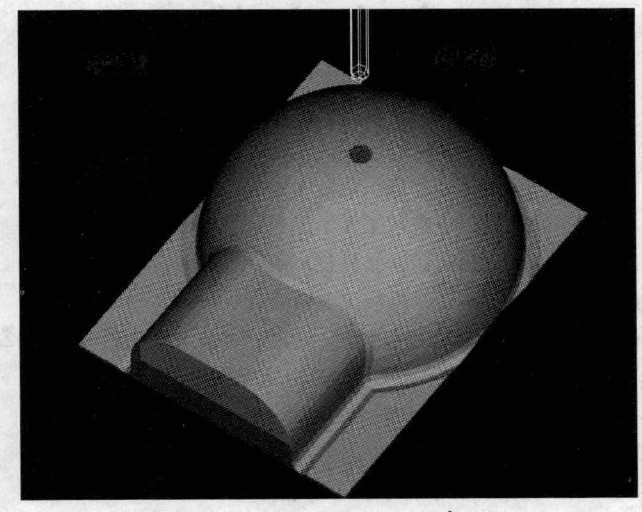

图 7-16　模拟加工实体图

思考题与习题

7-1　MasterCAM 9.0 由哪四个模块组成？

7-2　试述自动编程的步骤与内容。

7-3　简述 CAD/CAM 技术特点。

7-4　简述 CAD/CAM 技术发展趋势。

参 考 文 献

[1] 吴育祖，秦鹏飞．数控机床［M］．3 版．上海：上海科技出版社，2007.
[2] 方沂．数控机床编程与操作［M］．北京：国防工业出版社，1999.
[3] 周宏甫．数控技术［M］．广州：华南理工大学出版社，2003.
[4] 廖效果，等．数控技术［M］．武汉：湖北科技出版社，2000.
[5] 张宝林，等．数控技术［M］．北京：机械工业出版社，1997.
[6] 王爱玲，等．现代数控编程技术及应用［M］．北京：国防工业出版社，2002.
[7] 王睿，等．Master CAM8.0 基础教程［M］．北京：人民邮电出版社，2001.
[8] 张思弟，贺曙新．数控编程加工技术［M］．北京：化学工业出版社，2005.
[9] 叶伯生．数控原理及系统［M］．北京：中国劳动社会保障出版社，2004.
[10] 关颖．数控车床［M］．沈阳：辽宁科学技术出版社，2005.
[11] 晏初宏．数控加工工艺与编程［M］．北京：化学工业出版社，2004.
[12] 沈建峰．数控车床编程与操作实训［M］．北京：国防工业出版社，2005.
[13] 陈红康，杜洪春．数控编程与加工［M］．济南：山东大学出版社，2004.
[14] 高枫，肖卫宁．数控车削编程与操作训练［M］．北京：高等教育出版社，2005.